KB013622

• 이 책은 아시아태평양 이론물리 센터의 지원으로 발간되었습니다. (http://apctp.org)

국립중앙도서관 출판시도서목록(CIP)

상대성이론, 그 후 100년 : 빛의 속도로 20세기 문화를 관통하다 / 정재승 기획 ; 김제완...[등] 지음. — 서울: 궁리출판, 2005
p. ; cm

참고문헌과 색인 수록
ISBN 89-5820-032-4 03400
420.12-KDC4
530.11-DDC21 CIP2005000978

상대성 이론, 그 후 100년

빛의 속도로 20세기 문화를 관통하다

정재승 기획, 김제완 외 지음

궁리
KungRee

몇 해 전 영국 물리학회는 런던 옥스퍼드 쇼핑가에서 재미있는 설문조사를 한 적이 있다. 길거리를 지나가는 사람들에게 일곱 명의 남녀 사진을 보여주며 그 가운데 누가 물리학자인지 알아맞히는 문제였다. 사진 속에는 잘 차려입은 흑인, 안경 낀 젊은이, 세련된 여성 등 다양한 외모의 사람들이 저마다 근사한 포즈를 취하고 서 있었다. '물리학자답게 생긴 외모'란 게 실제로 있을 턱이 없지만, 놀랍게도 응답자의 98%가 '머리가 하얗고 나이든 60세 남성'을 전형적인 물리학자의 모습으로 선택했다고 한다. 3만 명이나 되는 영국 물리학회 회원들마저도 일반인들과 똑같은 사람을 골랐다고 하니, 이런 고정관념은 일반인들만의 것은 아니리라.

'사람들 머릿속에 살고 있는 물리학자'의 모습에서 우리는 물리학자 알베르트 아인슈타인의 모습을 발견하게 된다. 덥수룩한 머리와 깊이 팬 주름, 괴팍할 것 같으면서도 천재적인 체취를 풍기는 그의 모습은 이제 물리학자, 아니 과학자의 대명사가 되었다. 그가 세상을 떠난 지 50년이 지났지만, 지금도 그는 만화영화 〈우주소년 아톰〉의 코주부 텐마 박사로, 영화 〈백 투 더 퓨처〉의 브라운 박사로, 그리고 〈쥬라기 공원〉의 해몬드 박사로 다시 태어나, 우리에게 흥미로운 과학 얘기를 들려주기도 하고, 괴짜다운 면모를 보여주다가도 이내 따뜻한 말 한마디로 사람들을 감동시키며 우리 머릿속에 생생히 살아있는 것이다.

특수상대성이론이 세상의 빛을 보게 된 지 100년이 지났다. 『상대성이론, 그 후 100년』은 아인슈타인과 그가 이룬 최고의 업적인 상대성이론이 지난 한 세기 동안 우리 삶에 어떤 영향을 미쳤는가를 다양한 각도에서 조명한 책이다. 아인슈타인은 어떻게 살다가 세상을 떠났으며, 그가 발견한 상대성이론은 도대체 어떤 이론인가에 대해서는 지금까지 많은 책들이 출간됐지만, 아인슈타인이 20세기 철학과 과학, 예술과 문화에 미친 영향에 대해서는 그다지 크게 주목하지 않았다. 이 책에서는 철학과 문학, 음악과 미술, 심지어 영화와 광고에 이르기까지, 상대성이론이 20세기 전반에 끼친 영향을 각 분야의 전문가가 쉽고 흥미롭게 서술하였다. 빛의 속도로 달려야만 관찰할 수 있는 상대론적 효과가 우리 삶에 얼마나 많이 투영돼 있을까 의아해하던 사람도 이 책을 읽고 나면 우리가 살고 있는 이 사회가 사실은 아인슈타인의 어깨 위에 건설된 세계였다는 사실에 놀랄 것이다. 만약 독자들이 이 책을 읽고 다시 일상으로 돌아와 우리를 둘러싸고 있는 세상의 곳곳에서 아인슈타인의 체취를 어렴풋하게나마 느낄 수 있다면, 이 책을 엮고 쓴 사람들에게 더 큰 보람은 없을 것이다.

이 책은 나 혼자서 기획한 것이 아니라 아태이론물리센터(Asia Pacific center for theoretical physics, APCTP)와 함께 만든 작품이다. 아시아 · 태평양 지역의 이론물리학자들을 지원하는 이 국제기구는 올해부터 일반인들과의 소통을 위한 '과학 커뮤니케이션 사업' 을 시작했는데, 과학자들 스스로 일반인들과의 소통 통로를 만들어 나가겠다는 좋은 취지에 선뜻 동의하여 나 역시 이 사업에 참여하게 되었다. 그렇게 아태이론물리센터에 참여하는 많은 교수들과 '세계 물리의 해' 인 2005년을 근사하게 기념할 강연회 기획을 맡아 떠올린 아이디어가 바로 '상대성이론 그 후 100년' 이다. 아인슈타인의 생애나 상대성이론 자체만이 아니라, 사람들이 정말 듣고 싶은 얘기인 '상대성이론이 20세기 우리 사회와 문화에 미친 실질적인 영향' 에 대해 토론하는 자리를 마련해 보자는 것이었다. 2005년 2월에 열린 이 강연회에는 훗날 이 책의 주요 저자들이 될, 각 분야 전문가들이 한 자리에 모였다. 상대성이론이 영화와 광고, 그리고 만화와 문학에 미친 영향에 대해 일반인들에게 흥미로우면서도 깊이 있는 강연을 제공하는 자리였으며, 300명이 넘은 청중은 상대성이론을 맘껏 즐길 수 있었다. 이 책은 그때 강연회에서 나온 아이디어를 한데 모아 아태이론물리센터의 지원으로 만들어진 것이다.

만약 내게 아인슈타인이 20세기에 미친 가장 중대한 영향을 하나만 꼽으라고 한다면, 나는 '아인슈타인을 존경하고 상대성이론의 매력에 푹 빠져 결국 물리학이라는 지옥(?)에 기꺼이 뛰어들었던 20세기의 모든 물리학자들' 이라고 자신 있게 말하고 싶다. 위대한 자연의 경이로움을 만끽하며 즐거워하는 우리 물리학자들과 지금도 자신의 영롱한 두뇌로 우주의 근원을 밝히겠다며 학문적 열정으로 가득 찬 물리학도들, 바로 그들이 '아인슈타인의 위대한 유산' 인 것이다. 이 책을 아인슈타인의 향기에 흠뻑 빠져들게 될 예비과학자, 아인슈타인의 21세기 위대한 유산들에게 바친다.

2005년 9월

정재승

차례

2부 상대성이론, 빛의 속도로 20세기 문화와 충돌하다

1부… 상대성이론, 세상의 빛을 보다

인류의 역사를 다시 쓴 상대성이론

김제완

알베르트 아인슈타인(Albert Einstein, 1879~1955)은 유명한 물리학자이기도 하지민 미국의 시사주간지 《타임》(Time)이 신정한 20세기의 가장 영향력 있는 인물이기도 하다. 처칠 · 드골 · 루스벨트같이 영향력 있는 정치인, 시인 타고르나 러셀과 사르트르 같은 사상가, 화가 피카소와 조각가 헨리 무어 그리고 지휘자 번스타인이나 피아니스트 호로비츠 같은 쟁쟁한 예술가들을 제치고 아인슈타인이 20세기의 인물로 선정된 것은 아마도 우리 사회 구석구석 그의 영향이 미치지 않은 영역이 없기 때문일 것이다.

아인슈타인은 1905년 6월 30일자 《물리학 연보》(Annalen der physik)에 「움직이는 물체의 전기역학에 대하여」라는 제목의 논문을 발표하여 세상의 주목을 받기 시작했다. 전하는 말에 따르면 이 논문을 학위논문으로 제출했을 때 스위스 연방 공과대학의 교수진은 엉뚱한(uncanny) 발상이라는 이유로 받아들이지 않았다고 한다. 그러나 '특수상대성이론' 으로 알려진 이 획

20세기의 인물로 선정되어 1999년 12월 31일 자《타임》의 표지를 장식한 아인슈타인

기적인 논문은 시공의 개념을 바꾸었을 뿐만 아니라 훗날 원자력 발전 등으로 우리의 일상생활에까지 커다란 변화를 가져왔다. 아인슈타인은 같은 해에 세 편의 기념비적인 논문을 차례로 발표했는데, 노벨 물리학상을 받게 되는 광전 효과에 대한 논문과 브라운 운동을 설명하는 논문 그리고 $E=mc^2$을 증명한 특수상대성이론 논문이 그것이다. 이 논문들 하나하나가 물리학의 발전에 기여한 바는 대단하다.

아인슈타인은 1915년에 발표한 '일반상대성이론'으로 더 큰 업적을 쌓는다. 물리학 이론 가운데 가장 아름다운 이 이론에서 아인슈타인은 시공과 질량-에너지의 관계를 미분기하학이라는 복잡한 학문을 응용하여 설득력 있게 보여 주었다. 블랙홀이라는 이름을 지은 미국의 물리학자 휠러(John Wheeler, 1911~)는 아인슈타인의 방정식으로 알려진 일반상대성이론을 다음과 같이 명쾌하게 설명하기도 했다.

> 에너지와 물질은 그 주위의 시공에게 어떻게 휘어져야 하는지를 지시하고, 휘어진 시공은 그 속의 에너지와 물질에게 어떤 경로로 움직여야 하는지를 말해 준다.

일반상대성이론은 나아가 우리가 살고 있는 이 우주가 어떻게 생겨나서 어떻게 변해 왔는지, 그 속의 은하계와 별들이 어떻게 만들어지고 사라져 가는지를 설명해냈다. 과학계의 한 인물이 거대한 우주만물의 비밀을 파헤친 것이다.

아인슈타인의 생애는 어떠했을까? 그는 명성과 영광의 그늘 아래에서 파란 많은 가정생활과 시련을 겪기도 했다. 대학 시절부터 연인이었던 밀레바 마리치(Mileva Marič)와는 이혼했으며 혼인 전에 태어난 딸은 아무런 기록이 남아 있지 않고 둘째 아들은 정신분열증에 걸려 제대로 된 인생을 살아 보지도 못하고 죽었다. 이런 일들 때문에 그 눈동자가 눈물 젖은 듯 슬퍼 보이는지도 모르겠다. 둘째 부인 엘자(Elsa Einstein Lowenthal)와의 사이에는 자식이 없었고 엘자가 죽은 뒤 십여 년 동안 외로운 생활을 하면서 실패한 통일장 이론(Unified theory of field)◉에 매달린 아인슈타인의 모습에서는 세기의 천재가 아니라 쓸쓸한 노인의 모습이 배어나기도 한다.

그는 명성에 비하여 이름 있는 제자를 길러 내지도 못했는데, 연쇄반응을 이용한 원자력 발전 및 폭탄의 기초를 제공한 인물로서 유명한 실라드(Leo Szilard)가 좀 알려진 정도다. 아인슈타인은 폴란드 출신의 이 가난한 제자를 돕기 위하여 냉장고를 공동 개발해 특허를 얻어 냄으로써 경제적인 도움을 주기도 했다. 따듯하고 인자한 선생님이자 실질적인 배려를 놓치지 않는 예리한 생활인의 면모를 엿볼 수 있다. 아인슈타인은 이렇듯 외톨이면서도 인자하고 천재면서도 어수룩한 면이 풍기는 인물로서 세상에 그의 발자취를 남겼다.

아인슈타인이 단지 천재 물리학자로서가 아니라 20세기의 가장 영향력 있는 인물로 기념되는 진정한 이유는 무엇일까? 그가 수립한 현대 물리학의 이론 체계가 그토록 우리 일상에 결정적인 영향을 미친 것일까? 그는 상대성이론을 통해 기존의 절대공간과 절대시간

◉ **통일장 이론**
중력장에 대해 설명한 일반상대성이론을 전자기장까지 확대해 양자 역학의 세계에 적용하고, 여러 물리현상을 통일적으로 기하학화하려고 아인슈타인이 말년까지 몰두한 이론.

개념을 부인하고 상대적 시공(時空, Space-Time)의 개념을 일깨웠다. 그것은 당대 세계관의 변혁을 이끌 만큼 근본적인 문제제기였다. 그리고 그것은 이후의 종교, 철학, 예술에서부터 오늘날 생활에 응용된 과학기술에 이르기까지 인류의 생활 곳곳에 이루 말할 수 없이 지대한 영향력을 미쳐왔다. 과학을 뛰어 넘어 아인슈타인의 유산을 되짚어 보는 일이 더더욱 필요하고 뜻 깊은 이유다.

■■ 인류의 세계관을 바꾸다

상대성이론은 우리가 살고 있는 이 세계의 '존재' 형식에 대해 이전과는 전혀 다른 설명을 내놓았다. 우리 인간을 비롯한 삼라만상이 존재하는 세계는 1차원인 시간과 3차원인 공간이 따로 독립적으로 존재하는 것이 아니라 함께 어울려 4차원인 시공간을 이루고 있다는 것이다. 아인슈타인 이전에는 뉴턴(Isaac Newton, 1642~1727)의 설명에 따라 시간과 공간을 각각 분리되어 서로 어떤 영향도 받지 않는 절대적인 외부라고 인식했으나, 아인슈타인은 상대성이론을 통해 시간과 시간 · 시간과 공간 · 공간과 공간이 서로 영향을 미치며 변화하는 상대적인 것이라고 설명했다.

특수상대성이론에 따르면 시간과 공간이 함께 어우러진 4차원 시공에서는 시간이나 공간이 모두 상대적이어서 관찰자가 어떤 각도에서 보는지에 따라 다르게 나타난다. 빨리 움직이면서 바라보면 시간이 늦게 가고 길이가 짧아진다. 아주 빨리 움직여서 최고 속도인 빛의 속도가 되면 길이는 없어지고 시간은 멈춘다. 이런 현상은 빛의 속도에 가까운 빠른 속도로 움직일 때만 감지되기 때문에 빛의 속도에 비하면 엄청나게 느리게 움직이는 우리들은 느끼지 못할 뿐이다.

이것이 우리 '존재의 철학'을 어떻게 뒤흔들어 놓았을까? 고대 이래로 사람들이 생각하기에 시간과 공간은 무한하고 절대적이며 인간이 경험하기 이전의 것이었다. 따라서 물질보다 더 근원적인 신의 영역에 속하는 그 무엇이었다. 그러나 상대성이론이 나오면서 시공간은 관찰자에 따라 변할 수 있으며 물질과 영향을 주고받는 것으로 인식되기 시작했다. 시간과 공간과 관찰자와 물질이 서로 영향을 주고받으며 분리될 수 없는 관계로 형성되어 있는 것이 이 세계라는 것이다.

아인슈타인은 일반상대성이론으로 우주관 또한 송두리째 바꿔 놓았다. 코페르니쿠스(Nicolaus Copernicus, 1473~1543)가 지동설을 주장하여 인간이 우주의 중심에 있다는 오만한 생각을 바꾸도록 이끌었듯이, 아인슈타인은 더 넓은 시각으로 인간과 우주를 바라보는 시각을 이끌어낸 것이다. 그에 따르면 태양이나 지구는 잔잔한 호수와 같이 펼쳐진 공간 속에 떠다니는 배처럼 움직이는 것이 아니다. 이 시공은 훨씬 역동적이다. 천체와 같은 물체의 근방에서는 공간이 휘어지고, 휘어진 공간은 다시 그 속의 천체들이 어떻게 움직일지를 지시한다. 지휘자의 지휘봉에 따라 천변만화하는 아름다운 교향곡처럼 우주는 아인슈타인의 방정식을 따라서 살아 꿈틀거리고 있다. 모든 것을 집어삼키는 블랙홀◉이라는 함정도 만들고 공간의 지름길인 웜홀◉도 설계하면서 프레스토(presto, 매우 빠르게)와 안단테(andante, 느리게)를 조화롭게 변주하고 있다. 그

◉ 블랙홀
물질이 중력 수축을 일으켜 임계 반지름 이하로 그 크기가 줄어든 천체. 검은 구멍이라고도 한다. 물질의 극단적인 수축 때문에 그 안의 중력은 무한대가 되어 근처의 모든 물질을 흡수하며, 그 속에서는 빛 · 에너지 · 물질 · 입자의 어느 것도 탈출하지 못한다.

◉ 웜홀
블랙홀(입구)과 화이트홀(출구)로 연결된 우주 내의 통로. 하지만 화이트홀의 존재가 증명된 바 없고 블랙홀에 진입한 물질은 파괴되므로 수학적으로만 가능할 뿐이다.

◉ 빅뱅
초고압 · 초고밀도 상태의 원시화구(우주 탄생 이전의 상태)가 일으킨 대폭발. 이후 빠른 속도로 팽창하여 현재의 우주가 되었다고 보는 우주 창조 이론 가운데 하나다.

렇게 아인슈타인은 빅뱅◉이 일어나고 별이 태어나서 죽기까지 우주의 역사를 설명해내면서 과학의 역사뿐 아니라 인류의 역사를 다시 썼다.

Albert Einstein
Old Grove Rd.
Nassau Point
Peconic, Long Island

[illegible]

F.D. Roosevelt,
President of the United States,
White House
Washington, D.C.

Sir:

[illegible]

아인슈타인이 루스벨트 대통령에게 보낸 편지. 미국이 독일보다 앞서 원자탄을 개발해야 한다는 내용이다.

■■ 20세기 역사의 한가운데 서다

아인슈타인은 살아 있을 때 정치와 사회에도 적지 않은 영향을 미쳤는데, 특히 그가 1939년에 미국 루스벨트 대통령에게 보낸 원자탄에 대한 편지 이야기를 빼놓을 수 없다.

특수상대성이론의 유명한 공식 $E=mc^2$이 원자력 발전의 기본 원리임은 이제 세상이 다 알고 있다. 이 공식은 에너지와 질량이 결국 같은 것임을 뜻한다. 1미터가 같은 길이인 100센티미터로 환산되듯이 질량(m)을 에너지(E) 단위로 환산하려면 광속(c)의 제곱을 곱하면 된다. 미터에서 센티미터로 바뀔 때는 그 환산계수가 100에 불과하지만 질량과 에너지의 환산계수는 0이 21개 붙는 10^{21}이라는 어마어마한 숫자라는 차이가 있을 뿐이다. 이 막대한 환산계수 때문에 질량 1그램으로 보통 수력 발전소에서 나오는 전기 에너지보다 훨씬 큰 원자력 에너지를 만들어낼 수 있는 것이다.

우라늄의 희귀 동위원소인 우라늄 235가 분열하면서 중성자를 방출하여 연쇄반응을 일으킬 수 있다는 것을 알고 있는 아인슈타인과 그 주위의 물리학자들은 사회적으로 가장 잘 알려진 아인슈타인을 내세워 미국 대통령에게 원자탄의 가능성을 제시하고 독일에 앞서 그 개발을 서둘러야 한다는 내용의 편지를 쓴다. 맨해튼 프로젝트(Manhattan Project)로 알려진 원자탄의 제조에 아인슈타인이 직접 참여하지는 않았지만 미국이 2차 세계대전을 빨리 끝내는 데에 미친 아인슈타인의 영향도 무시할 수 없는 셈이다.

하지만 아인슈타인은 이미 1차 세계대전이 한창이던 1914년에 전쟁을 반대하는 자신의 신념을 선포한 평화주의자였다. 1925년에는 젊은이들이 강제로 전쟁터에 끌려가야 하는 병역 의무를 반대하며 인도의 간디와 함께 서명을 하기도 했다. 또한 1945년 핵폭발로 수십 만 명의 희생이 뒤따르자 죽을 때까지 '핵 관련 지식인 비상대책회의'의 버팀목 역할을 했으며 죽기 직전인 1955년 4월 11일에는 모든 핵무기를 금지해야 한다는 성명서를 버트란트 러셀에게 보냈다.

한편 아인슈타인은 열렬한 시온주의자(Zionists)이기도 했는데, 이스라엘의 초대 대통령 바이츠만(Chaim Weizmann, 1874~1952)이 서거한 뒤 이스라엘 대통령으로 추대되었으나 이를 거절한 것으로도 유명하다. 정치적 목소리를 내는 데 수저하지는 않았지만 어디까지나 과학자로서의 자리를 지키려 애쓴 모습을 엿볼 수 있다.

■■ 물리학과 예술의 만남

아인슈타인의 우주관과 시공에 대한 개념은 예술에도 많은 영향을 끼쳤다. 화가 살바도르 달리의 그림 〈기억의 지속〉을 보면 죽은 시계가 해변에 널려 있다. 시간이 정지했으며 기억은 각인되어 변하지 않는다. 마그리트의 그림 〈유리의 집〉에서는 뒷모습이 앞에서 보여 얼굴과 뒷머리가 하나의 실체로 그려져 있다. 물체가 빛의 속도로 달릴 때 시간은 멈추며, 길이는 없어져 맨 앞과 뒤가 붙은 평면으로 보이게 된다는 특수상대성이론의 시간 지연과 길이 수축 원리를 연상하게 한다.

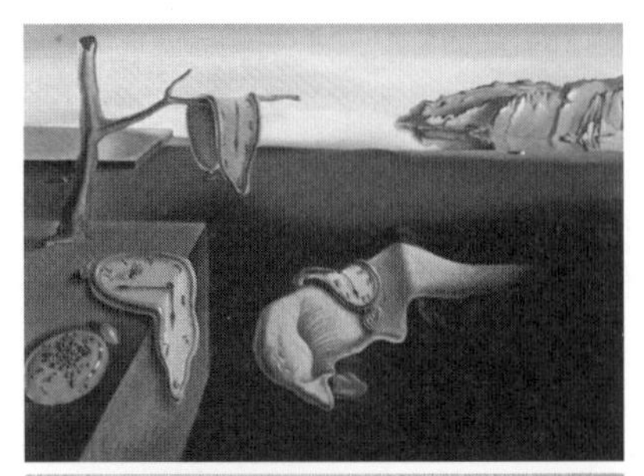

▲ 〈기억의 지속〉, 살바도르 달리 ▼ 〈유리의 집〉, 르네 마그리트. 물체가 빛의 속도로 달릴 때 시간은 멈추며, 길이는 없어져 맨앞과 뒤가 붙은 평면으로 보인다는 특수상대성이론을 연상케 한다.

흔히 보통 생각을 벗어난 탁월한 생각을 일컬어 차원 높은 생각이라고 말한다. 3차원의 세계에 익숙한 우리가 말 그대로 한 차원 높은 4차원의 세계를 이해하기란 쉽지 않다. 우선 달리의 작품 〈고차원 십자가의 예수 그리스도〉와 그 옆 그림을 보자. 평면(2차원)의 입방체인 사각형은 변이 네 개 있다. 평면은 직교하는 가로(X축)와 세로(Y축) 두 축만 있으면 그 위치가 정해지며 X축과 Y축은 각각 두 방향(+방향과 -방향)이 있으므로 $2\times2=4$, 즉 네 개의 변이 있는 사각형이 2차원의 입방체에 해당한다. 3차원에서는 X축, Y축, Z축이 서로 직교하므로 각각 두 방향씩 고려하면 $3\times2=6$, 즉 여섯 개의 면이 있는 3차원 입방체(육면체)가 된다. 그렇다면 4차원 입방체는 어떨까? 금방 쉽게 떠오르지 않는다면 2차원과 3차원의 관계를 바탕으로 유추해 보자. 3차원 입방체의 한 면이 그보다 차원이 하나 낮은 2차원의 사각형인 것으로 짐작해 볼 때, 4차원 입방체의 한 면은 차원이 하나 낮은 3차원의 육면체가 될 것이다. 따라서 4차원 입방체는 $2\times4=8$, 즉 여덟 개의 입방체로 구성된다. 달리의 작품에서 보이는 십자가는 4차원 입방체를 3차원에 투영한 입방면임을 알 수 있다.

또 다른 각도에서 피카소의 작품 〈도라 마르의 초상〉을 보자. 그 옆의 육면

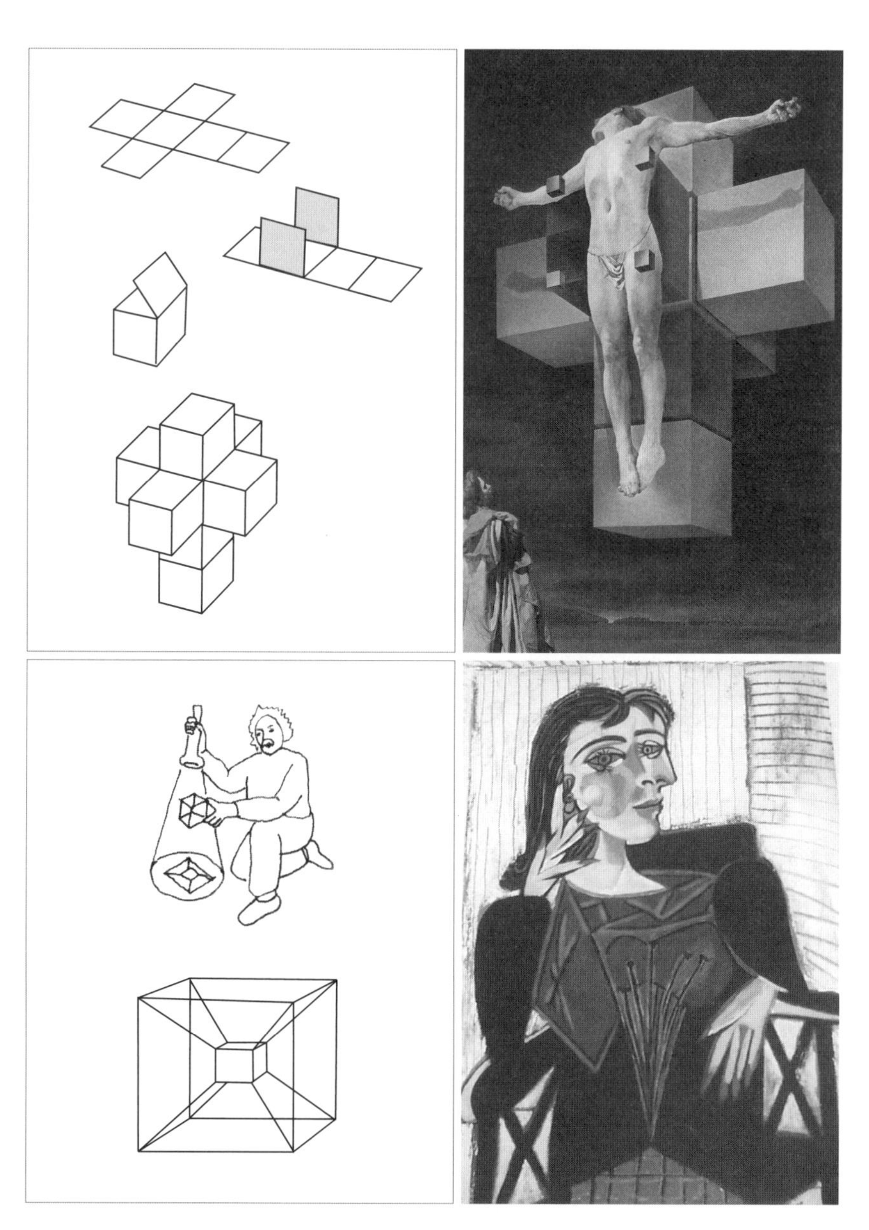

▲ 〈고차원 십자가의 예수 그리스도〉, 살바도르 달리 ▼ 〈도라 마르의 초상〉, 파블로 피카소.
피카소나 달리 같은 예술의 천재들이 4차원의 수학을 알았던 것일까? 다만 아서 밀러의 말처럼, "눈에 보이는 것은 거짓"이라는 사실을 아인슈타인은 물리학에서 피카소는 화폭 위에서 깨달은 것 뿐이리라.

체가 아주 투명한 유리로 되어 있고 변은 검게 칠한 선이라고 할 때 그림처럼 누가 손전등으로 위에서 아래로 비추면 육면체의 변들이 평면에 비춘 그림자를 볼 수 있다. 입방체의 윗면은 전등에서 가까우므로 더 크게 투사되어 큰 사각형 속에 들어갈 것이다. 두 면을 이은 수직으로 된 변은 두 사각형의 꼭지점을 서로 잇는 선이 되어 그림처럼 사각형 속 사각형으로 나타날 것이다.

손전등으로 4차원 입방체를 위에서 비추어 보면 어떻게 될까? 3차원 입방체의 면들이 2차원 평면에 투사되어 사각형 속의 사각형이 되듯이 4차원 입방체의 3차원 투영은 큰 입방체 속의 작은 입방체로 나타날 것이다. 피카소의 작품 속 마르 부인의 한쪽 얼굴에서 눈 속에 눈이 있는 영상은 4차원의 3차원 투시도를 암시한다. 피카소나 달리 같은 예술의 천재들이 4차원의 수학을 알았던 것일까? 다만 『아인슈타인, 피카소』라는 책을 쓴 과학철학자 아서 밀러의 말처럼, "눈에 보이는 것은 거짓"이라는 사실을 아인슈타인은 물리학에서, 피카소는 화폭 위에서 깨달은 것뿐이리라.

■■ 고마워요, 아인슈타인

우리는 단 하루도 아인슈타인을 벗어나서는 살 수 없다. 출근하기 위해 자동차 운전석에 앉자마자 누군가가 휴대전화로 전화를 걸어온다. 그 전화기 속에 들어 있는 반도체 가운데 사진 촬영 기능을 담당하는 '화소'는 아인슈타인이 발견한 광전 효과를 응용한 것이다. 많이 들어 있을수록 사진 화면은 깨끗한데, 요즘은 300만~500만 화소까지 담은 휴대전화도 나오고 있다.

자동차에 시동을 걸고 막히지 않는 길을 찾기 위해 GPS(Global Positioning System, 위성 위치확인 시스템)를 이용해 위치를 확인한다. 이 장치 역시 아인슈타인의 상대성이론을 이용하여 그 정확도를 높이고 있다. 2만km 상공에서 시속 1만 4,000km 속도로 움직이는 GPS 위성의 시간과 지구 시간의 차이(상대성이론에 따르면 빛의 속도에 가깝게 이동하는 물체 안에서는 시간이 느려지므로)를 보정하지 않으면 자동차 위치가 몇 킬로미터나 달라지기 때문이다.

회사에 도착해 자동문 앞에 서면 역시 광전 효과 덕분에 문이 열린다. 사무실에 들어가서 필요한 서류를 복사하는 데도 아인슈타인의 광전 효과가 활용된다. 우유를 사기 위해 1층에 있는 편의점에 들른다. 이때 계산대의 바코드 가격 확인 장치 역시 아인슈타인이 개발한 유도발광(Stimulated Emission of light) 이론에 바탕을 둔 레이저를 이용한 것이다. 점심을 먹으면서 시계의 LCD 속 숫자를 통해 시간을 확인한다. 아인슈타인이 밝혀낸 브라운 운동에 따르면, 액체결정(liqnid Cnystal) 속의 분자들은 보통 무작위의 운동을 하는데 전기장을 걸면 분자의 쌍극자에 의한 나열이 일어나서 문자가 나타난다. 이렇게 아인슈타인이 숨어 있지 않은 곳이 없을 정도로 우리는 매일 그의 혜택을 보고 있는 셧이다.

아인슈타인의 이론은 아직도 그 검증이 끝나지 않았다. 특히 일반상대성이론이 예언한 중력파(gravitational wave)◉ 탐지를 위하여 여러 노력이 진행되고 있다. 그 중에서 LIGO(Laser Interference Gravitational Observatory)는 그림처럼 4km를 왕복한 레이저의 간섭 현상을 이용하여 중력파 탐지에 나서고 있으며, LIGO에서도 중력파를 탐지하지 못하면 LISA(Light Intereference Space Antena)가 승계한다. 우주 공간에 한 변이 500만km나 되는 간격으로 세 개의 위성을 띄워 레이저의 간섭을 통하여 공간의 파동을 탐지하려는 것이다.

◉ **중력파**
중력 작용의 시간·공간적 전파를 나타내는 파동. 아인슈타인이 일반상대성이론에서 수학적으로 계산하여 그 존재를 증명하였으나, 아직 실험적으로 증명된 바는 없다.

일반상대성이론은 20세기 물리학의 가장 아름다운 이론이다. 그러나 20세기 물리학의 또 다른 커다란 줄

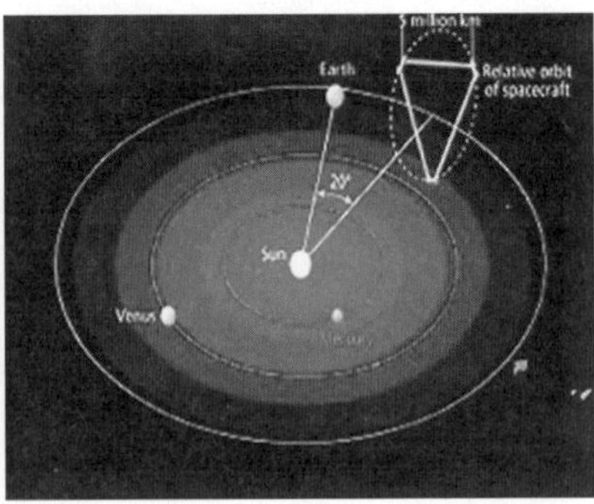

◀ 중력파 탐지기 LIGO. 미국 루이지애나 주 리빙스턴. ▶ 우주에 띄울 예정인 중력파 탐지기 LISA. 삼각형 구도로 띄울 예정인데, 한 변의 길이가 500만km나 된다.

기인 '양자론'(Quantum Theory)과 모순을 빚기도 했다. 21세기에는 '상대론과 양자론'을 통합하는 노력이 지속될 것이고 그 유력한 대안으로 '초끈이론'이 떠오르고 있다. 아인슈타인이 죽은 지 50년이 되었지만 죽은 제갈량이 살아 있는 조조를 이긴다는 『삼국지』처럼 그의 영향은 21세기에서도 더더욱 강해질 것 같다.

초끈이론, 상대성이론과 양자론의 만남

일반상대성이론은 거시세계의 중력에 대한 이론이다. 반면 양자론은 미시세계에 대한 이론이어서 두 이론은 그 태생이 근본적으로 다르다. 미시의 이론인 양자론이 거시의 세계에 접근할 때 어느 규모에서 그 특성을 잃어버리는지 확실한 대답을 할 수 있는 물리학자는 없다. 그러나 일반상대성이론이 미시세계로 접근할 때 분명히 문제가 생긴다는 것은 모두가 알고 있다. 그 근본적인 원인은 아주 작은 시공간에 접근하면 일반상대성이론의 계산이 불가능해지기 때문이다. 시공의 크기가 무한히 작은 미시의 세계에 들어가면 일반상대성이론에 따른 계산의 답이 무한대가 된다. 이러한 문제는 소립자들이 무한히 작은 알갱이(수학적으로 점에 가까운 입자)라는 전제에서 비롯한다.

이런 문제점을 해결하기 위해 소립자가 점처럼 작은 알갱이인 입자가 아니라 크기가 있는 끈의 진동이라고 설명한 것이 끈이론이다. 끈은 크기가 유한하므로 소립자가 점처럼 작은 데에서 비롯하는 무한대라는 문제는 사라진다. 그러나 소립자를 나타내기 위해서 끈은 그 크기가 작으면서도 강철처럼 강해야 한다. 이렇게 작고 강한 끈의 진동은 그 진동에너지가 굉장히 크다. 그런데 그 진동에너지를 $E=mc^2$이라는 공식에 따라 소립자의 질량으로 환산했을 때 역시 문제가 생긴다. 양자화된 미시의 세계에서는 소립자가 힘을 전달한다. 전자기적인 힘은 광량자(전자파의 최소단위인 양자 알갱이)가 전달하고 중력은 중력자가 전달하는데, 이들은 모두 질량이 없다고 알려져 있다. 그런데 미시세계에서 작고 강한 끈이 진동하는 최저에너지는 매우 크고 따라서 끈이론의 결과에 따르면 중력자의 질량은 커질 수밖에 없다.

물리학자들은 이런 문제를 해결하기 위하여 '초끈이론'을 도입했다. 초끈이론에 의하면 가장 낮은 기본진동에서는 작은 끈의 진동이 있으면 이와 짝이 되는 다른 끈이 있어서 두 끈의 진동에너지의 합은 서로 상쇄된다. 따라서 중력자의 질량을 0으로 만들 수 있어서 이론적이고 근본적인 문제는 해결된다.

이 초끈이론은 우리가 사는 세계를 10차원 시공간으로 확장하였다. 그러나 초끈이론은 논리적인 아름다움을 갖추었음에도 불구하고 아직 아무런 실험적 근거가 없다. 4차원 이상의 차원이 있다는 증거도 없고 초끈이론 특유의 현상도 관측된 바 없다. 하지만 수많은 젊은 물리학자들이 그 아름다움에 반해 밤낮을 가리지 않고 연구하고 있다. 초끈이론의 열렬한 신봉자들은 이를 '궁극적 이론'(theory of everything or final theory)이라고 주장하기도 한다.

20세기를 관통한 아인슈타인의 찬란한 생애

정재승

죽음이란 더 이상 모차르트의 음악을 듣지 못하는 것이다.

– 알베르트 아인슈타인

알베르트 아인슈타인이 뉴저지 주 프린스턴 고등학술연구소에 있을 때 일이다. 어느 날 오후, 이 위대한 물리학자는 자기 집 근처에서 혼자 길을 걷다가 연구소에서 나오는 젊은 동료와 마주쳤다. 잠깐 동안 얘기를 나눈 뒤 헤어지려 할 때, 아인슈타인은 머뭇거리며 젊은 동료에게 이렇게 물었다.

"그런데 자네, 미안하지만 우리가 담소를 나누기 전에 내가 우리 집 쪽으로 걸어가고 있었나, 아니면 집에서 나오는 길 같던가?"

"댁에서 나가시던 중이었습니다."

젊은 동료는 이렇게 대답했다. 그러자 아인슈타인은 미소를 지으며 이렇게 말했다.

"거 잘됐구먼. 그건 내가 이미 점심을 먹었다는 뜻이군."

그러고는 자기 연구실을 향해 발길을 돌렸다.

아인슈타인의 일상을 보여 주는 일화는 늘 그의 천재성과 맞물린 괴짜성을 드러낸다. 그는 평소 양말을 신고 다니지 않았으며, 집에는 빗이 하나도 없었다. 매일 입고 나갈 옷을 고르기가 귀찮아 같은 양복을 여러 벌 사두고 입었다는 일화는 〈더 플라이〉(The Fly) 같은 할리우드 영화에서 괴짜 과학자를 묘사할 때 자주 인용하는 단골 일화다. 우리에겐 너무나 중요한, '먹고 마시고 옷을 입는 것과 같은 일상'이 아인슈타인에겐 전혀 신경 쓰고 싶지 않은 일과였다면, 아인슈타인은 생애 대부분의 시간을 무슨 생각을 하며 보냈을까? 그의 인생에서 가장 중요한 것은 과연 무엇이었을까?

세계적인 물리학자 알베르트 아인슈타인이 세상을 떠난 지 50년이 지났다. 그가 발견한 상대성이론은 '한 인간이 이룬 가장 위대한 과학 업적'이라는 평가를 받을 정도로 물리학 발전에 결정적인 공헌을 했으며, 그는《타임》지가 '20세기의 인물'에 선정할 정도로 대중적으로도 널리 알려진 과학자다. 그래서 늘 그의 삶과 그 속에 녹아 있는 천재성 역시 대중의 관심거리였다. 이 글에선 몰이해로 가득 차고 끊임없이 신화화되고 있는 아인슈타인의 일흔여섯 해 생애를 더듬어보고자 한다.

■■ 아인슈타인의 학창 시절

아인슈타인은 1879년 3월 14일, 독일 남부 뷔르템베르크의 작은 마을 울름(Ulm)에서 헤르만 아인슈타인과 파울리나 부부의 아들로 태어났다. 내성적이고 순한 성격의 아이였던 그에게 평생 잊을 수 없는 인상을 준 것은 병으로 누워 있던 다섯 살 때 아버지가 가지고 놀라고 준 '나침반'이었다는 얘기는 유명하다. 아인슈타인은 흔들리며 움직이는 자침의 배후에 인간의 힘을 초월한 어떤 위대한 힘이 숨어 있다는 것을 느꼈다고 술회했다. 장차 자연법칙의 연구자가 될 밑바탕이 이 무렵에 움트고 있었을지도 모른다.

아인슈타인의 어린 시절 모습.

1894년 사업에 실패한 아버지는 다시 사업을 일으키기 위해 가족과 함께 이탈리아 밀라노로 갔다. 학교를 마치기 위해 독일에 혼자 남았던 아인슈타인은 졸업하지 않은 채 김나지움을 그만두고 가족을 찾아갔다. 이 무렵 아인슈타인은 '유클리드 기하학' 책을 혼자 독파했으며, 열여섯 살 무렵 미적분을 모두 이해했다. 그는 또한 베른슈타인의 『통속과학내계』를 읽기 시작하여 자연의 다양한 현상과 법칙에 깊은 감동을 받았다고 전해진다. 아인슈타인은 열일곱 살에 한 차례 입학시험에 떨어진 뒤 다음 해 스위스 연방 공과대학(Polytechnic Institute of Zurich, Switzerland)에 입학했다. 그리고 그와 동시에 당시 독일 전체의 군국주의적인 풍조를 혐오했던 아인슈타인은 독일 국적을 버렸다.(아인슈타인은 스위스의 민주주의와 자유의 전통에 끌려 1901년 2월 스위스 시민권을 얻었다. 그리고 나중에 미국으로 이주한 뒤에도 죽을 때까지 스위스 시민권을 버리지 않았다.)

아인슈타인은 어린 시절 모든 과목에서 완벽한 점수를 받거나 남보다 월등하게 뛰어나진 않았다. 하지만 수학, 과학뿐 아니라 언어나 역사, 미술 등에서 초등학교 시절부터 대학 때까지 성적이 꽤 좋았다. 힘 안 들이고 성적을 척척 따내는 천재는 아니었지만, 성적 관리를 위해 특별히 신경을 쓰지도 않은 것으로 보인다. 다만 자신의 학문적 역량을 기르기 위해 노력했으며, 그 결과로 얻어진 학습 성과가 자연스럽게 성적에 반영되었다는 것이다. 아인슈타인이 열등생이라는 유언비어는 아인슈타인이 천재라는 사실을 더 극적으로 포장하기 위해 지어낸 말일지도 모른다.

아인슈타인은 이론물리학자라서 실험을 싫어했을 거라고 생각되지만, 그가 위대한 과학적 업적을 남길 수 있었던 가장 큰 원인은 '실험에 대한 끊임없는 집착'이었다. 다른 이론물리학자들이 이미 나와 있는 실험 결과를 바탕으로 연구할 때, 아인슈타인은 연구실에 틀어박혀 중요한 실험들을 다시 해보곤 했다고 한다. 빛의 속도, 자기장, 에테르 진동, 금속의 운동역학 등 아인슈타인이 실험 결과를 발표하는 데 사용한 모든 초기 요인들은 철저한 실험에 의한 것이었다. 아인슈타인이 실험에 매달리는 시간도 다른 학자들에 비해 길었다. 그러나 공식적인 자리에서 상대성이론에 대해 묻는 사람들에게 그는 '내 생애 가장 운 좋은 착상'이라고 말하곤 했으므로, 사람들은 상대성이론이 어느 날 문득 떠오른 위대한 영감의 산물이라 오해하는 경향이 있다. 그러나 아인슈타인이 상대성원리를 발견한 것은 뛰어난 머리 때문이 아니라 '끊임없는 노력' 때문이었던 것 같다.

■■ 스위스에서의 대학 생활

대학에 입학하려던 무렵, 집안 형편이 좋지 않아 아인슈타인은 빨리 직업을 구해야만 했다. 그는 원래 스위스 취리히에 있는 연방 공과대학에 들어가려고 결심했으나 김나지움을 중도 퇴학했기에 학력검정시험을 치러야만 했다. 시험 결과 수학과 물리학 성적은 뛰어났으나 어학과 박물학의 성적이 좋지 않아 낙방하고 말았다. 1895년 10월 대학 학장의 권유로 아라우의 주립학교 상급반에 들어가 대학 입학 자격을 얻기로 하였고, 주립 학교에 들어간 아인슈타인은 그곳의 자유로운 분위기를 아주 마음에 들어 했다. 그는 공부에 열중해 1년 후에는 무사히 졸업하여 스위스 연방 공과대학에 입학하게 된다.

아인슈타인이 대학 생활을 보낸 스위스 연방 공과대학.

아인슈타인은 연방 공과대학에서 훗날 특수상대성이론을 기하학적으로 설명한 민코프스키(Hermann Minkowski, 1864~1909) 교수와 일반상대성이론의 수식화를 도운 그로스만(Marcel Grossmann, 1878~1936)이라는 친구를 만난다. 이 무렵 아인슈타인의 흥미는 수학을 떠나 물리학으로 향하고 있었다. 그는 실험에 열중하여 대부분의 시간을 실험실에서 지냈으며, 나머지 시간은 하숙집에서 헬름홀츠나 맥스웰이 쓴 책을 즐겨 읽었다. 대학 시절에 읽은 책 가운데, 마흐(Ernst Mach, 1838~1916)의 『역학의 발전』은 아인슈타인에게 각별한 영향을 주었다고 한다. 이 책에 서술된 '절대시간'의 개념이나 공간에 대한 마흐의 비판은 훗날 상대성이론을 만드는 데 중요한 단서들을 제공하는 계기가 되었다.

당시 아인슈타인은 숙모가 보내 주는 적은 용돈으로 생계를 유지했으므로 검소한 생활을 해야만 했지만, 가난 속에서도 친구들에 대한 우정을 잃지 않았다. 가끔 친구들을 만나 음악을 즐겼는데, 그의 바이올린 솜씨는 아마추어를 넘어서는 수준이었다는 사실은 잘 알려진 얘기다. 대학 시절 아인슈타인은 결코 권위에 맹종하지 않고 스스로 생각하는 태도를 잃지 않았는데, 교수들 가운데는 그의 이러한 태도를 건방지다고 여겨 아인슈타인을 좋지 않게 생각하는 사람도 있었다. 1900년 봄 스위스 연방 공과대학을 졸업했을 때, 그는 조교 신분으로 대학에 남아 연구에 전념하고 싶었지만 그를 탐탁지 않게 여긴 교수들의 반대로 그 꿈은 이루어지지 않았다.

■■ 특허국에서 상대성이론을 발표하다

대학의 조교가 되지 못한 아인슈타인은 한동안 매우 어렵고 막막한 생활을 해야만 했다. 1901년 봄부터는 공업학교 선생과 가정교사 자리를 겨우 얻었지만, 그것도 일시적인 것이었다. 1902년 6월이 돼서야 비로소 친구 그로스만의 아버지 주선으로 베른에 있는 스위스 특허국에 안정된 일자리를 얻게 된다. 그리고 1903년에 동창생인 밀레바와 결혼하였다.

특허국 기사로서 아인슈타인의 업무는 특허 신청서를 보고 그것이 특허를 줄 만한 가치가 있는지 없는지를 판단하는 일이었다. 복잡한 문제 속에서 핵심을 짚어내는 데 놀라운 재능이 있었던 아인슈타인은 이 일을 아주 짧은 시간 안에 해치우고, 남은 시간을 느긋하게 물리학의 중요한 문제들에 대해 사색하는 데 할애할 수 있었다.

특허국 시절의 아인슈타인 모습.

그 결과 아인슈타인은 지금으로부터 100년 전인 1905년 한 해 동안 중요한 논문 세 편을 차례로 발표하게 된다. 이들 논문은 모두 하나같이 19세기의 물리학자들이 수많은 노력을 했음에도 불구하고 미해결인 채로 남겨져 있던 어려운 문제들을 파헤쳐 물리학 역사에 새로운 길을 열어준 위대한 업적으로 평가받고 있다. 하나는 브라운 운동에 관한 이론으로서 분자의 존재와 분자의 열운동을 실험적으로 증명할 수 있도록 이론적으로 계산하는 내용이었다. 다른 논문 한 편은 빛이 입자와 같은 성질을 지닌다는 '광량자 가설'을 서술한 논문이었는데, 1900년에 플랑크(M.K.E.L. Planck, 1858~1947)가 주창한 양자 가설을 더욱 발전시켜 양자 역학에의 길을 열어 준 계기가 되었으며 1921년 이 논문으로 노벨 물리학상까지 수상하게 된다. 마지막으로 가장 유명한 연구 업적이라 할 수 있는 특수상대성이론(Special theory of relativity)에 관한 논문을 발표하였는데, 그것은 시간과 공간에 대한 통념을 완전히 바꾸어 놓은 대담한 가설이었다.

아인슈타인이 스위스 베른 특허국에서 특수상대성이론에 관한 논문(1905)을 발표하고 이것을 중력의 문제로까지 확장시키기 위해 연구하던 1907년, 파블로 피카소는 프랑스 파리에서 〈아비뇽의 아가씨들〉을 완성하는 데 몰두하고 있었다. 아인슈타인의 상대성이론은 뉴턴의 고전 물리학을 넘어 20세기 과학을 위한 새로운 패러다임을 제시하였고, 〈아비뇽의 아가씨들〉에 녹아있는 피카소의 입체주의는 전통적 원근법을 전복시킨 회화 혁명을 예고하고 있었다. 20세기 초 과학과 예술이라는 매우 이질적인 두 분야에서 동시에 '혁명'을 이룬 이 두 천재는 살아 있는 동안 서로 교류를 가진 적은 없다. 그러나 영국 런던 유니버시티 칼리지에서 과학사를 가르치는 아서 밀러 교수는 이 둘 사이에서 흥미로운 공통점을 발견했다. 그가 쓴 『아인슈타인, 피카소: 현대를 만든 두 천재』(*Einstein, Picasso: Space, Time, and the Beauty that causes Havoc*)에 따르면, 당시 이 두 천재가 과학과 회화 분야에서 혁신적인 성과를 거둘 수 있었던 것은 "눈에 보이는 것을 신뢰하며 모든 사고와 행위를 전개했던" 19세기적 사고방식을 뛰어넘었기 때문이라고 한다. 아인슈타인은 빛이 파동과 입자의 성질을 동시에 가진다는 것을 알게 된 후 지각에 의존하는

◉ 사고실험
실제 실험 장치를 쓰지 않고 머리 속에서 단순한 조건을 가정하여 이론적 가능성에 따라 결과를 유도하는 일. 실제로 실험하는 것에 비해 제약이 적고 오차가 없어 특히 20세기 양자 역학 분야에서 여러 사고실험이 고안되어 물리학 발달을 앞당겼다.

실증적 실험의 한계를 인정하고 이를 넘어서기 위해 '사고실험'(thought experiment)◉이라는 독특한 방법으로 상대성이론에 다가갔다. 한편 피카소는 하나의 지점에서 대상을 바라보는 원근법을 무너뜨리고, 동시에 여러 관점에서 바라본 4차원의 입체를 2차원 화폭 위에 펼쳐 놓았다. 이들은 인간의 감각기관에 의존해 왔던 인식의 영역 밖으로 관심을 확대하고, 시간과 공간의 관념을 새롭게 설정해 20세기를 앞서갔던 것이다.

■■ 세계적인 물리학자가 되다

그의 특수상대성이론은 발표되자마자 학계의 주목을 끈 것은 아니었다. 이름도 없는 특허국의 젊은 청년이 쓴 논문의 가치를 처음으로 인정한 사람은 플랑크였다. 플랑크는 1907년에 아인슈타인의 이론을 더욱 발전시켜 그 중요성을 세상에 알렸다. 이를 계기로 많은 물리학자들이 아인슈타인의 이론을 둘러싸고 토론을 벌였으며, 1908년에는 질량이 속도와 더불어 변한다는 특수상대성이론의 결론이 실험적으로 확인되었다.

이리하여 아인슈타인은 마침내 학계의 인정을 받게 되어, 1908년 베를린 대학의 강사가 된다. 그의 명성은 하루가 다르게 높아져 여러 대학으로부터 경쟁적으로 초청을 받게 된다. 1910년에는 취리히 대학의 이론물리학 교수가 되고, 1911년에는 체코슬로바키아의 프라하 대학에 이론물리학 교수로서 초빙되었다. 그 이듬해 10월에는 모교인 스위스 연방 공과대학의 교수가 되어 다시 취리히로 돌아왔으나 그것도 1년 남짓, 베를린의 프러시아 과학 아카데미와 카이저 빌헬름 연구소로부터 파격적인 대우로 초빙돼 1914년 봄 다시 베를린으로 옮긴다. 독일제국은 이 무렵 아인슈타인에게 프러시아의 명예 시민권을 증정한다.

베를린의 생활은 물질적으로는 안정적이었지만 정신적으로는 황폐했다. 독일 전체를 뒤덮고 있던 군국주의가 아인슈타인에게 참기 힘든 것이었고, 베를린으로 옮겨 온 직후 밀레바와 이혼하게 되어 정신적으로 고통스런 시간을 보내게 된다.

그러나 여러 대학을 옮기는 동안에도 아인슈타인은 특수상대성이론을 더욱 발전시킨 '일반상대성이론'을 만들려는 노력을 게을리 하지 않았다. 일반상대성이론(General theory of relativity)은 1차 세계대전이 한창인 1915년에 완성되었다. 1916년 아인슈타인의 일반상대성이론을 설명한 논문이 《물리학 연보》에 실렸는데 그는 이 논문에서 '공간이 우주의 사건들이 전개되는 단순한 배경이 아니고 공간 자체가 그것이 포함하고 있는 에너지와 물체들의 질량에 의해 영향을 받는 기초적인 구소' 임을 보였다. 1917년에는 빛의 유도 방출과 우주의 구조에 관한 두 개의 중요한 논문을 발표했는데, 이 두 논문 중에서 하나는 레이저의 이론적 기반을 제공하였고, 다른 하나는 현대 우주론의 기초가 되었다. 그 무렵 아인슈타인은 신경쇠약으로 힘들었지만 1919년에 결혼한 두 번째 아내 엘자에 의해 다시 건강을 회복하고 있었다.

그의 일반상대성이론은 강한 중력의 장 속에서 빛의 진로가 휜다는 것을 예언했고, 이 예언이 옳은지는 개기일식이 일어날 때 태양 바로 옆에 보이는 별의 위치를 측정하면 확인할 수 있다. 만약에 별에서 나오는 빛이 태양의 중력으로 휜다면, 별은 평소의 위치에서 어긋나 보일 것이다. 1차 세계대전이 끝나고 얼마 안 된 1919년 5월 29일, 그것을 확인할 기회가 찾아왔다. 영국의 과학자들은 개기일식 관측단을 파견했고, 관측 데이터를 신중히 검토한 결과 아인슈타인의 이론적 예언이 맞는다는 것이 증명되었다.

이 사실이 발표되자 온 세계가 들썩이기 시작했다. 학자들 사이에서 뿐만 아니라 '위대한 과학자'로서 아인슈타인의 이름은 일반인들에게도 널리 알려지게 되었다. 〈뉴욕타임스〉를 비롯해 세계 유수 신문들은 이 내용을 1면에 가장 중요한 기사로 대서특필했다. 1921년 그는 '수리물리학과 광전 효과에 대한 법칙을 발견한 공로(Contributions to mathematical physics and especially for his discovery of the law of photoelectric effect)'로 노벨 물리학상을 수상하게 되었고, 이때부터 이듬해에 걸쳐서 프랑스, 미국, 영국, 일본 등에 초청되어 강연 여행을 했으며 세계 각국의 대중들로부터 열광적인 환영을 받았다.

■■ 좌파적 정치인

아인슈타인은 속세를 떠나 혼자 연구에만 몰두하고 싶은 심정과 저명한 물리학자로서의 사회적 책임 사이에서 늘 고민했다. 그는 대부분의 시간을 연구에 할애했지만, 인류의 자유와 평화를 위협하는 사건이 터질 때마다 강력히 자신의 의사를 표현하였다. 그는 1차 세계대전 때부터 이미 반전 성명을 발표하는 등 평화주의자로서 정치 활동을 시작했다. 제2제국의 몰락과 볼셰비키 혁명을 목도하면서 "사회 · 경제적인 요소가 정치를 결정하는" 중요한 문제임을 깨닫고 적극적인 행동주의자가 되었다. 미국을 방문하던 1933년, 나치당이 정권을 획득했다는 소식을 듣고 아인슈타인 일가는 미국으로 망명했다. 그는 나치 독일을 탈출하는 수많은 망명자들이 미국에 입국할 수 있도록 도왔으며, 루스벨트 대통령에게 원자폭탄을 개발해 히틀러와 파시스트들을 저지하도록 촉구했다. 미국으로 망명한 뒤에는 인종차별에 반대의 목소리를 드높였으며, 1950년대에 미국에 불어 닥친 매카시즘에 맞서 싸웠다.

뿐만 아니라 그는 사회주의자나 공산주의자를 가리지 않고, '정신적으로 침묵하려 하지 않는' 모든 사람들과 연대했다. 그는 순진한 평화주의자가 아니라, 평화를 위한 전쟁에 헌신하는 투사였으며 미국이야말로 세계 평화와 자유를 수호할 수 있는 마지막 희망이라고 믿었던 것이다.

이와 같은 아인슈타인의 사회활동은, 그것을 달갑지 않게 여기는 사람들의 적의를 불러일으켰다. 1920년경부터 반유대주의자들로부터 공격이 시작되었다. 나중에는 상대성이론까지도 아인슈타인이 수립했다는 이유로 유대적인 사이비 과학이라고 몰아붙이기에 이르렀다. 아인슈타인의 평화주의도 공격의 과녁이 되었다. 그가 1925년에 의무적인 병역에 반대하는 성명에 서명했다는 사실은 아인슈타인을 적시하는 사람들을 더욱 분노하게 만들었다. 이 무렵 아인슈타인은 암살을 염려해야만 할 지경이었다. 그러나 그는 결코 굽히지 않고 자신의 주장을 되풀이했다.

1933년 1월에 히틀러가 정권을 잡자 군국주의와 반유대주의는 한층 더 기승을 부리기 시작해 많은 유대인 과학자들은 연달아 추방되었고 국외로 망명하기 시작했다. 아인슈타인은 "개인이 법 앞에서 평등하게 다루어지지 않고 하고 싶은 말을 하지 못하고 가르칠 자유가 보장되지 않은 나라에서 살기를 원치 않는다"라고 항의하고, 베를린의 아카데미로 사표를 보냈다. 히틀러 정부는 아인슈타인의 시민권을 박탈하고 재산을 몰수하였으며, 그에게 5만 마르크의 현상금을 걸었다.

닐스 보어와 함께 길을 걷는 아인슈타인. 닐스 보어는 원자이론을 정리하여 양자 역학에 크게 기여한 물리학자로서, 원자력의 평화적 이용과 핵무기의 정치적 문제에 관심이 많았다.

미국 정부는 아인슈타인의 요청에 따라 맨해튼 프로젝트를 추진했다. 맨해튼 프로젝트에는 나치에 맞선다는 대의명분 아래 여러 유대인 과학자들이 참여했다. 과학자들은 원자폭탄으로 히틀러를 위협해 전쟁을 중단시키려고 했지만, 미국의 생각은 달랐다. 실제로 독일이 원폭 개발을 중단한 뒤에도 그들은 계속 원폭 개발을 추진했다. 원폭은 소련이 태평양전쟁에 개입하기 전에 전쟁을 끝내기 위해 일본에 투하됐다. 만약 아인슈타인이 원폭 개발에 참여했다면 상황은 바뀌었을 것이다. 그는 원폭 개발에 대한 여론을 바꾸고, 개발자들을 그만두게 할 수 있는 정치적인 영향력을 가졌기 때문이다. 그래서 미군 당국은 그를 맨해튼 프로젝트에서 제외했다.

원폭 개발을 촉구했던 아인슈타인이나 개발에 참여했던 과학자들은 끔찍한 양심의 가책에 시달릴 수밖에 없었다. 그들은 원자력과학자비상위원회를 결성하여 미국인들에게 핵무기의 위험을 경고하고, 평화를 위한 원자력 기술 이용을 홍보하는 반핵 운동을 펼쳤다. 아인슈타인과 미국의 진보 진영은 소련의 핵 개발은 제지하면서도, 핵 보유를 포기하지 않는 미국의 정책을 위선적이라고 비난했다.

미국의 정치가들은 아인슈타인의 이런 발언을 "정치적으로 순진한" 인물의 허튼소리쯤으로 여겼지만, FBI는 달랐다. 프레드 제롬의 『아인슈타인 파일』(*The Einstein File*)에 따르면, FBI 후버 국장은 아인슈타인이 자신의 신념을 위해 원폭 기밀을 소련에 넘길 수 있는 위험 인물이라고 판단, 끈질기게 아인슈타인을 감시하라고 지시했다. 그들은 아인슈타인에게 전화를 건 친(親)러시아 인사들의 명단을 확보하고, 아인슈타인 앞으로 보낸 생일 축하 전보를 가로채고, 심지어 쓰레기통까지 뒤져가면서 아인슈타인과 주변 인물의 일거수일투족을 감시했다.

■■ 프린스턴에서의 마지막 날들

프린스턴 고등학술연구소에 있는 자신의 연구소에서.

독일에서 추방된 아인슈타인이 자신의 말년을 보낸 곳은 미국 뉴저지 주 프린스턴에 새로 만들어진 프린스턴 고등학술연구소였다. 유럽의 과학기술을 따라잡기 위해 만들어진 학자들의 천국 프린스턴 고등학술연구소에서 아인슈타인은 종신 연구원으로 있으면서 오로지 연구에 전념하게 되었다.

여기서 아인슈타인은 1929년경부터 시작했던 통일장 이론에 다시 몰두하였다. 일반상대성이론은 중력을 공간의 성질로 설명한 이론이라 할 수 있는데, 전자기장의 이론은 그대로 방치되어 있다. 이 전자기장을 중력과 똑같이 공간의 성질로서 통일적인 이론을 만들어내려는 것이 통일장 이론의 연구다. 아인슈타인은 죽을 때까지 끈기 있게 연구를 계속했지만, 자신의 마지막 연구를 마무리하지는 못했다.

마지막까지 위대한 과학자인 동시에 인류의 운명에 깊은 관심을 계속 품고 있던 아인슈타인의 삶은 76년이라는 그리 길지 않은 시간으로 막을 내렸다. 하지만 그가 평생 연구한 이론과 그가 보여준 평화주의자로서의 삶은 앞으로 더 오랜 시간동안 인류에게 소중한 유산으로 전해질 것이다. 1955년 4월 18일, 심장병으로 세상을 떠난 그는 더 이상 모차르트의 음악을 들을 수 없게 되었다.

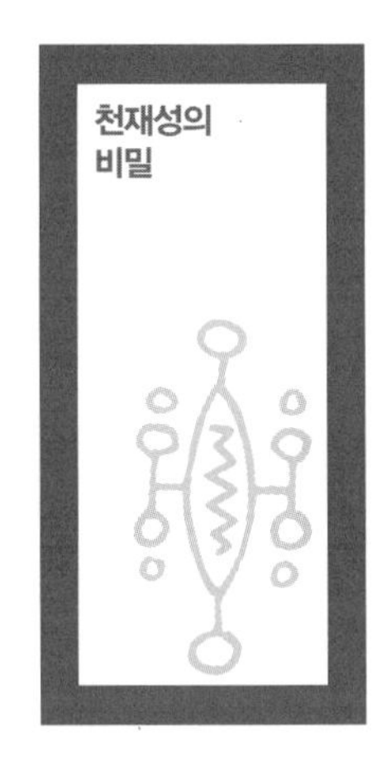

상대성이론이 만들어지기까지

홍성욱

상대성이론에 나타난 아인슈타인의 창의성을 이해하려는 과학사학자의 작업은 이중적인 의미에서 어렵다. 우선 과학사학자는 아인슈타인이 1905년에 특수상대성이론에 대한 기념비적인 논문을 내게 된 과정을 지금 남아 있는 사료를 바탕으로 재구성해야 한다. 그렇지만 많은 사료가 그렇듯이 이 문제에 관련된 사료들 역시 완벽하지 않으며 또 어떤 사료들은 서로 상충되기까지 한다. 그렇지만 어려움은 여기에서 끝나지 않는다. 상대성이론이 만들어진 과정을 성공적으로 재구성했다고 해도, 이러한 역사적 재구성에서 아인슈타인의 창의성을 이해하는 것이 얼마나 타당한가 하는 문제가 또 남기 때문이다. 필자와 같은 과학사학자가 아인슈타인 같은 천재의 머리를 스친 전광석화와 같은 영감을 이해할 수 있을까? 설령 누군가가 그의 창의성을 이해했다고 하더라도, 이를 보통사람이 이해할 수 있는 언어로 표현하는 것이 가능할까?

필자는 『뉴턴과 아인슈타인—우리가 몰랐던 천재들의 창조성』에서 창의적인 과학적 발견의 과정이 전광석화와 같은 신비로운 영감이 작용하는 순간적 과정이 아니며, 그 결과가 동시대의 과학자들이 이해할 수 없을 정도로 난해한 것이 아님을 주장했다. 창의성의 신화를 극복하기 위해, 필자는 과학자의 창의성이 1) 훈련과 연구에 몰두하는 오랜 기간을 통해 숙성되는 것이며 2) 창의성을 고무하는 지적 분위기와 커뮤니티가 창의성의 발현에 무척 중요하고 3) 다양한 지적 · 물질적 밑천들(resources)을 결합하는 역량이 창의성을 구성하며 4) 기존의 방법론, 이론이나 해석에 충분히 익숙해지면서 동시에 이에 압도당하지 않는 지적인 당당함 역시 중요하다는 점을 강조했다. 여기서는 아인슈타인이 특수상대성이론을 만드는 과정에 이러한 네 가지 요소들이 어떻게 기여했는지 살펴보도록 하겠다.

■■ 하나의 의문에 오랜 동안 골몰하다

아인슈타인은 만 열 살이 되기 전인 1888년에 대학 예비학교인 루이트폴트 김나지움에 입학했다. 이 학교는 9년제 고등학교였는데, 아인슈타인은 라틴어나 그리스어와 같은 고전 위주의 교육과 학교의 군사적 기풍에 염증을 느껴서 1894년에 학교를 자퇴하고 이탈리아에 있던 가족과 합류했다. 그는 이때 스위스 연방 공과대학에 입학할 계획을 세웠고 입학 자격시험을 위해 1895년에 아라우에 있는 아가우 칸톤 고등학교 3학년에 편입했다. 잘 알려져 있다시피 아인슈타인은 1896년에 취리히의 스위스 연방 공과대학에 입학해서 물리학을 전공했고 1900년에 대학을 졸업했다. 고등학생과 대학생이었을 때 아인슈타인은 사람들을 깜짝 놀라게 할 만큼 똑똑한 학생은 아니었다. 그렇다고 그가 꼴찌에 가까운 '불량학생'이었던 것은 더더욱 아니다. 그는 높은 평점을 받고 대학을 졸업했지만, 학점보다는 자신이 관심이 있는 문제에 대해서 생각하고 학문적 역량을 기르기 위해 노력하는 학생이었다.

아인슈타인이 특수상대성이론의 단초가 되는 문제를 처음 생각해낸 것은 대학을 준비하던 때였다. 그는 빛에 대한 맥스웰(James Clerk Maxwell, 1831~1879)의 전자기 이론과 일반 운동에 적용되는 갈릴레이(Galileo Galilei, 1564~1642)의 상대성원리◉ 사이에 모순이 존재한다는 걸 사고실험(thought experiment)을 통해서 직감했다.

◉ **갈릴레이의 상대성원리**
17세기 초반 갈릴레이가 밝힌 상대운동의 원리. 등속직선운동을 하는 관찰자들이 상대방의 속도를 측정할 때 관찰값들은 달라지지만 숫자들 사이에 성립하는 상관관계(물리법칙)는 같다는 원리.

> 만일 내가 빛과 같은 속도로 운동하면서 빛을 바라본다면 나는 빛을 (널리 퍼져나가는 전자기파가 아니라) 제자리에서 (진동하기만 하는) 전자기장으로 관찰해야 할 것이다. 하지만 실험 결과들이나 맥스웰 방정식으로 미루어볼 때 그런 현상은 없다. 빛의 속도로 운동하는 관찰자의 시점에서도 모든 현상이 지상에 정지해 있는 관찰자가 보는 것과 같은 법칙에 따라 일어나야 한다는 것이 나에게는 처음부터 직관적으로 분명해 보였다. 왜냐하면 (갈릴레이의 상대운동의 원리에 따르면) 빛의 속도로 운동하는 관찰자는 자신이 아주 빠른 등속운동을 한다는 것을 알거나 판단할 방법이 없기 때문이다.

당시 물리학 이론에 따르면 빛은 퍼져나가는 에테르(ether, 당시 공간을 가득 메우고 있다고 가정한 빛과 전자기파의 매개 물질)의 파동이었다. 따라서 빛을 똑같이 따라가면서 관찰하면 제자리에서 진동하는 에테르의 운동이 관찰되어야 했는데, 이는 빛의 속도는 관찰자에 무관하다는 당시의 실험 결과나 맥스웰의 전자기 이론과도 모순 되었다. 즉 빛과 관련해서는 갈릴레이의 상

▲ 맥스웰. 영국의 물리학자. ▼ 갈릴레이. 17세기 이탈리아의 물리학자, 천문학자.

대성원리가 잘 적용되지 않았던 것이다.

당시에 아인슈타인의 문제의식은 여기에서 그치지 않았다. 그는 대학 입시를 준비하면서 푀플(August Föppl, 1854~1924)이라는 전기공학자가 저술한 『맥스웰의 전기이론 입문』이라는 교과서를 읽었는데, 여기서도 나중에 특수상대성이론이 나오게 된 핵심적인 문제에 주목했다. 영국의 과학자 패러데이(Michael Faraday, 1791~1867)가 발견한 전자기유도 현상을 다룬 『맥스웰의 전기이론 입문』의 5장에서 푀플은 자기장이 정지해 있고 (즉 에테르가 정지해 있고) 도선이 움직이는 경우와 도선이 정지해 있고 자기장이 움직이는 (즉 에테르가 요동하는) 경우가 맥스웰의 전자기 이론에 의해서 각각 다른 방식으로 설명된다는 문제를 지적했다. 간단히 말해서 전자기 이론에 의하면, 자기장이 움직이는 경우에는 움직이는 자기장이 전기장을 만들어내고 이 전기장이 도선 속의 전자를 운동하게 하는 반면에, 도선이 움직이는 경우에는 전기장이 만들어지지 않았다. 그런데 도선이 움직이거나 자기장이 움직이는 경우는 단지 상대운동의 차이에 다름 아니었다. 즉 좌표계◉의 단순한 차이가 물리량 혹은 물리적 실재(여기서는 전기장)를 만들기도 하고 없애기도 한다는 것이 의문거리였다. 이 문제는 아인슈타인이 이후 10년 동안이나 계속 고민한 문제였는데, 푀플 교과서의 5장 제목이 「움직이는 도체의 전기역학」이고 1905년 아인슈타인의 특수상대성이론 논

맥스웰 전자기 이론과 갈릴레이 상대성원리 사이의 모순?

19세기 초 물리학자들은 세상이 보통 물질과 에테르로 나뉜다고 생각했다. 그리고 에테르는 무게가 없고 눈에 보이지 않지만 공간을 가득 메우고 있는 물질이라고 가정했다. 따라서 빛 · 전기 · 자기 · 열 현상 등은 각각에 대응하여 에테르의 운동이 일으키는 현상으로 보았다.

그러다가 1833년에 전류가 흐르는 전선 주변에서 나침반의 방향이 바뀌거나 전선 주변에서 자석을 움직이면 전선에 전류가 흐르는 현상이 발견되면서 전기와 자기가 깊은 관련이 있다는 사실이 분명해졌고 전기 에테르와 자기 에테르의 관계를 연구하는 전자기학이 생겨나게 되었다. 그리고 1860년대 영국의 물리학자 맥스웰이 전자기 이론을 체계화하였다. 그는 전자기 에테르가 빛과 마찬가지로 파동을 일으키면서 공간의 한 지점에서 다른 지점으로 전파되는 것을 증명하고 그 전자기파의 속도가 빛의 속도와 거의 같다고 추정하였다. 이는 결국 전기와 자기 에테르가 같은 것이듯 전자기 에테르와 빛 에테르가 같은 것이라는 주장인 셈이다. 그리하여 이후 대부분 유럽 물리학계에서는 빛도 곧 전자기파이고 세상에는 보통 물질과 전자기 에테르, 두 종류가 존재한다고 믿게 되었다.

그런데 아인슈타인은 이러한 맥스웰의 전자기 이론이 기존의 물리법칙인 갈릴레이의 상대성원리와 모순을 일으킨다는 데에 주목하였다. 갈릴레이의 상대운동의 원리에 따르면 빛의 속도로 움직이는 관찰자가 보는 현상이나 지상에 정지해 있는 관찰자가 보는 현상이 같은 물리법칙에 따라 일어나야 한다. 그런데 맥스웰의 전자기 이론에 따르면 빛의 속도로 움직이는 관찰자에게 빛은 제자리에서 진동하는 에테르로 관찰되어야 했다. 이렇게 빛과 관련해서는 잘 적용되지 않았던 갈릴레이의 상대성원리를 전자기학과 어떻게 조화시킬 것인가가 이후 아인슈타인이 지속적으로 몰두한 연구 주제가 되었고, 이것이 특수상대성원리의 탄생으로 이어진 것이다.

문의 제목이 「움직이는 물체의 전기역학에 대하여」인 것을 보아도 푀플의 영향이 얼마나 중요했는지를 알 수 있다. 물론 푀플의 교과서에서 이 '사소한' 문제를 붙들고 고민했던 사람은 아인슈타인이 유일했다.

푀플은 고전적인 에테르 이론의 신봉자였다. 반면에 아인슈타인은 빛과 전자기 현상에 모순을 안겨 주기만 하는 에테르가 존재하지 않을 수도 있다는 생각을 굳혀 나갔다. 대학을 졸업하기 1년 전인 1899년 9월에 아인슈타인은 그의 애인 밀레바 마리치(Mileva Marič, 1875~1948)에게 "나는 점점 더 운동하는 물체의 전기동역학이 현재의 형태로는 정확하지 않다고 확신하게 되었다. 그리고 그것을 좀더 간단한 형태로 바꿀 수 있다고 생각한다. 에테르라는 용어의 도입은 대상의 물리적 의미를 부여하지 않은 채 그 운동에 대해 얘기하는 결과를 가져왔다"고 썼다. 같은 달에 마리치에게 쓴 또 다른 편지에서 아인슈타인은 빛의 속도로 달리면서 빛을 보는 사고실험을 언급하기도 했다.

대학을 졸업한 뒤에 아인슈타인은 대학에 조교 자리를 얻지 못하고 임시직 교사와 실업 상태를 전전했다. 그렇지만 이렇게 힘든 와중에서도 그는 학문과 연구에 대한 집념을 잃지 않았다. 아인슈타인은 1901년 9월에 친구 그로스만에게 보낸 편지에서는 물체의 상대운동에 대한 실험에 대해 얘기했으며, 같은 해 10월에는 마리치에게 자신의 실험을 대학교수가 칭찬했다는 소식을 전하기도 했다. 소도시 베른의 특허국에 취직한 1902년 이후로 그는 베른에서 '올림피아 아카데미'(Olympia Academy)라는 스터디 그룹을 만들어서 일주일에 한 번씩 과학과 철학에 대해서 늦은 밤까지 토론을 거듭했다. 1903년 5월에 베른에서 열린 지방물리학회에서 아인슈타인은 전자기학과 관련된

◉ **좌표계**
물리현상을 설명하는 데 기준으로 삼는 물체의 위치나 조건. 많이 쓰는 X · Y 좌표계는 2차원 좌표계다.

◀ 마르셀 그로스만
▶ 밀레바 마리치
그로스만은 스위스 연방 공과대학 시절부터 친구로서 훗날 특수상대성이론은 물론 일반상대성이론을 만들 때 고등수학 지식으로 아인슈타인의 연구에 큰 도움을 주었다. 마리치는 동료로서 그리고 연인이며 부인으로서 아인슈타인이 대학을 졸업하고 1905년 특수상대성이론을 내놓을 때까지 어려운 기간 동안 아인슈타인을 지지하고 자극했다.

논문을 발표했으며, 1904년 말엽에는 빛의 속도가 일정한 것이 아니라 관찰자에 따라 달라진다고 가정했을 때 모순이 발생함을 깨닫고 빛의 속도가 어느 경우에나 일정하다고 확신하게 되었다. 전자기학의 문제, 빛의 운동에 대한 문제, 고전적 (갈릴레이의) 상대성이론의 문제 등이 얽혀있는 채로 아인슈타인은 1905년을 맞게 되었다. 고등학교 시절부터 따지자면 그는 벌써 10년이 넘게 이런 문제에 골몰해 있던 셈이었다.

■■ 지적인 자극과 창의성을 고무하는 환경

아인슈타인은 사교적이거나 친구들의 인기를 한 몸에 받으면서 친구들에게 둘러싸여 있는 사람은 아니었다. 그는 사람들과 어울리는 것보다 물리학 실험에 몰두하고 추상적인 문제에 대해서 골똘히 생각하는 것을 좋아했다. 그렇지만 그는 자신의 지적 호기심과 학문적 탐구를 촉진하는 촉매 역할을 하는 네트워크를 만들고 이를 잘 유지했던 사람이었다.

아인슈타인은 고등학교 시절에 자신의 집에 머물던 유대인 의학도 막스 탈

칸트. 독일의 철학자. 아인슈타인은 칸트의 철학을 접하면서 자연에서 나타나는 다양한 현상들이 그 뿌리에서는 하나로 연결되어 있다는 자연의 단일성을 신봉하게 되었고, 이러한 철학적 방법론은 이후 그의 과학 연구에도 큰 영향을 미쳤다.

미(Max Talmey)로부터 독일의 철학자 이마누엘 칸트(Immanuel Kant, 1724~1804)의 철학을 배웠다. 칸트의 철학은 난해하기로 유명한 것이었지만, 아인슈타인은 이에 심취했으며 칸트 철학을 통해서 자연과학의 지엽적인 문제만이 아니라 우주와 과학을 더 폭넓게 보는 방법을 익힐 수 있었다. 칸트의 철학을 접하면서 아인슈타인은 자연에서 나타나는 다양한 현상들이 그 뿌리에서는 하나로 연결되어 있다는 자연의 단일성을 신봉하게 되었고, 이러한 철학적 방법론은 여러 모순적인 현상을 그 근원까지 파헤침으로써 해결했던 그의 특수상대성이론 연구에서 뚜렷하게 표출되었다.

대학에 들어가서 아인슈타인은 같은 학과의 그로스만, 마리치 그리고 기계공학을 전공하던 베소(Michele Angelo Besso, 1873~1955) 등과 친구가 되었다. 아인슈타인은 그로스만, 마리치와 학문에 대해 진지한 의견을 교환했으며, 마리치와의 관계는 친구에서 연인으로 연인에서 부부로 발전했다. 마리치는 아인슈타인이 대학을 졸업하고 1905년에 특수상대성이론을 내놓을 때까지 어려운 기간 동안 동료로서 그리고 연인이며 부인으로서 아인슈타인을 지지하고 자극했다. 그로스만은 자신의 노트를 아인슈타인에게 빌려주어 아인슈타인이 대학 졸업 시험을 무사히 통과할 수 있도록 도와주었다. 그는 나중에 스위스 연방 공과대학의 수학과 교수가 되었는데, 아인슈타인이 일반상대성이론을 만들 때 자신이 알고 있던 고등수학 지식을 아인슈타인에게 제공하고 공동연구를 수행하는 등 아인슈타인의 인생에 한 번 더 결정적인 도움을 주었다. 베소는 아인슈타인이 직장을 얻지 못하고 방황하던 시기에 자신의 아버지를 통해 아인슈타인을 베른의 특허국에 취직시켜 주었다. 특허국에 취직한 뒤에 아인슈타인은 경제적으로나 정신적으로 안정된 상태에서 연구에 매진했다. 다음 절에서 보겠지만, 아인슈타인은 1905년 5월 어느 날 베소와 토론을 하던 중에 특수상대성이론을 완성하는 결정적인 단서를 포착한다.

아인슈타인이 베른에서 운영한 올림피아 아카데미는 1902년에 그가 지역신문에 낸 광고에서 출발했다. 그런데 이 광고를 보고 찾아온 사람은 학생이 아니라 철학을 전공한 모리스 솔로빈(Maurice Solovine, 1875~1958)이었고 아인슈타인과 솔로빈은 곧 친해져서 과학과 철학의 고전들을 함께 독파한다는 야심 찬 계획을 세웠다. 여기에 아인슈타인의 오랜 친구 콘래드 하비히트(Conrad Habicht, 1876~1958)가 합류하였다. 이들은 마흐의 『감각의 분석』『역학의 발전』, 칼 피어슨의 『과학의 문법』, 푸앵카레의 『과학과 가설』, 존 스튜어트 밀의 『논리학』, 데이비드 흄의 『인간의 본성에 대한 소고』, 스피노자의 『윤리학』, 암페어의 『철학에 대한 에세이』, 클리퍼드의 『사물의 본성 그 자체에 대해서』, 데디킨트의 『수(數)란 무엇인가』와 같은 책을 함께 읽고 토론했다. 어떨 때는 텍스트의 한쪽을 두고 밤이 깊어지는 줄 모르고 토론했기 때문에 이들이 한 권의 책을 읽는 데에는 오랜 시간이 소요되곤 했다. 과학이나 철학 책 외에도 소포클레스의 『안티고네』나 세르반테스의 『돈키호테』 같은 책도 읽었으며,

Vermischtes

Privatstunden in
Mathematik u. Physik
für Studierende und Schüler erteilt
gründlichst
Albert Einstein, Inhaber des eidgen.
polyt. Fachlehrerdiploms,
Gerechtigkeitsgasse 32, 1. Stock.
Probestunden gratis.

1902년 아인슈타인이 지역신문에 낸 광고. "학생들을 위한 수학과 물리학 개인교습, 스위스 공과대학 학위 소지자, 알베르트 아인슈타인 강의, 게레히티카이트가 32번지 1층, 시범 강의는 무료"라는 내용의 이 광고가 올림피아 아카데미의 출발점이 되었다.

올림피아 아카데미의 멤버들. 왼쪽부터 콘래드 하비히트, 모리스 솔로빈 그리고 알베르트 아인슈타인.

종종 아인슈타인은 바이올린을 연주하여 모임에 활력을 불어넣었다.

셋이 시작한 모임에는 콘래드 하비히트의 동생인 폴 하비히트(Paul Habicht)와 스위스 우편국의 기사였던 루시앙 샤방(Lucien Chavan)도 가끔 참여했으며, 1903년에 아인슈타인이 마리치와 결혼한 뒤에 그녀도 가끔씩 모임에 참석했다. 이들은 아인슈타인이 새로운 논문을 쓸 때마다 그 논문에 대해서도 깊이 논의했다. 올림피아 아카데미는 1904년에 하비히트가 베른을 떠나고 다음 해에 솔로빈 역시 베른을 떠나면서 해체되었지만, 물리학과 철학의 근본을 이해하려 했던 아카데미의 노력은 젊은 아인슈타인을 계속 지적으로 자극했을 뿐만 아니라 다양한 과학에 하나의 뿌리가 있다는 생각을 더 추구하도록 유도했다.

■■ 서로 다른 생각들을 결합하기

아인슈타인은 에테르를 매질로 하는 빛의 운동이 고전적인 갈릴레이의 상대성원리와 잘 맞지 않는다는 점을 일찍이 간파했으며, 전자기학의 고전적인 기술에서도 문제점이 있음을 발견했다. 아인슈타인은 이러한 모순적인 문제에 대해서 오랫동안 고민하다가 결국 모든 문제의 근원이 '빛의 속도'에 있다고 생각하게 되었다. 앞에서 언급했듯이 1904년 말엽 경에 아인슈타인은 빛의 속도가 항상 일정해야 한다는 생각을 받아들였지만 "왜 빛의 속도는 항상 일정한가"라는 문제는 해결하지 못하고 있었다. 갈릴레이의 고전 역학에 의하면 우리가 빛의 속도의 절반의 속도로 달리면서 빛을 볼 경우의 빛의 속도는 정지해서 보는 속도의 절반으로 떨어져야 했다. 그렇지만 실험적으로나 이론적으로나 빛의 속도는 항상 일정하게 관측되었다.

갈릴레이의 상대성원리와 빛의 속도가 일정하다는 것 사이에 어느 쪽을 포기해야 하는가? 문제는 둘 중 어느 것도 포기할 수 없었다는 데에 있었다. 갈릴레이의 상대성원리는 무수한 경험을 통해서 물리학의 원리로 자리잡은 것이었으며, 일정한 빛의 속도는 엄연한 실험적 사실이었다. 이 모순을 어떻게 해결할 것인가? 왜 갈릴레이의 상대성원리는 고전 역학에서는 아무런 문제도 없다가 빛의 속도와 같이 빠른 속도로 운동하는 물체에 대해서는 말썽을 일으키는가?

아인슈타인이 특허 심사관으로 일하던 시절에 스위스 특허국에는 시계에 대한 특허가 빈번히 접수되었다. 당시 도시를 잇는 열차의 속도가 빨라지면서 여러 도시들 간에 시간을 맞추는 일이 점점 더 중요해졌는데, 서로 다른 도시 사이에 표준시를 정하는 작업은 보통 표준 시계를 하나 만들어 놓고 정해진 시간에 다른 도시로 전기 시그널을 보내서 그 시그널이 돌아오는 시간을 측정한 뒤에 몇 시간 뒤에 이러한 일을 또 반복해서 시계가 같은 시간을 가리키는지 판단하는 방식을 택하고 있었다. 수많은 도시들의 시간이 이렇게 해서 모두 같은 시간을 가리키도록 맞추어졌다. 이러한 '시간 맞추기' 작업에서는 시간이라는 것이 추상적이고 형이상학적인 실체가 아니라 "시계로 측정하는 것"이 되어 버렸다.

도시는 정지해 있는 좌표계이므로 두 도시 사이에 시간을 맞추는 일은 별로 어렵지 않았다. 그렇지만 이 중 하나의 좌표계가 움직이고 있다면? 정지한 좌표계와 운동하는 좌표계의 시간을 어떻게 맞출까? 지금까지 수천 년 동안 과학자들은 시간이 운동과는 무관하게 일정한 속도로 흐르는 것이라고 간주했는데, 대체 두 좌표계에서 시간이 같다는 것을 어떻게 알 수 있는가? 어느 한 좌표계에서 '동시'라고 말할 수 있는 사건이 다른 좌표계에서는 '동시'가 되지 않는다면?

1905년 5월 초순에 아인슈타인은 특허국 근무가 끝난 뒤에 친구 베소의 집에 들렀다. 그는 베소에게 "요즘 골치 아픈 문제를 하나 생각하고 있어. 오늘 자네랑 그 문제를 좀 따져 보려고 왔지"라고 말문을 꺼낸 뒤에, 빛과 관성계에 대한 문제에 대해 한참 토론하고 돌아갔다. 다음 날 아인슈타인은 베소를 다시 찾아와서 대뜸 "고마워, 그 문제 완전히 다 풀렸어"라고 말을 건넸다. 아무도 주목하지 않았던 '시간'이라는 대상에 주목함으로써 아인슈타인은 10여 년 동안 고민하던 문제들을 깔끔하게 해결할 수 있었던 것이다. 그는 왜 빛의 속도가 변하지 않는지, 에테르의 문제는 어떻게 해결할 수 있는지, 시간과 운동은 어떻게 연결되어 있는지를 혁명적으로 새롭게 이해하는 이론 틀을 세울 수 있었다. 그가 베소와의 대화에서 문제 해결의 실마리를 발견한 다음에 특수상대성이론에 대한 논문을 쓰기까지는 불과 5주 정도의 시간이 걸렸을 뿐이다.

여기서 보듯이 아인슈타인은 오랜 기간 동안 그가 화두로 잡고 있던 빛 · 에테르 · 전자기장에 대한 심원한 이론적인 탐구를 시계와 동시성(同時性)

에 대한 기술적(技術的) 요소와 독창적인 방식으로 결합시켰다. 가장 추상적인 개념인 시간과 가장 세속적인 시계 특허가 한 논문에서 결합된 것이다. 아래 인용문에서 볼 수 있듯이 양자 역학에서 불확정성의 원리를 발견한 하이젠베르크(Werner Heisenberg, 1901~1976)는 과학적 독창성을 서로 다른 이질적 요소의 결합에서 비롯하는 것으로 간주했는데, 이에 의하면 아인슈타인의 특수상대성 이론이야말로 이러한 이질적 요소의 결합을 잘 보여 준다고 하겠다.

하이젠베르크. 독일의 물리학자. 과학적 독창성이란 서로 다른 이질적 요소의 결합에서 기인한다고 간주한 하이젠베르크의 논리를 가장 잘 보여주는 것이 아마 아인슈타인의 특수상대성이론이 아닐까.

> 인간의 생각의 역사에서 가장 비옥한 발전은 아마도 두 개의 서로 다른 생각의 경향(lines of thought)이 만나는 지점에서 일어났을 것이다. 이 두 경향은 서로 다른 문화, 다른 시기 혹은 다른 종교에 뿌리가 있을 정도로 다른 것일 수도 있다. 따라서 이런 두 경향이 실제로 만나서, 즉 이 둘이 서로 연관을 맺어 실질적인 상호작용이 일어날 수 있다면 우리는 새롭고 흥미로운 발전이 뒤따를 수 있다고 기대할 수 있다.

■■ 중심과 주변

빛과 에테르의 문제에 대해서 고민을 하던 사람은 당시에 아인슈타인만이 아니었다. 유럽의 유수한 물리학자들이 이것과 연관된 문제를 해결하기 위해 노력하고 있었는데, 그 중 유럽 최고의 이론 물리학자로 꼽히던 프랑스의 푸앵카레(Jules Henri Poincaré, 1854~1912)와 네덜란드의 로렌츠(Hendrik

로렌츠. 네덜란드의 이론물리학자. 고전 물리학의 이론 체계를 세웠을 뿐더러 특수상대성이론의 주요 결론인 '로렌츠 변환 공식'을 아인슈타인보다 앞서 내놓는 등 현대 물리학의 기반을 구축하였다.

Antoon Lorentz, 1853~1928)는 아인슈타인의 상대성이론이 나오던 1905년 무렵에 아인슈타인과 거의 비슷한 결론에 도달해 있었다. 특히 로렌츠는 1895년에 운동하는 물체의 길이가 수축한다는 '수축가설'을 주창했으며, 이 수축가설을 통해 빛의 속도가 일정함을 보이는 마이컬슨과 몰리의 실험 결과를 설명했다. 마이컬슨과 몰리가 더 정확한 실험 결과를 내놓자 로렌츠는 이를 설명하기 위해서 운동하는 좌표계의 시간이 일정치 않다는 가설을 1904년에 내놓았다. 길이가 수축하고 운동하는 좌표계의 시간이 변한다는 것은 아인슈타인의 특수상대성이론에서 바로 유도되는 결론이었다. 사실 아인슈타인의 특수상대성이론에서 상대운동을 하는 두 좌표계 간의 관계를 표시하는 '로렌츠 변환 공식'은 로렌츠가 1904년에 이미 주장한 것이었다.(아인슈타인은 이 공식을 모르는 채로 1905년에 특수상대성이론에 대한 논문에서 같은 공식을 유도했다.)

그렇지만 로렌츠와 아인슈타인에게는 결정적인 차이가 있었다. 로렌츠는 '전자 이론'(electron theory)이라는 고전 물리학의 이론 체계를 세운 물리학자였는데, 그의 전자 이론은 에테르의 존재를 가정하고 에테르와 전자 사이에 발생하는 복잡한 작용을 수학적으로 설명한 것이었다. 에테르의 존재를 (즉 절대공간을) 가정했기 때문에 로렌츠의 전자 이론은 당시 마이컬슨과 몰리의 실험 결과를 설명할 수 없었고, 따라서 로렌츠는 계속 나타나는 문제를 해결하기 위해서 새로운 가설들을 자꾸 자신의 이론 체계에 붙여 나가야 했다. 운동하는 물체의 길이가 수축한다는 가설과 운동하는 좌표계의 시간이 변한다는 가설은 모두 이렇게 도입되었다. 그렇기 때문에 로렌츠는 운동하는 좌표계의 시간이 변한다는 것이 '물리적 실재'(자연에 실제로 존재하는 것)가 아니라 단지 '수학적 도구'라고 생각하였다. 좌표계에 따라 시간의 흐름이 다를 수 있다는 결론은 그가 도저히 받아들일 수 없었던 것이었다. 로렌츠의 이론은 막 난파하려는 배를 여기저기 땜질하면서 간신히 버티는 상황과 흡사했다.

반면에 아인슈타인은 고전 물리학이라는 배가 여기저기 땜질해서 쓸 수 있는 상황이 아님을 직감했다. 아인슈타인은 구멍이 숭숭 나서 물이 쏟아져 들어오는 배를 버리고 새로운 배로 갈아 탄 경우였다. 그는 절대공간과 에테르라는 고전 물리학의 가설들이 빛의 속도나 전자기유도와 같은 현상에서 모순을 낳고 있음을 인식한 뒤에, 시간의 동시성을 새롭게 정의함으로써 이러한 문제를 해결했으며, 절대좌표계(에테르)를 부정하고 대신 물리량 사이의 관계(즉 물리법칙)의 절대성이 만족되는 새로운 변환식을 고안했다. 아인슈타인의 특수상대성이론에 의하면 에테르는 '불필요한'(superfluous) 것이 되어 버렸다. 1905년 이후 사람들이 시간과 공간 그리고 물질과 에너지를 전혀 다른 방식으로 보기 시작했다는 의미에서, 아인슈타인의 상대성이론은 혁명적이었고 물리학의 근간을 뒤흔들 정도로 근본적인 것이었다.

아인슈타인은 당시 물리학이 직면한 문제점들을 잘 이해했고 이를 이해하기 위해서 맥스웰, 마흐, 헬름홀츠, 로렌츠, 푸앵카레, 막스 플랑크의 논문과 책을 탐독했지만 하나의 학설에 교조적으로 매달리지는 않았다. 이는 그가 기존의 이론 체계에 대해서 비판적인 자세를 견지했기 때문이기도 했지만, 1902년부터 1905년 사이에 베른이라는 '주변'에 고립되어 있었기 때문이기도 했다. 당시 베를린이나 라이덴(Leiden)과 같은 '중심'의 물리학자들은 모두 전자 이론을 완벽하게 만들기 위해서 애를 쓰고 있었기 때문이다. 지방에서 엔지니어로 일하다가 파리와 같은 중심의 물리학자들은 생각도 못했던 빛의 파동설을 제창한 프랑스 물리학자 프레넬(August Fresnel, 1788~1827)처럼, 베른이라는 주변에 있었던 아인슈타인은 중심의 물리학자들이 당연하게 받아들이던 패러다임에 대해서 비판적인 거리를 유지할 수 있었던 것이다.

■■ 상대성이론의 탄생을 통해 본 아인슈타인의 창의성

우리가 아인슈타인 같은 창의적인 과학자를 배출하지 못한다는 것에 대해 자조적인 한탄조의 목소리들이 많다. 이 글을 통해 필자는 아인슈타인의 창의성이 보통 인간이 범접할 수 없는 번득이는 영감에서 나온 것이 아니라 10년에 걸친 노력 그리고 같은 문제에 대한 고민, 창의성을 높게 사는 지적 분위기와 커뮤니티의 형성, 다양한 지적 · 물질적 밑천들의 결합, 중심과 주변 간의 적절한 거리가 결합해서 분출된 것임을 지적했다. 이러한 분석은 지금 우리의 과학 교육과 과학자를 훈련하는 방식에 문제가 많음을 시사한다. 우리는 문제를 푸는 것을 넘어서서 문제를 만들어서 제기하는 교육을 아직 덜 중요하게 생각하며, 창의성을 높게 사는 지적 분위기가 사회적으로 정착되어 있지 않고, 다양한 연관을 중시하는 '잡종적'(雜種的) 사고보다는 '한 우물을 파라'는 식의 교육법이 널리 받아들여지며, 주변부의 이점도 제대로 활용하고 있지 못하기 때문이다.

1905년 아인슈타인의 특수상대성이론 논문은 시간과 공간 · 운동 · 물질과 에너지에 대한 20세기 사람들의 사고 체계를 바꾸었다. 무엇보다도 이 논문은 창의적인 과학적 업적이 어떠한 조건에서 만들어질 수 있는가를 제시함으로써 지금 우리에게 우리의 과학 철학과 특히 과학 교육관을 다시 한번 되돌아보도록 한다.

상대성이론이란 무엇인가?

우정원

상대성이론이라고 하면 흔히 아인슈타인이 발표한 특수상대성이론과 일반상대성이론을 말한다. 이 현대 물리학의 상대성이론에 대응되는 것이 갈릴레이가 정립한 고전적 상대성이론으로서 이는 고전 역학을 설명하는 바탕이기도 하다. 이제부터 갈릴레이와 뉴턴은 고전 역학에서 시간과 공간을 어떻게 바라봤는지 그리고 아인슈타인은 상대성이론에서 무엇을 새롭게 정립했는지 차근차근 살펴보기로 하자.

■■ 뉴턴 : 관성계의 세 가지 운동법칙

상대성이론을 이해하기 위해서 우선 물체의 운동 가운데 가장 간단한 직선운동을 살펴보자. 운동장에서 발로 축구공을 차면 굴러가다가 멈춘다. 반면 추운 겨울날 연못의 얼음판 위에 매끈한 돌을 밀어 던지면 한참 동안 미끄러져 가다가 멈춘다. 만약 바닥과 물체 사이에 마찰이 전혀 없다면 물체는 외부에서 힘을 가하지 않더라도 멈추지 않고 일정한 속도로 계속 미끄러져 갈 것이다. 다시 말해서 가해지는 힘의 관점에서 보면, 물체가 정지해 있는 경우나 일정한 속도로 움직이는 경우나 외부에서 가해지는 힘은 똑같이 0이다. 그러나 정지하고 있는 물체를 움직이게 하거나 일정한 속도로 움직이는 물체의 속도를 바꾸기 위해서는 외부에서 힘을 가해야 한다. 이것을 뉴턴의 운동법칙 가운데 제1법칙 또는 '관성의 법칙'이라고 하며 다음과 같이 표현된다. "어떤 물체에 외부에서 힘을 가하지 않으면, 그 물체는 정지하고 있거나 등속으로 직선운동을 한다." 이 법칙이 관성의 법칙으로 불리는 까닭은 힘이 가해지지 않는 한 정지한 물체는 정지한 채로 등속직선운동을 하던 물체는 등속직선운동을 하는 채로 있는 성질을 물체의 관성으로 해석했기 때문이다.

뉴턴이 '관성의 법칙'을 제1법칙으로 잡은 까닭은 제2법칙인 '힘의 법칙'과 제3법칙인 '작용—반작용의 법칙'을 적용할 수 있는 기준좌표계가 필요했기 때문이다. 이때 뉴턴의 제1법칙이 성립하는 기준좌표계를 관성좌표계라고 부른다. 관성계를 이해하기 위해서 제2법칙을 잠깐 살펴보자. 수식으로 표현하면 $F=ma$라고 쓸 수 있는데, 어떤 물체에 힘 F가 가해지면 그 물체는 가속도 a를 가지며 그 크기는 물체의 질량 m에 반비례한다는 뜻이다. 이때 가속도란 시간에 대한 속도의 변화율을 가리키는데 말하자면 점점 빨라지거나 느려지는 현상을 뜻한다. 예를 들어 등속직선운동을 하던 야구공을 야구선수가 방망이로 맞받아치면 야구공의 속도와 방향이 바뀌어 되돌아 날아간다. 그런데 여기서 뉴턴의 제2법칙이 성립하는 까닭은 야구선수와 야구공이 관성계에 있기 때문이다.

이번에는 뉴턴의 제2법칙이 성립되지 않는 예를 들어보자. 버스를 타고 갈 때 버스가 급정거를 하면 몸이 앞으로 밀리는 것을 알 수 있다. 이 경우

버스 안에서 정지하고 있는 몸에 아무런 힘을 가하지 않았는데도 앞으로 움직이므로, 뉴턴의 제2법칙에서 $F=0$이지만 물체의 가속도 a는 0이 아닌 셈이다. 즉 뉴턴의 제2법칙이 성립하지 않는다. 그 까닭은 급정거하는 버스는 관성계가 아니기 때문이다.

이러한 이유 때문에 관성의 법칙은 하나의 운동법칙으로 부르기보다는 "어떤 물체에 아무런 힘이 가해지지 않을 때 그 물체의 가속도가 0이 되는 기준계를 잡을 수 있다"라는 내용으로 이해할 수 있다. 바꾸어 표현하면 우주에는 관성계가 존재하며 하나의 관성계에 대하여 상대적으로 등속직선운동하는 다른 기준계는 또한 관성계가 되며 관성계의 개수는 무수히 많은 셈이다. 그리고 관성계에서는 뉴턴의 제2법칙과 제3법칙이 성립한다.

■■ **갈릴레이 : 정지계와 운동계의 물리법칙**

주어진 관성계와 거기에 내해 등속직선운동하는 또 다른 관성세의 관세를 설명한 물리학자는 뉴턴이 태어난 해에 죽은 갈릴레이이다. 갈릴레이는 1638년 3월에 출간한 『두 세계의 대화』에서 커다란 배 안에 나비 · 애완동물 · 물시계 등과 함께 있는 사람은 배 안에 있는 물체의 움직임만을 보고는 배가 정지해 있는지 일정한 속도로 움직이고 있는지 알아낼 수 없음을 지적한다. 배가 일정한 속도로 움직이는 경우 바깥에 있는 사람에게는 물시계의 물방울이 포물선을 그리면서 떨어지지만, 배 안에 있는 사람에게는 수직으로 떨어지는 것으로 관찰된다. 이러한 사실은 서울을 출발해서 뉴욕을 향하여 태평양 상공을 시속 1,000km에 가까운 빠른 속도로 순항하는 비행기를 타고 가면서도 흐트러짐 없이 커피를 잔에 따를 수 있는 예에서도 알 수 있다. 즉 등속직선운동을 하고 있는 관성계의 경우, 관성계 안에서는 어떤 실험을 통

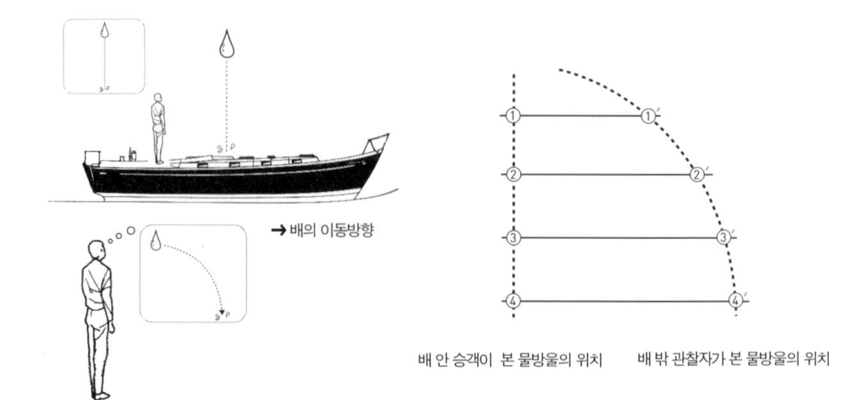

1_ 배의 바깥에 있는 사람과 배 안에 있는 사람이 배 안에서 아래로 떨어지는 물방울의 운동을 관찰할 때, 각각 느끼는 물방울의 운동 궤도는 다르다. 이렇게 관찰자의 운동 상태에 따라 보이는 현상은 다르지만, 두 운동은 모두 하나의 물리법칙 즉 힘과 질량과 속도와의 관계를 설명한 뉴턴의 제2법칙($F=ma$)이 꼭 같이 적용된다. 이것이 갈릴레이의 상대성원리다.

해서도 그 관성계가 등속직선운동을 하고 있다는 사실을 알 수 없다는 것을 뜻한다.

이제 정지하고 있는 관성계(배의 바깥에 있는 사람, 정지계)와 등속직선운동을 하고 있는 관성계(배 안에 있는 사람, 운동계)에 있는 두 관찰자가 배 안에서 아래로 떨어지는 물방울의 운동을 기술한다고 하자. 정지계에서 관찰하는 경우 물방울은 배의 운항 속도로 앞으로 움직이면서 동시에 아래로 자유낙하를 하므로 마치 높은 언덕에서 대포를 수평으로 발사했을 때 포탄이 움직이는 경우와 같은 운동을 할 것이다. 운동계에서 관찰하는 경우 물방울은 정지하고 있다가 그냥 아래로 자유낙하운동을 한다. 즉 물방울의 운동궤적은 각각 포물선낙하운동과 직선낙하운동으로 관찰된다. 하지만 두 관찰자가 사용하는 물리법칙은 꼭 같은 하나의 물리법칙, 즉 뉴턴의 제2법칙인 $F=ma$를 적용하여 설명할 수 있다. 이것을 '갈릴레이의 상대성이론'이라고 한다. 다시 말하면 "정지계와 운동계에는 같은 물리법칙이 적용된다" 또는 "물리

법칙은 정지계와 운동계에서 동일한 형태를 취한다."〔그림[1]〕

갈릴레이의 상대성이론은 뉴턴의 제2법칙뿐만 아니라 물리학의 다른 법칙, 예를 들어 열역학에도 적용된다. 간단한 예로 바람을 넣은 풍선에 손으로 압력을 가하면 부피가 줄어든다. 이것은 달리는 기차간에서도 성립하며 정지하고 있는 기차간에서도 성립한다. 즉 압력과 부피에 관한 보일의 법칙은 정지계와 운동계에서 동일한 형태를 취한다. 갈릴레이의 상대성이론이 의미하는 바는 물리법칙에 관한 한 정지 관성계와 운동 관성계 사이에는 차이가 없다는 것이다. 따라서 뉴턴은 제1법칙을 세움으로써 제2법칙과 제3법칙이 성립하는 관성계가 자연에 존재한다고 가정함과 동시에 갈릴레이의 상대성이론을 받아들이고 있는 셈이다.

갈릴레이의 상대성이론을 이용하여 상대속도◉에 대하여 살펴보자. 예를 들어 지하철을 타고 한강의 동작대교를 건너는 경우를 살펴보자. 다리 위에는 승용차가 다니는 차도도 있고 지하철이 다니는 철도도 있다. 이때 자동차와 지하철이 같은 방향으로 각각 시속 30km와 시속 50km로 달리고 있다고 하자. 이 경우의 속도는 다리를 기준으로 하였을 때의 속도다. 그러나 자동차에 탄 사람의 경우 지하철의 속도는 시속 20km로 관찰된다. 즉 자동차에 대한 지하철의 상대속도는 시속 20km다. 그런데 여기서 주의하여 살펴보면, 상대속도를 이야기할 때 중요한 가정이 숨겨져 있다는 것을 알 수 있다. 속도란 단위시간당 물체가 이동한 거리를 가리키는데 동작대교에 서 있거나 자동차를 타고 가거나 속도 측정에서 관찰자가 보기에 시간의 흐름이 꼭 같다

◉ **상대속도**

어떤 물체에서 본 다른 물체의 상대적인 속도. 즉 물체의 상대속도는 무엇을 기준 물체로 잡느냐에 따라 값이 달라진다. 가령 달리는 자동차의 속도가 땅 위를 기준으로 했을 때 시속 50km라면, 지구의 중심을 기준으로 하면 지구의 자전 때문에 시속 1,300~1,400km가량이 되며, 태양을 기준으로 하면 지구의 공전 때문에 시속 11만 km가량이 된다. 상대속도는 기준이 되는 물체에 따라 달라지지만 여기엔 속도 측정의 척도가 되는 시간은 절대적이라는 가정이 숨어 있다.

는 가정이 포함되어 있다. 다시 말하면 우주에 기준이 되는 관성계에는 한 개의 시계가 있는데, 이 시계는 우주에서 일어나는 물체의 모든 운동을 측정하는 절대적인 시계 구실을 한다. 즉 절대적인 시간이 존재하는 셈이다. 자동차에 대한 지하철의 상대속도를 측정할 때도 우리는 이 시계를 사용하고, 다리에 대한 지하철의 상대속도를 측정할 때도 같은 시계를 사용한다. 이 세상에 존재하는 모든 시계를 이 시계에 맞추면 우리는 절대시간을 가진 셈이며, 각자가 차고 있는 손목시계가 절대시간이다. 즉 갈릴레이의 상대성이론에 의하면 관성계들 사이에 시간의 흐름은 꼭 같은 셈이다.

■■ 관성계의 특수상대성이론

그렇다면 아인슈타인의 상대성이론은 갈릴레이의 상대성이론과 어떻게 다르며 속도와 시간의 흐름이 어떻게 이해되는가를 살펴보자. 아인슈타인의 상대성이론은 갈릴레이의 상대성이론을 전자기 이론에 확장하여 일반화한 것이라고 볼 수 있다. 여기서 전자기 이론이란 맥스웰에 의해 완성된 전기와 자기 현상, 나아가 전자기 상호유도, 전자기파의 발생 등을 포괄하여 일컫는다. 맥스웰이 기술한 전자기 물리법칙에는 빛의 속도 $c=3\times10^8 m/s$가 등장한다. 여기서 빛의 속도는 전자기파의 속도라고 할 수 있다. 즉 빛은 전자기파의 일종에 불과하며 X선 · 마이크로파 · 방송에 사용되는 전파 등도 모두 빛의 속도로 전달된다. 따라서 "물리법칙은 관성계(정지계와 운동계)에서 동일한 형태를 취한다"는 갈릴레이의 상대성이론을 따르면 전자기 물리법칙에 나타나는 빛의 속도 c는 관찰자의 운동에 관계없이 일정한 값이어야 한다. 아인슈타인은 이것을 "진공 속에서 광속도는 불변한다"라는 원리로 받아들였다. 즉 진공 속의 빛은 광원이나 관찰자의 운동 상태에 관계없이 항상 일정한 속도로 전파된다.

그런데 또 한편 갈릴레이의 상대성이론과 상대속도에 따르면 역에 정지해 있는 사람과 뛰어가는 사람이 달리고 있는 기차를 관찰하는 속도가 다르듯이, 정지한 관찰자와 운동하는 관찰자가 관찰하는 빛의 속도는 달라야 한다. 그러나 빛의 경우 정지해 있는 사람 · 빛과 같은 방향으로 뛰어가는 사람 · 반대 방향으로 뛰어가는 사람 등 누가 보더라도 그 속도는 c의 값으로 같다. 또 다른 비유를 들자면 지하철에서 내려 에스컬레이터를 타고 지상으로 올라오는 경우, 에스컬레이터에 가만히 서 있는 경우보다 에스컬레이터의 계단을 걸어서 올라가면 더 빨리 지상에 도착한다. 그러나 만일 에스컬레이터가 빛의 속도로 움직이면, 서 있으나 걸어 올라가나 지상에 도착하는 데 걸리는 시간은 꼭 같다. 광원이나 관찰자의 운동 속도에 상관없이 빛의 속도는 언제나 일정하기 때문이다. 이 사실을 일상에서 경험하지 못하는 까닭은 빛의 속도가 사람이 다루는 속도들에 비해서 매우 큰 값이기 때문이다.

그렇다면 빛의 속도가 어느 관성계에서나 똑같다는 사실과 물리법칙은 어느 관성계에서나 달라지지 않는다는 갈릴레이의 상대성원리 사이에는 모순이 있는 것 아닌가? 대체 빛의 속도가 관찰자의 운동에 상관없이 같다면 어떻게 측정되어서 그러할까? 여기서 아인슈타인은 과감하게 사고의 비약을 단행하였다. 빛의 속도는 두 지점 사이를 통과해 빛이 지나간 거리를 구하여 그 동안 경과한 시간으로 나누면 얻을 수 있다. 그렇다면 시간의 흐름이나 측정하는 길이가 관찰자의 운동에 따라 다르다면 빛의 속도는 같을 수 있지 않을까? 이러한 질문에 대한 답이 특수상대성이론을 낳았으며, 이에 따라 뉴턴 역학에 사용되는 길이 · 시간 · 운동 방정식 · 보존법칙 등이 새롭게 해석되었고 관성계들 사이의 관계도 새롭게 정해졌다.

시간 팽창 _ 쉽게 알 수 있는 바와 같이 빛의 속도가 모든 관성계에서 같다면, 당연히 관성계들 사이에서 시간의 흐름이 달라야 한다. 즉 특수상대성이론에 따르면 갈릴레이가 가정한 절대시간은 존재하지 않는다. 절대시간의 존재는 어떤 두 사건이 동시에 발생했을 때의 동시성(Simultaneity)◉과 밀접한 관계가 있다. 예를 들어 아침 7시에 일어난다고 하자. 이 경우 시계바늘이 7이란 숫자를 가리키는 사건과 내가 눈을 뜨고 일어나는 사건이 동시에 일어나므로 두 개의 사건은 동시에 발생했다고 한다. 이제 특수상대성이론에서 빛의 속도는 어느 관성계에서나 같다는 사실을 유념하며, 지하철이 동작대교를 지나는 경우 동시에 발생하는 사건을 생각해 보자.

그림2와 같이 지하철은 일정한 속도로 동작대교를 지나고 있다. 갑은 지하철 객차의 중앙에 앉아 있고, 을은 동작대교의 가운데 서 있다. 동작대교의 난간 A1과 B1에는 가로등이 있다. 객차의 A2와 B2 지점이 난간 A1과 B1에 도달했을 때, 두 개의 가로등이 켜졌다고 하자. 을은 가로등 A1과 B1의 중앙에 서 있으므로, 두 빛은 을에게 동시에 도달한다. 그러나 갑은 일정한 속도로 오른쪽으로 움직이고 있으므로, A1에서 나온 빛이 B1에서 나온 빛보다 더 일찍 도달한다. 따라서 을은 두 개의 가로등이 동시에 켜졌다고 말하지만, 갑은 가로등 A1이 B1보다 일찍 켜졌다고 말한다. 즉 을에게는 동시에 일어난 사건이지만, 갑에게는 동시에 일어난 사건이 아니다. 이번에는 객차의 A2와 B2에 있는 두 개의 등을 동시에 켰다고 하자. 갑은 객차의 중앙에 있으므로 A2와 B2에서 나오는 빛이 동시에 도달한다. 그러나

◉ **동시성**
물리학에서 서로 다른 사건이 일어나는 시각이 같은 것을 말한다. 두 사건이 공간적으로 다른 장소에서 일어날 때 문제가 되는데, 시간 좌표가 불변인 뉴턴 역학에서는 동시성이 절대적인 개념인 데 반해 아인슈타인의 특수상대성이론에서는 상대적인 개념이기 때문이다. 특수상대성이론에 따르면 시간 좌표는 공간 위치에 따라 다르게 변환되므로 한 좌표계의 서로 다른 위치에서 일어나는 사건들의 시각이 한 관측자가 보기엔 동시라 하더라도 그 관측자에 대해서 상대운동하는 좌표계의 다른 관측자가 보기엔 동시가 아니다.

2_ 등속으로 움직이는 지하철 안 승객(갑)과 바깥의 관찰자(을)가 빛의 섬광을 느끼는 순간은 각각 다르다. 지상에서 동시에 켜진 가로등 A1과 B1에 대해 정지한 을은 가로등 빛을 동시에 느끼지만 움직이는 갑은 A1이 먼저 켜졌다고 느낀다. 반면 객차에 있는 두 개의 등 A2와 B2를 동시에 켰을 때, 갑에게는 두 빛이 동시에 도달하지만 을의 경우 B2의 빛이 A2보다 먼저 도달한다. 이렇듯 상대적인 운동을 하는 두 관찰자에게 동시성이란 것은 다르게 나타난다.

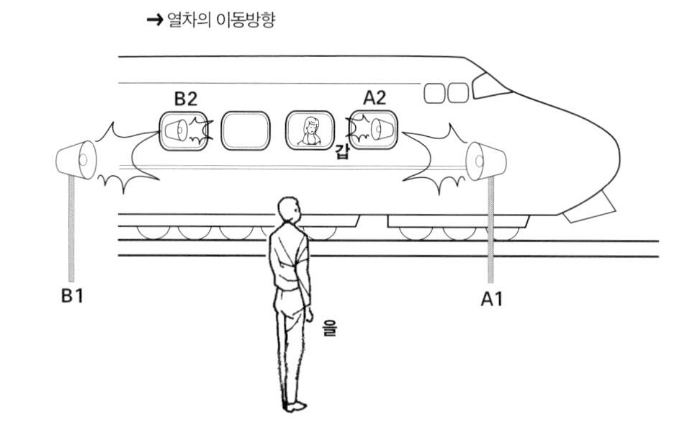

을의 경우 B2에서 나오는 빛이 A2에서 나오는 빛보다 더 일찍 도달한다. 따라서 갑에게 동시에 일어난 사건이지만, 을에게는 동시에 일어난 사건이 아니다. 위에서 살펴본 바와 같이 서로 상대적인 운동을 하고 있는 두 관찰자에게 동시성이라는 것은 다르게 나타난다. 이것은 시간 측정에서 매우 중요하다.

이제 갑이 측정하는 시간과 을이 측정하는 시간을 비교해 보자. 지하철에 타고 있는 갑은 시계를 갖고 있는데 이 시계는 그림[3]에서와 같이 천장에 있는 전등을 켜서 그 빛이 바닥에 있는 거울에 부딪혀 반사되어 되돌아오는 시간을 측정한다고 하자. 천장과 바닥 사이의 거리를 D라고 하면, 갑이 볼 때 빛이 전등에서 거울 그리고 거울에서 전등까지 되돌아오는 데 걸리는 시간은 거리/속도, 즉 $t_{갑}=2D/c$이다. 그런데 을이 바라보면 전등에서 출발한 빛이 바닥의 거울로 되돌아올 때 직선이 아니라 사선을 따라서 움직이므로 왕복하는 데 걸리는 시간은 $t_{을}=2L/c$이다. 그런데 그림에서 직각삼각형으로부터 $L^2=D^2+(vt_{을})^2$이라는 공식을 유도하면, $t_{을}=t_{갑}/\sqrt{1-(v/c)^2}$이라는 관계식을 얻게 된다. 즉 갑이 측정한 시간과 을이 측정한 시간은 다르다. 그런데 자

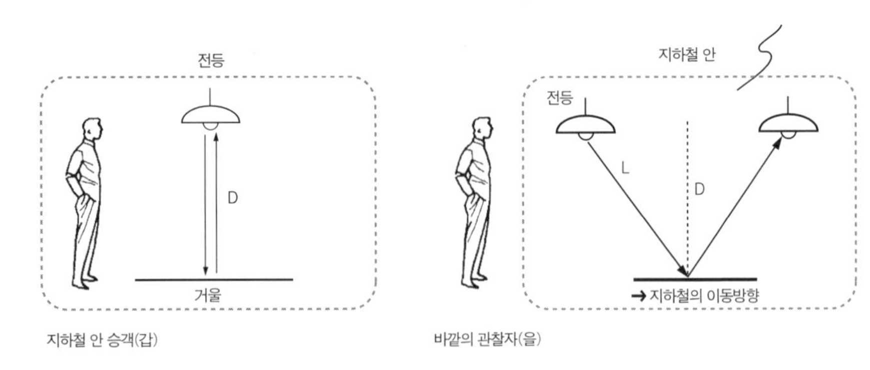

3_ 지하철 안 승객(갑)과 바깥의 관찰자(을)가 측정하는 시간은 각각 다르다. 을이 측정한 시간은 항상 갑이 측정한 시간보다 길다. 이것을 '시간 팽창' 이라고 일컫는다.

연에서 물체의 속도 v는 항상 빛의 속도 c보다 작으므로 $\sqrt{1-(v/c)^2}$은 항상 1보다 작다. 따라서 을이 측정한 시간은 항상 갑이 측정한 시간보다 길다. 이것을 '시간 팽창' 이라고 일컫는다. 시간의 흐름이 관찰자의 운동 상태에 따라 달라지는 것을 알 수 있다. 즉 우주에는 절대적인 시간이 존재하는 것이 아니라 시간의 흐름은 관찰자의 운동에 따라 달라지는 상대적인 것이라는 점을 알 수 있다.

길이 수축 _ 앞에서 갑과 을은 말하자면 상대적인 운동을 하고 있다. 하지만 갑과 을 사이에서 변하지 않는 물리량이 하나 있다. 그것은 '간격' 이다. 물체가 시각 t_1에 공간좌표 (x_1, y_1, z_1)에 있고, 시각 t_2에 공간좌표 (x_2, y_2, z_2)에 있다고 하자. 두 좌표 사이의 공간적인 거리 Δl은 피타고라스 정리에 의해서 $(\Delta l)^2=(x_1-y_1)^2+(y_1-y_2)^2+(z_1-z_2)^2$로 주어진다. 두 시각 t_1과 t_2사이의 차이는 $(\Delta t)^2=(t_1-t_2)^2$으로 주어진다. 이때 '간격' 이라는 물리량은 '간격' ^{2} $=(c$ 걸린 시간$)^2-($위치 변화$)^2$ 으로 정의한다. 빛의 속도는 $\frac{\Delta l}{\Delta t}=c$이므로 '간격' = $(c\Delta t)^2 - (\Delta l)^2 = 0$, 즉 빛의 경우 간격은 0이다. 또한 빛의 속도는 관찰자의 상대운동에 관계없이 일정하므로 빛의 경우 간격은 항상 0이다. 빛 이외의 다른 물체의 운동에도 같은 방식으로 간격을 정의하며, 이 양은 관찰자의 운동에 상관없이 불변하는 양이다.

간격^2 = (c걸린 시간)^2-(위치 변화)^{2}을 구해 보자. 갑의 경우 빛이 출발하여 되돌아 올 때, 위치는 변하지 않고 걸린 시간은 $t_{갑} = 2D/c$이다. 따라서 간격$^2_{(갑)} = (ct_{갑})^2 = 4D^2$ 이고, 을의 경우 (위치 변화)^{2}는 피타고라스의 정리에 의해 $4(L^2-D^2)$이고, 걸린 시간은 $t_{을} = 2L/c$ 이다. 따라서 '간격'$^2_{(을)} = (2L)^2 - 4(L^2-D^2) = 4D^2$이다. 갑과 을의 상대적인 운동 속도에 관계없이 '간격'은 일정함을 알 수 있다. 이 사실은 두 물체의 운동을 기술할 때 중요한 관계식이 된다. 즉 불변하는 양을 찾아낸 셈이다.

이제 '간격'이 불변하는데 시간이 상대적이므로 길이도 상대적이라는 것을 쉽게 알 수 있다. 운동하고 있는 물체의 길이를 정지계에서 관찰하면 길이는 짧아지며 이것을 '길이 수축'이라고 부른다. 시간과 길이는 두 관성계에 같은 값으로 주어지는 물리량이 아니라, 두 관성계의 상대적인 운동에 따라 다르게 주어진다는 것을 알 수 있다. 나아가 질량을 갖는 두 물체 사이에 작용한다고 뉴턴이 가정했던 만유인력도 시간의 상대성 때문에 절대적인 힘의 법칙이 될 수 없다. 만유인력에 의하면 질량 m_1과 m_2를 갖고 거리 r만큼 떨어진 물체 사이에는 인력 $F=G\frac{m_1 m_2}{r^2}$의 힘이 작용한다. 이때 거리 r을 측정하기 위해서는 두 질량 사이의 거리를 동시에 측정하여야 하는데 특수상대성이론에 의하면 관찰자의 운동에 따라 시간의 동시성이 다르게 주어질 것이고 측정한 길이도 달라져서 만유인력의 크기는 관찰자에 따라 변할 것이다.

에너지와 질량의 관계식, $E=mc^2$

상대론에 의하면 시간과 공간은 관찰자의 운동에 따라서 변하므로 물체의 속도를 이야기할 때 시간과 거리는 어느 것을 사용할지 미리 약속해 두어야 한다. 운동하는 물체계에 고정된 시계에서 측정되는 시간을 고유시간 t_0이라고 한다. 이는 앞의 예에서 갑의 시계에서 측정되는 시간이다. 정지하고 있을 때 질량이 m_0인 물체가 속도 $v=\frac{\Delta x}{\Delta t}$로 움직인다고 하자. 여기서 외부에서 측정하는 시간 Δt는 물체의 운동속도에 따라 변하므로 물체의 속도를 구하는 데 사용할 수 없다. 고유시간을 사용하여 속도를 $v=\frac{\Delta x}{\Delta t_0}$로 정의하고, 운동량을 정지질량 m_0와 속도의 곱으로 정의하면, $p= m_0\frac{\Delta x}{\Delta t_0}= m_0\frac{\Delta x}{\Delta t}\frac{\Delta t}{\Delta t_0}$와 같이 쓸 수 있다. 앞에서 살펴본 바와 같이 시간 팽창에 의해서 $\frac{\Delta t}{\Delta t_0}=\frac{1}{\sqrt{1-(v/c)^2}}$이므로 $p=\frac{m_0}{\sqrt{1-(v/c)^2}}v$가 된다.

상대성이론에서는 관성계의 운동에 따라서 시간과 공간이 공변하지만, 불변하는 양은 '간격'이었다. 같은 방식으로 운동에 따라 물체의 에너지 E와 운동량 p는 공변하지만, 불변하는 양은 물체의 정지질량 m_0이다. 관찰자의 운동에 따라 에너지와 운동량은 다르게 관찰되지만 에너지 · 운동량 · 정지질량 사이에는 다음과 같은 관계가 성립한다. $(\frac{E}{c})^2-p^2 = m_0^2c^2$. 여기에 위에서 구한 운동량을 대입하고 정리하면 에너지와 질량 사이의 관계식 $E=mc^2=\frac{m_0c^2}{\sqrt{1-(v/c)^2}}$을 얻을 수 있다.

나아가 시간과 길이가 달라지므로 상대속도의 값도 다르게 된다. 자동차와 지하철의 속도를 동작대교에 정지해 있는 사람이 측정할 때는 각각 시속 30km와 50km이지만, 자동차를 타고 가는 사람이 지하철의 속도를 측정하면 시속 20km와는 다른 값으로 측정된다. 또한 두 관성계에서 측정한 속도가 갈릴레이의 상대성이론을 만족하지 않으므로 아인슈타인의 상대성이론에서는 뉴턴 역학에서 정의되는 운동량과 에너지를 사용할 수 없다. 아인슈타인의 상대성이론에서는 에너지(E)와 질량(m) 사이에는 다음 관계식이 성립한다. $E=mc^2=\frac{m_0c^2}{\sqrt{1-(v/c)^2}}$, 즉 질량은 에너지인 셈이다.

■■ 비관성계의 일반상대성이론

이제 일반상대성이론을 이해하기 위하여 뉴턴의 제1법칙을 다시 한 번 살펴보자. 관성의 법칙에 의하면 외부의 어떤 힘도 받지 않는 경우 물체는 등속직선운동을 한다. 따라서 관성계에서 어떤 물체가 등속직선운동을 하지 않는 경우 그 물체에는 반드시 힘이 가해지고 있다는 뜻이며, 이 사실을 이용하면 자연에 존재하는 힘을 찾아낼 수 있다. 예를 들어 지구가 태양 둘레를 타원 궤도로 돌고 있다는 사실로부터 지구는 힘을 받고 있다는 것을 알 수 있고, 그 힘은 바로 만유인력이다. 그렇다면 힘을 받지 않으면 등속직선운동을 한다고 할 때, 직선은 무엇을 뜻하는가? 직선의 성질은 기하학에서 매우 중요한 문제 가운데 하나다. 예를 들어 운동장에 직선을 그려 보라고 하면 두 사람이 마주보고 멀리 서서 실을 팽팽히 당겨서 직선을 그릴 수 있다. 또한 운동장에 직각삼각형을 그리면 세 변 사이에는 피타고라스 정리가 성립한다. 그런데 이제 그림4와 같이 수박 껍질에 중앙 부분에서부터 꼭지까지 펜으로 직선을 그려 보면 실제는 원호 모양이 될 것이다. 따라서 수박 껍질에 그린 직각삼각형의 경우 피타고라스의 정리가 성립하지 않는다. 사실 직선은 쉬운 듯 보이지만 잘 이해하기 어렵다. 그리스 기하학자 유클리드(기원전 300년 경) 조차도 "평행한 두 직선은 만나지 않는다"라는 것이 기하학의 공리인지 아니면 기하학의 정리인지 혼동할 정도로, 직선의 성질은 간단하지

4_ 일반상대성이론은 만유인력을 받아 가속도운동을 하는 비관성계를 특수상대성이론에서 도입했던 '간격'을 일반화함으로써 등속운동을 하는 관성계로 바꿔 물리현상을 설명하는 것이다. 이것은 수박 껍질 위에 그려둔 직각삼각형에 피타고라스의 정리를 성립하게 하려면 각 변의 길이를 어떻게 바꾸면 되는가의 문제와 비슷하다고 할 수 있다.

않다. 그러므로 뉴턴의 제1법칙에서 '직선운동'이라고 할 때, 먼저 직선의 성질이 정확히 정의되지 않으면 뉴턴의 제1법칙은 의미를 상실하게 된다.

이러한 사실에도 불구하고 뉴턴은 직선과 운동의 개념을 함께 사용하였고, 다른 말로 표현하면 뉴턴은 제1법칙을 통하여 공간의 기하학적 성질에 물리적 운동의 법칙을 부여하였다고 할 수 있다. 뉴턴과 동시대에 활동했던 당시의 수학자 라이프니츠(Gottfried Wilhelm von Liebniz, 1646~1716)는 기하학적 공간이란 물체들의 위치를 나타내는 표지판 구실을 할 뿐 그 이상의 의미를 가질 수는 없다고 하였다. 즉 기하학적 공간은 그 자체로서 물리학적인 의미를 지닐 수 없고, 따라서 물체의 운동을 기술하는 운동법칙이란 물체의 위치를 확인하기 위하여 쓰일 뿐인 가상적인 좌표계에 대해 상대적으로 움직이고 있는 관찰자의 운동과 무관하여야 한다고 주장하였다. 이에 반해 뉴턴은 기하학적 공간에 물리적인 의미를 부여하고 뉴턴 역학이 성립하는 기하학적 공간을 관성계라고 특별하게 도입한 셈이다. 이와 같이 새로운 이론으로서 역학을 만들어내면서 뉴턴 역학은 절대공간을 가정하였으며, 라이프

니츠는 철학적인 판단에 근거하여 뉴턴의 이러한 개념에 반대하였다.

뉴턴은 위와 같은 문제점을 잘 알고 있었지만, 실제로 절대공간이 존재한다는 것을 물이 담긴 양동이의 회전 운동을 이용하여 증명해 보이기도 했다. 양동이에 물을 반쯤 담은 채 밧줄에 매단 다음 밧줄을 꼬아 두었다가 꼬인 밧줄이 풀릴 때 양동이와 물이 어떤 운동을 하는지 살펴보자. 처음에 물은 정지한 채 가만히 있고 양동이만 회전 운동을 한다. 이때 물의 표면은 평면이다. 시간이 지나면 양동이와 물 사이의 마찰력에 의해 물이 양동이를 따라 회전 운동을 하게 되고, 이 경우 물은 바깥으로 밀려나서 중앙은 움푹 들어가고 바깥쪽은 양동이 테두리를 따라 솟아올라서 물의 표면이 타원 형태의 면이 된다. 이제 밧줄이 다 풀리면 양동이는 정지하지만 물은 계속 회전 운동을 한다. 그리고 이 경우 물의 표면은 타원 형태의 면을 유지하고 있다. 한참 후에는 물도 멈추게 되어 다시 물의 표면은 평면이 된다. 여기서 양동이와 물의 상대적인 운동을 살펴보자. 물이 정지하고 양동이가 회전할 때 물의 표면이 평면이었고, 물이 회전하고 양동이가 정지했을 때 물의 표면은 타원면이었다. 따라서 물과 양동이 가운데 어느 것이 회전하고 있는지는 물 표면의 모양을 보고 절대적으로 판단할 수 있다. 우주에는 절대공간이 있고 거기에 기준하여 양동이와 물의 회전을 정할 수 있다. 그러나 뉴턴이 예로 든 양동이 회전 운동은 원심력이 작용하는 비관성계를 도입한 것에 불과하다는 사실이 오늘날 잘 알려져 있다. 따라서 뉴턴이 주장한 절대공간은 원심력이 존재하지 않는 관성계에서는 의미를 상실하게 된다.

아인슈타인의 특수상대성이론은 관성계들 사이에서 시간과 공간이 어떤 관계를 갖는지를 밝혀 주었다. 그렇다면 특수상대성이론을 비관성계에 확장할 수 있을까? 아인슈타인의 논의에 따르면, 비관성계란 주어진 관성계에 대하여 상대적으로 가속도운동을 하는 계에 불과한데 가속도운동을 관성계와 분리하여 따로 취급하는 것은 물리법칙으로서 적절하지 않다. 만유인력을 받아 가속도운동을 하는 비관성계를 특수상대성이론에서 도입했던 '간격'을 일반화함으로써 등속운동을 하는 관성계로 바꿔 물리현상을 설명해낸 것이 일반상대성이론이다. 이것은 마치 그림[4]에서 예를 든 수박 껍질 위에 그려둔 직각삼각형에 피타고라스의 정리를 성립하게 하려면 각 변의 길이를 어떻게 바꾸면 되는가 하는 문제와 비슷하다. 물리현상의 예로 만유인력을 받아서 가속도운동을 하고 있는 물리계를 생각해 보자.

그림[5]와 같이 여의도 63빌딩의 꼭대기에서 엘리베이터를 타고 있는 사람의 움직임을 살펴보면, 엘리베이터가 정지해 있는 경우 이 사람은 지구의 만유인력에 의한 중력을 아래로 받고 있다. 그러나 엘리베이터가 아래로 가속되어 내려오면 지구 중력보다는 힘을 덜 받게 된다. 극단의 경우 엘리베이터의 줄이 끊어져서 자유낙하하는 경우를 생각해 보자. 그 속에 있는 사람도

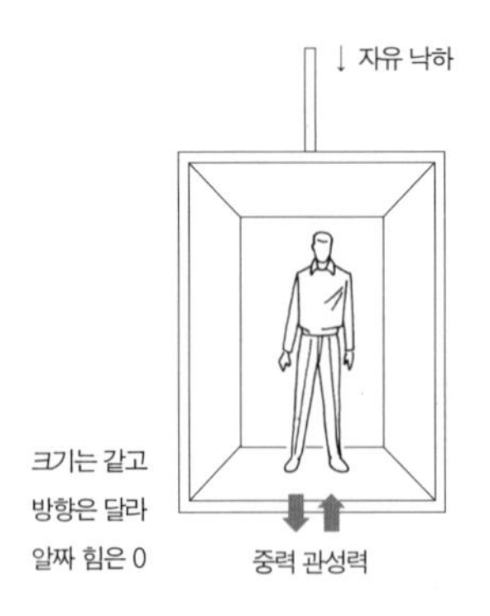

5_ 엘리베이터가 자유낙하하는 경우 관성력과 중력이 서로 비겨서 사람의 질량은 0이 된다. 이처럼 만유인력은 관찰자의 가속도운동에 따라 존재할 수도 있고 사라지기도 한다.

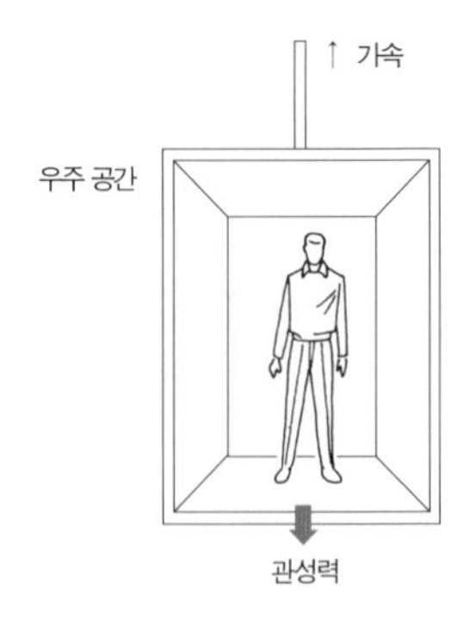

6_ 우주 공간에서 창고를 위로 가속하면 반대 방향으로 관성력이 생겨서 중력이 없는 우주 공간에서도 바닥에 발을 딛고 설 수 있다.

함께 자유낙하를 하므로 이 사람은 마치 무중력 상태에 있는 것처럼 바닥으로부터 아무런 힘도 받지 않는다. 즉 만유인력은 매우 특이하여 관찰자의 가속도운동에 따라 존재할 때도 있고 사라지는 경우도 있다. 이것을 이해하기 위해 질량이 지니고 있는 두 가지 성질을 살펴보자. 관성질량이란 외부에서 힘을 가하였을 때 가속도가 생기는 정도에 대한 척도를 의미한다. 뉴턴의 제2법칙에 의하면 $F = ma$이므로, 같은 힘에 대하여 관성질량이 클수록 가속도는 작아진다. 반면 중력질량이란 질량을 가진 물체 사이에 작용하는 만유인력의 크기를 결정하는 척도다. 일반상대성이론에서는 "관성질량과 중력질량은 같다"라는 등가원리(Equivalence Principle)◉를 가정한다. 즉 등가원리를 가정해야 위의 엘리베이터 예가 성립한다. 이제 등가원리를 이용하면 거꾸로 중력을 가속도운동하는 비관성계의 관성력으로 바꿀 수 있다.

◉ 등가원리
일반상대성이론의 기본 가설로서 중력과 가속운동의 효과는 같다는 원리를 말한다. 이때 가속운동의 효과란 가속도 때문에 생기는 겉보기 힘을 말하는데, 겉보기 힘이란 가속운동을 할 때 가속의 반대 방향으로 작용하는 것처럼 보이는 힘을 말한다. 예를 들어 우주선이 발사되면 온몸이 아래로 짓눌리는 현상 같은 것이다.
지구상 물체는 모두 같은 가속도 g(중력가속도)로 낙하하는데, 운동법칙에 따라 관성질량×가속도 = 중력 = 중력질량×중력가속도(g)이므로, 뉴턴의 운동방정식에 나타나는 질량인 관성질량과 만유인력의 법칙에 나타나는 중력질량은 같은 셈이다. 즉 중력이 작용하지 않는데 관측자가 가속도 g로 운동하는 경우와 관측자가 정지하고 있는데 물체가 중력가속도 g로 운동하는 경우는 서로 구별할 수 없다.

그림6과 같이 창문이 없는 창고에 갇혀 있는 사람을 생각해 보자. 지구 표면에 있다면 이 사람은 지구의 중력에 의해 아래로 힘을 받을 것이다. 이제 창고를 우주 공간에 아무런 힘이 작용하지 않는 곳에 두고, 지구 중력가속도의 크기로 위쪽으로 가속시킨다면 이 사람은 지구의 중력만큼의 힘을 꼭 같이 아래로 받을 것이다. 이것은 갈릴레이가 예로 든 큰 배의 선실과 비슷하다. 오로지 등속운동을 가속도운동으로 바꾸어 생각한 것뿐이다. 아인슈타인은 이러한 논의를 통하여 중력이란 것은 뉴턴의 관성계를 고집할 때 생기

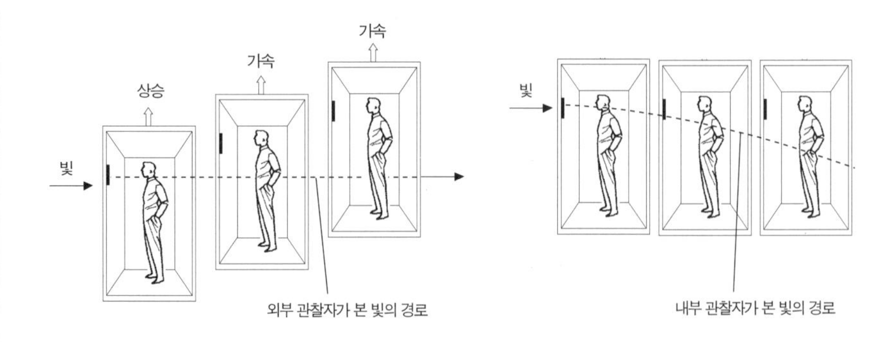

7_ 중력가속도만큼 위로 가속운동하는 창고 속 관찰자에게 빛은 휘어지는 것으로 보인다. 만일 중력이 관성력에 불과하다면 빛은 중력에 의해 휘어질 것이며, 다른 말로 표현하면 빛은 중력에 의해 휘어진 공간에서 최단거리를 따라 진행할 것이다.

는 겉보기 힘이라고 하였다. 일반상대성이론에 따르면 등속운동을 하고 있든 가속도운동을 하고 있든 물리계는 부분적으로 모두 관성계이고, 중력이란 관성력에 불과한 셈이다.

이상의 논의를 빛에 적용하면 재미있는 결과를 낳는다. 앞에 예로 든 창고를 한 번 더 생각해 보자. 창고의 한쪽 벽에서 맞은 편 벽으로 빛을 보낸다. 지구 표면에 있는 경우 빛은 직진하므로 같은 높이의 맞은 편 벽에 도달할 것이다. 이제 창고가 위쪽으로 지구 중력가속도만큼 가속 운동을 한다면, 빛은 직진하므로 원래의 높이보다 조금 낮은 곳에 도달할 것이다. 이 둘은 서로 모순이 된다. 만일 중력이 관성력에 불과하다면 두 번째의 예측이 맞을 것이다. 즉 빛은 중력에 의해 휘어질 것이며, 다른 말로 표현하면 빛은 중력에 의해 휘어진 공간에서 최단거리를 따라서 진행할 것이다.〔그림7〕

■■ 상대성이론이 우리에게 남긴 것

뉴턴 역학을 17세기의 과학혁명으로 부른다면, 상대성이론은 양자론과 더불

우주 현상을 설명해 낸 상대성이론

물리학이란 실험 사실에 근거한 학문이다. 특수상대성이론에 대한 실험 증거도 무수히 많지만, 아인슈타인의 상대성이론이 과학계에 결정적으로 받아들여진 까닭은 뉴턴의 만유인력으로 설명되지 않는 세 가지의 현상을 일반상대성이론이 올바로 설명하였기 때문이다. 첫째는 수성이 태양 둘레를 공전할 때 공전 궤도가 세차 운동하는 값을 정확히 밝힌 것이고, 둘째는 멀리 떨어져 있는 별에서 나오는 빛이 태양 부근을 지날 때 태양의 만유인력에 의하여 휘는 것이고, 셋째는 중력 적색 편이라고 불리는 것으로 매우 큰 질량을 가진 별에서 나오는 빛은 파장이 증가한다는 것이다.

1915년에 발표된 일반상대성이론은 수성의 근일점(타원궤도 중에서 태양에 가장 가까워지는 점)이 100년마다 43초씩 이동하는 현상을 만족스럽게 설명해냈으며, 1960년에는 금성의 근일점이 100년에 8초씩 이동한다는 사실이 추가로 발견되어 일반상대성이론이 뒷받침되었다. 다음으로는 중력에 의해 빛이 휘어진다는 사실이 1919년 5월 29일 태양의 일식 때 확인됨으로써 전 세계 과학계는 흥분의 도가니에 휩싸이게 되었다. 이 실험에서도 아인슈타인의 예측은 1% 이하의 오차로 적중했다. 마지막으로 중력 적색 편이는 일반상대성이론 발표 이후 50년 가까이 지난 1964년에 실험으로 확인되었다.

어 20세기의 과학혁명으로 일컬어진다. 과학혁명이란 단순히 인간이 자연을 바라보는 세계상이 바뀌는 것을 넘어 인간이 갖는 세계관과 가치관, 나아가 인간관이 바뀌는 의미를 갖는다. 예를 들어 코페르니쿠스의 지동설이 등장함으로써 지구는 우주의 중심이 아니라 태양 둘레를 공전하는 행성에 불과하다는 사실이 알려지게 되고, 그에 따라 인간은 우주 속에서 스스로의 위치를 다시금 생각하게 되었다. 상대성이론은 더 근본적으로 인간이 수천 년 동안 비판 없이 수용해 왔던 시간과 공간에 대한 개념을 전면적으로 바꾸게 하였다. 우리가 무의식중에 받아들이는 절대시간은 허구에 불과하고, 척도의 기본으로 삼는 자의 길이도 상대적인 것에 불과하다는 사실은 가히 충격적이었으리라.

상대성이론으로 인해 과학뿐만 아니라 미술이나 문학에서도 절대성의 개념을 다시 묻게 되었다. 피카소의 입체주의 작품과 제임스 조이스의 『율리시즈』 같은 새로운 사조의 예술 작품도 상대성이론과 무관하지 않을 것이다. 인간에게 시간 인식은 무엇을 뜻하는가라는 근본적인 질문을 통해 인간은 스스로에 대해 한층 깊고 넓은 이해가 가능해진 것이다.

우리가 살고 있는 우주와 시공간

양형진

아인슈타인이 만든 상대성이론(Theory of Relativity)은 양자 역학(Quantum Mechanics), 정보 이론(Information Theory)과 함께 지난 세기에 물리 과학 분야에서 이룩된 가장 기본적이고 중심적인 세 이론 가운데 하나다. 이 글에서는 갈릴레이의 상대성이론을 비롯하여 아인슈타인의 특수상대성이론과 일반상대성이론에 이르기까지, 상대성이론이 우리에게 말해주는 세계관이 무엇인지를 살펴보기로 하자.

■■ 갈릴레이 상대성이론의 세계

갈릴레이의 상대성이론은 앞서 설명했듯 뉴턴 역학의 기초가 되는 개념이다. 갈릴레이는 지상에서 돌을 던졌을 때 생기는 돌의 궤적과 배에서 돌을 던졌을 때의 궤적을 비교하면서, 관찰자의 운동 상태에 따라 관측되는 공의 운동 상태가 달라진다는 것을 알아냈다. 배 위에 있는 사람이 자기 머리 위로 돌을 던진다면 그 돌은 위로 올라갔다가 그 자리에 떨어질 것이다. 그래서 배 위에 있는 사람은 그 돌이 위로 올라갔다가 그대로 아래로 떨어진다고 생각하게 된다. 위아래 직선왕복운동이다. 의심스러우면 지금 당장 배를 타 보는 것도 방법이다.(단 가속하거나 감속할 때는 공이 옆 사람의 머리에 떨어질 수도 있으니 주의해야 한다.) 그런데 움직이는 배에 탄 사람이 머리 위로 던졌다가 받은 공을 지상에 있는 사람이 보기에는 배의 속력만큼 공이 앞으로 나간 것으로 보일 것이다. 그것은 지상에서 앞으로 던진 돌이 포물선을 그리며 날아가는 것과 같은 궤적을 그릴 것이다.(앞 글의 그림1 참조.)

이렇듯 갈릴레이의 상대성이론에 따르면 같은 물체를 관찰하는 경우에도 관찰자가 어떤 운동 상태에 있느냐에 따라 관찰 결과가 달라진다. 결국 우리가 보는 세계는 우리의 상태에 따라 상대적으로 결정된다는 것이다. 여기서 한 걸음 더 나갈 수 있다. 갈릴레이의 경우 바다에 떠 있는 배를 생각했지만, 지구는 우주 공간을 떠다니는 배라고 생각할 수 있기 때문이다.

지구는 태양 주위를 초속 30km의 속력으로 공전한다. 이는 서울에서 대전까지 5초면 갈 수 있는 속력이다. 이렇게 빠른 속도로 지구가 태양 주위를 달리고 있지만 지구라는 배는 거의 일정한 속력으로 달리므로 그 위의 우리는 그 속도를 전혀 느끼지 못한다. 그래서 머리 위로 던진 공은 그대로 위로 올라갔다가 떨어진다고 생각하는 것이다. 그러나 태양 근처의 우주 공간에 떠 있는 관찰자가 있다면 그는 우리가 던진 공이 위아래로 운동하는 것과는 비교가 안 될 정도의 빠른 속도로 옆으로 운동한다고 생각할 것이다.

태양은 우리은하를 초속 230km의 속력으로 공전하고 있고, 우리은하와 안드로메다은하의 상대속도는 초속 90km다. 우리은하와 안드로메다은하를 포함하는 은하들의 모임인 지역군은 버고은하단에 끌려가고 버고은하단은 버고초은하단에 끌려가고 버고초은하단은 다시 코마초은하단에 끌려간다. 이 정도 되면 누가 누구의 주위를 돈다는 개념 자체가 성립되기 어렵게 된다. 누가 누구의 주위를 도는 게 아니라 우주 전체가 한 덩어리가 되어 영원한 운동을 할 뿐이다.

무엇 하나 고정된 것이 없이 상대적으로 움직이는 게 우리의 우주이므로 이 우주 안에 고정된 기준점이란 존재하지 않는다. 만약 전 우주가 지구를 중심으로 또는 태양을 중심으로 돈다면 그것을 기준점으로 삼을 수 있겠지만 우리 우주 안에는 그런 점이 없다. 또한 물체의 속도를 정해 줄 수 있는 기준 좌표 같은 것도 존재하지 않는다. 어떤 물체의 속도란 관측 상태에 따라 달라지므로 물체의 절대적 속도가 정해지려면 절대적 기준점이나 절대적 기준 좌표가 존재해야 한다. 하지만 서로 움직이는 우주 안에서는 그런 기준점도 기준 좌표도 없다. 그러므로 어떤 물체의 절대속도란 존재하지 않는다. 여기서 모든 속도는 상대속도라는 특수상대성이론의 기본 가정이 드러난다.

상대성이론은 갈릴레이가 처음 제안한 것이고 뉴턴 역학의 기초가 되는 것이기는 하지만 아인슈타인의 상대성이론에 오면 그 의미가 더욱 심오해진다. 관측자가 어떤 운동 상태에 있느냐에 따라 물체의 운동이 다르게 보인다는 데에서는 두 상대성이론이 동일하다. 하지만 특수상대성이론에서는 시간과 공간의 엉킴이 나타나면서 3차원 공간과 1차원 시간이 아니라 4차원 시공간이 나타나고, 이에 따라 경우에 따라서는 시간의 전후가 바뀌기도 하고 어떤 관찰자에게 동시인 두 사건이 다른 관찰자에게는 서로 다른 두 시간에 일어난 사건으로 관찰된다. 그리고 이와 함께 공간의 수축 같은 현상도 나타난다. 더구나 일반상대성이론에 가면 이러한 시공간의 구조가 우주의 물질에 의해 결정되는 것으로 해석된다.

◉ **간섭**
동일한 진동수를 가진 두 개 이상의 파동이 동시에 한 점에 도달할 때, 서로 중첩되어 각 지점에 따라 파동의 세기 분포가 일정한 형태를 이루는 경우를 말한다. 수면파 · 음파 · 광파 · 전자기파 등은 모두 간섭을 일으킨다.
두 파동이 각 파의 마루와 골이 엇갈리게 합성될 때 진폭이 0이 되어 파의 세기가 0이 되는 경우를 '상쇄간섭'이라 하고, 일치되도록 합성될 때 진폭이 두 배가 되어 세기가 네 배가 되는 경우를 '보강간섭'이라 한다.

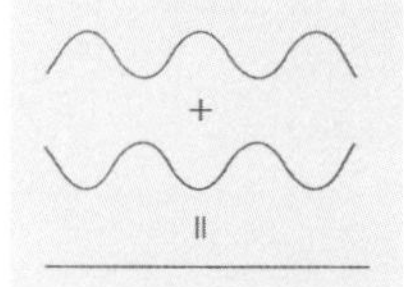

▲ 상쇄간섭

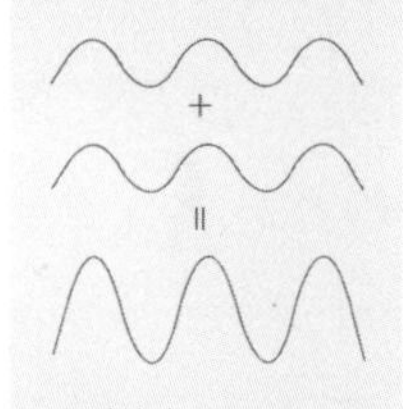

▲ 보강간섭

◉ **회절**
파동이 장애물의 뒤쪽에 그림자를 만들지 않고 그림자에 해당하는 부분까지 돌아 들어가는 현상이다. 벽 뒤쪽에서도 소리가 들리고, 라디오 전파가 큰 건물이나 산 너머에서도 수신되는 것은 이 때문이다. 빛은 음파나 전파보다 파장이 짧아서 회절이 좀 약하다.

■■ 아인슈타인 상대성이론의 세계

특수상대성이론 _ 특수상대성이론은 시간과 공간에 대해 혁명적인 개념을 도입함으로써 빛에 대한 전자기학 이론과 갈릴레이의 상대성이론에 기초한 뉴턴 역학 사이에서 생겨나는 모순을 해결했다. 빛은 간섭◉이나 회절◉현상을 일으키는데 이는 파동의 전형적인 특성이다. 19세기에 나온 맥스웰의 전자기학 이론은 이렇듯 빛이 전기장과 자기장의 진동으로 생겨나는 파동이라는 것을 보여주었다. 일반적으로 파동은 파동을 전달시키는 매질이 필요한데, 그래서 당시의 과학자들은 빛의 파동을 전달시키는 매질의 존재를 믿었고, 이를 에테르(ether)라고 불렀다.

그렇다면 지구나 다른 모든 천체는 우주의 전 공간에 퍼져 있는 이 에테르에 대해 상대운동을 하게 된다. 이렇게 매질에 대해 상대운동을 하면서 매질의 진동을 관찰할 때, 상대운동의 속도가 달라지면 갈릴레이의 상대성이론에 따라 파동의 진행 속도도 다른 것으로 관측된다. 예를 들어 지구는 태양 주위를 빠른 속도로 공전하므로 에테르에 대한 지구의 상대속도는 1년 주기로 크게 달라질 것이다. 그렇다면 지구의 운동 상태가 달라짐에 따라 빛의 속도도 그만큼 달라져야 한다. 이렇게 빛의 속도가 달라지는 것을 측정하려는 시도가 19세기 말에 다양하게 진행되었으나, 모두 실패로 끝났다.

아인슈타인의 특수상대성이론은 이렇듯 거듭된 실험을 통해 확립된 경험적 사실을 받아들인다. 즉 광원이나 관측자가 움직이더라도 그 속도가 일정하기만 하다면 광원이나 관측자의 운동 속도에 상관없이 빛의 속도는 언제나 일정하다는 것이 특수상대성이론의 기본 가설이다. 다른 하나의 가설은 일정한 속도로 움직이는 관측자에게 적용되는 물리법칙은 동일하다는 것이다. 특수상대성이론의 가설은 이 두 가지뿐이며, 이 두 가설 위에서 뉴턴 역학과 확연히 구별되는 특수상대성이론이 성립된다. 특히 첫 번째 가설은 뉴턴 역학과 상당히 다른 의미를 내포한다.

초속 10미터로 달리는 차에서 초속 10미터로 공을 앞으로 던지면, 서 있는 사람 입장에서 볼 때 그 공은 초속 20미터로 날아간다는 게 갈릴레이의 상대성이론이다. 그건 또 우리의 상식이기도 하다. (아인슈타인의) 상대성이론은 빛에 대해서 이 상식을 거부한다. 빠르게 접근하는 별에서 오는 빛이나 우리에게서 빠르게 멀어져 가는 별에서 오는 빛이나 정지해 있는 별에서 오는 빛이나, 그 속도는 모두 일정하다는 것이 아인슈타인 상대성이론의 가설이다.

특수상대성이론의 가설에서 출발하면 어렵지 않게 로렌츠 변환(Lorentz transformations)에 도달할 수 있는데, 이는 등속으로 상대운동을 하는 두 관측자가 시간과 공간을 어떻게 서로 다르게 인식하는지를 보여준다. 이 식에 따르면 두 관측자의 시간과 공간 그리고 그들 간의 상대속도는 서로 연관되어 있다. 이는 갈릴레이의 상대성이론과 전혀 다른 관점이다.

갈릴레이의 상대성이론에서는 두 관측자가 상대운동을 할 때 그들이 보는 대상의 운동 속도는 다르게 보이지만 그들의 시간은 동일하다. 그래서 뉴턴 역학에서 두 관측자는 서로 상대운동을 한다 하더라도 동일하게 흐르는 시간의 세계에 산다. 제트기를 타고 빠르게 움직이는 사람이나 지상에 서 있는 사람이나 시간은 똑같이 흘러간다. 그들은 같은 시계를 지니고 사는 셈이다.

그러나 특수상대성이론에서처럼 빛의 속도가 모든 관측자에게 동일하다는 가설을 받아들이게 되면 이러한 상황은 극적으로 달라진다. 이 가설을 받아들이는 로렌츠 변환에서는 물체의 위치나 운동 속도뿐 아니라 시간도 두 관측자가 어떤 상대운동을 하느냐에 따라 달라진다. 관측자들은 각자 그들 나름대로의 시계를 지닌다. 그들은 서로 다른 속도로 흘러가는 서로 다른 시간의 세계에 산다. 상대운동을 하는 두 관측자는 서로 다른 시간과 서로 다른 공간의 세계 안에서 사는 것이다.

뉴턴 역학에서 시간과 공간은 두 가지의 전혀 다른 것이어서 서로 섞일 수 없는 것이었다. 그러나 아인슈타인 상대성이론에서 시간과 공간은 서로 왕래할 수 있는 단위다. 마치 마일(mile)로 잰 거리에 적당한 상수를 곱하면 킬로미터(km)로 잰 거리가 되듯이, 시간상의 거리에 적당한 상수를 곱하면 공간상의 거리가 된다. 그리고 그 상수가 우주의 보편상수(universal constant)인 광속이다. 그래서 상대성이론이 나오면서부터 3차원 공간(space)과 1차원 시간(time) 대신 4차원 시공간(space-time)이란 용어를 쓰게 된다. 분리된 시간과 공간이 아니라 서로 뒤섞인 시공간이다.

4차원 시공간이 되어 시간과 공간이 서로 뒤섞이게 되면 사건 발생의 전후관계가 뒤바뀌기도 한다. 예를 들어 상대적으로 움직이는 세 사람 A, B, C가 있다 하자. 그리고 두 사건 a와 b가 발생했다고 하자. 상대론에 의하면 관찰자 C에게는 두 사건 a와 b가 동시에 일어났다 해도, 관찰자 A에게는 사건 a가 먼저 일어난 것으로 보이고 관찰자 B에게는 사건 b가 먼저 일어난 것으로 보일 수 있다. 따라서 관찰자 C에게는 두 사건 a와 b가 동시에 일어난 사건이지만, 관찰자 A에게는 사건 a가 먼저 발생하고 사건 b가 발생했으며, 관찰자 B에게는 사건 b가 먼저 발생하고 사건 a가 발생한 게 된다.◉

◉ **전후관계과 인과관계**
사건의 전후관계가 뒤바뀌려면 물론 a와 b는 인과관계가 없는 두 사건이어야 한다. 가령 누군가에게 사건 a가 사건 b의 원인이라면 다른 어떤 관찰자가 보더라도 사건 a가 사건 b보다 먼저 발생하는 것으로 보인다. 사건의 전후 관계가 바뀔 수는 있지만 그건 인과관계가 성립하지 않는 경우일 뿐, 상대론에서도 두 사건 사이의 인과관계가 뒤바뀌지는 않는다. 상대론의 세계에서도 노인이 소년으로 젊어지지는 않고, 아들이 아버지의 아버지가 되지는 않는다.

따라서 인과관계가 없는 경우에는 관찰자의 운동 상태에 따라 심지어는 과거의 사건과 미래의 사건이 뒤바뀔 수도 있다. 어느 사건이 먼저 일어났는지는 보는 사람의 관점에 따라 달라진다. 사건의 전후관계와 동시성이 누구에게나 동일하다는 우리의 상식적인 생각은 특수상대성이론에 의해 붕괴된다. 관찰자 모두는 나름대로의 시계를 지니고 세상을 바라본다. 아인슈타인의 상대성이론에서 사건의 전후 관계와 동시성은 상대적인 개념이다.

동시성의 상대성은 길이의 상대성으로 이어진다. 가령 어떤 막대의 길이를 잰다면, 그건 어느 순간에 바라보이는 막대 양 끝의 간격이다. 그러나 동시성이 관측자에 따라 달라지므로 막대의 길이 또한 달라져야 한다. 이는 공간의 간격도 관측자의 운동 상태에 따라 다르게 나타난다는 것을 의미한다. 서로 다른 시계를 지니므로 시간 간격도 물론 관측자에 따라 달라진다. 결국 시간과 공간 모두를 포함하는 시공간 전체가 관측자의 입장에 따라 달라진다. 각각의 관측자는 각자 나름대로의 시공간 속에서 산다.

일반상대성이론 _ 일반상대성이론은 중력이나 가속도의 효과가 존재하는 경우에도 적용되는 상대성이론으로서 특수상대성이론을 보편화한 이론이다. 일반상대성이론은 중력과 가속도의 등가원리에서 출발한다. 아무런 다른 물체도 존재하지 않는 우주 공간을 여행할 때 우리의 몸이 뒤로 쏠리는 경험을 했다 하자. 그러면 우주선이 가속하여서 몸이 뒤로 쏠리는 것인지 아니면 큰 중력을 내는 물체가 뒤로 다가와서 몸이 뒤로 쏠리는 것인지를 구별할 수 없게 된다. 이렇게 중력의 효과와 가속도의 효과가 동일하게 나타나는 상황을 상상할 수 있다.

이는 역으로 중력이 있다 하더라도 그 중력이 존재하지 않는 것처럼 느끼는 관찰자가 존재한다는 것을 의미한다. 예를 들어 지구 위에서 자유낙하하는 우주선 안에 있는 사람은 지구의 중력을 전혀 느낄 수 없는 무중력 상태에 있게 된다. 중력과 가속도의 효과가 동일하므로 무중력 상태에서의 물리법칙을 가속운동하는 관측자의 입장에서 기술하면 중력이 존재하는 시공간에서의 물리법칙이 되는데, 이것이 일반상대성이론이 기술하고자 하는 세계다.

일반상대성이론은 또한 중력과 가속도의 등가원리에 의해 중력이 있는 공간에서 빛의 경로가 휘는 것을 설명해낸다. 만약 위 방향으로 가속되는 로켓 안에서 손전등을 비추면 그 광선은 아래 방향으로 휠 것이다.(앞 글의 그림[7] 참조) 광선이 로켓 내부를 통과하는 동안 로켓이 광선 아래 방향으로부터 가속되기 때문이다. 여기에 중력과 가속도의 등가원리를 적용하면 중력이 있는 공간에서 빛이 휘어진다는 것을 예측할 수 있다. 그렇다면 중력이 있는 공간은 일반적으로 휘어진 공간이 된다. 이는 우리가 사는 우주 시공간의 구조가 우주에 존재하는 물질의 성질과 그 분포에 의해 결정된다는 것을 의미한다. 이는 물질의 존재와 상관없이 시간과 공간이 펼쳐진다는 뉴턴의 절대시간과 절대공간의 개념을 무너뜨리는 것이다.

■■ 이분법적 세계관에서 절대적 시공간과 상대적 시공간까지

근대과학 이전의 사람들은 천상과 지상이 완전히 구분되는 두 개의 서로 다

시간과 공간, 질량과 에너지가 넘나드는 세계

특수상대성이론과 관련하여 일반인에게 가장 널리 알려진 공식은 $E=mc^2$이라는 질량과 에너지의 등가 법칙이다. 정지한 물체의 에너지는 광속의 제곱을 질량에 곱한 것과 같다는 질량-에너지의 등가 법칙은 아마 상대성이론의 가장 중요한 결론일 것이다.

고전 물리학에서 질량과 에너지는 서로 별개의 독립적인 것이어서, 질량 보존의 법칙과 에너지 보존의 법칙은 그 적용 범위가 서로 다른 것이었다. 즉 질량은 질량대로 보존되고 에너지는 에너지대로 보존된다고 생각했다. 그러나 상대성이론에 의하면 질량과 에너지는 서로 직접적으로 연관되는 물리량이며, 따라서 그 어느 하나가 보존된다는 것은 다른 하나가 같이 보존된다는 것을 의미한다. 즉 두 물리량에 대한 보존 법칙은 상대성이론에 와서 단일한 법칙으로 종합되었다.

이 법칙에 따르면 핵분열 반응이나 핵융합 반응에서 나오는 원자력 에너지는 원자의 질량이 에너지로 전환된 것이다. 또한 강한 에너지의 빛을 쪼이면 전자(electron)와 양전자(positron)의 쌍이 함께 생성된다는 것을 실험적으로 확인할 수 있는데, 이는 빛 에너지가 전자와 양전자의 질량으로 전환된 것이다.

이렇듯 상대성이론에 의하면 시간과 공간이 서로 넘나들 수 있는 물리량이듯이 질량과 에너지 또한 서로 넘나들 수 있는 물리량이 된다.

른 세계며, 따라서 그들의 운행은 서로 다른 법칙에 의해 진행된다고 보았다. 그러나 뉴턴의 동력학이 나오면서 천상과 지상을 구분하는 이분법이 폐기되고, 우주 전체를 하나의 동일한 세계로 인식하는 근대적 세계관이 성립되었다. 뉴턴의 세 운동법칙과 만유인력의 법칙은 지상과 천상의 모든 물체에 두루 적용되는 우주의 보편법칙이기 때문이다.

뉴턴 역학 이후 사람들은 시간과 공간에 있어서도 천상과 지상이 같은 시공간을 공유하는 것으로 보았다. 시간과 공간이라는 공통 배경 위에 우주 전체의 모든 물체가 펼쳐져 있다고 생각했다. 이런 시간과 공간은 우주가 어떤 물질로 이루어져 있느냐에 상관없는 것이고 우주의 물질이 어떤 분포를 하고 있느냐 하고도 상관없는 것이며 우주가 어떤 구조로 이루어져 있느냐 하는 것에도 상관없는 것이다. 심지어는 아무 물질도 없는 빈 우주라 하더라도 시간과 공간은 그 자체로 펼쳐져 있어야 한다.

이렇듯 뉴턴의 세계에서 시간과 공간은 우주의 전제 조건이 된다. 어떤 상황이나 구조와 상관없이 펼쳐져 있어서 이런 시간과 공간을 절대시간과 절대공간이라 한다. 한 예로 어떤 물체를 돌리면 원심력이 생기고 원심력은 회전하는 물체에 대해 생기는 관성력인데 그 회전은 절대공간에 대한 회전이라는 것이 뉴턴의 생각이었다.

이에 대해 물리학자 마흐는 전혀 다른 생각을 했다. 절대공간에 대한 회전 때문이 아니라 우주 전체에 대한 상대적 회전 때문에 원심력이 생긴다고 믿었다. 마흐의 이런 생각은 아인슈타인에게 영향을 주었고 결과적으로 아인슈타인의 일반상대성이론의 결론은 마흐의 생각을 지지하는 것처럼 보인다.

■■ 함께 공존하는 수많은 시공간의 세계

갈릴레이의 상대성이론이나 아인슈타인의 상대성이론이나, 상대성이론은 모두 관찰자가 보는 세계의 상대성에 주목한다. 상대성이론에 의하면 동일한 물체를 본다 하더라도 관찰자의 운동 상태가 어떠하냐에 따라 관찰 결과가 달라진다. 결국 우리가 보는 세계는 세계 자체의 성질에 의해서 결정되는 것도 아니고 우리 자체의 성질에 의해 결정되는 것도 아니다. 그것은 관측 대상의 상태와 우리의 상태가 어떤 관계를 형성하고 있느냐에 따라 결정된다.

따라서 어느 하나의 대상에 대해서도 이를 바라보는 관점의 수만큼 서로 다른 세계가 동시에 존재한다. 여기서 두 가지 이상의 다른 관점이 존재한다 하더라도 어느 하나가 맞는지를 결정해야 하는 것은 아니다. 어느 하나가 맞고 다른 것들이 틀린 세계가 아니라, 각자의 체계 안에서 일관성만 유지한다면 모든 관점이 정당하다는 것이 상대성이론의 관점이다. 모든 것이 상대적일 뿐이어서 어떤 관계의 맥락이 형성되느냐에 따라 서로 다른 세계가 나타난다.

여기까지는 고전적인 갈릴레이의 상대성이론이나 아인슈타인의 상대성이론이나 마찬가지다. 그 둘을 구분하는 것은 시간과 공간의 척도가 변하느냐의 문제다. 고전 역학에서 어느 한 사람에게 과거인 사건은 다른 모든 사람에게도 과거에 일어난 것이고, 어느 한 사람에게 미래인 사건은 다른 모든 사람에게도 미래에 일어날 사건이며, 어느 한 사람에게 동시에 일어난 두 사건은 다른 모든 사람에게도 동시에 일어난 두 사건이다.

이런 상식적인 세계관은 다음과 같은 가정으로부터 형성된다. "전 우주에 걸쳐 존재하는 시간이란 오직 하나뿐이다. 전 우주에 걸쳐 동일한 공간이 펼쳐져 있다. 모든 존재자는 동일한 공간에 살고 있고 모든 사건은 동일한 공간에서 일어난다. 동일한 공간에서 일어나는 모든 사건에 하나뿐인 동일한 시간이 적용된다." 이상의 가정은 우리가 지니고 있는 거의 의심의 여지가 없는 믿음이다.

하지만 이 의심의 여지가 없는 상식적인 믿음이 특수상대성이론에서는 붕괴된다. 특수상대성이론에 의하면 어떤 두 사건의 전후 관계와 동시성은 그

상대성이론은 아직도 실험중

2004년 4월, 미항공우주국(NASA)은 일반상대성이론을 검증하기 위해 무인위성 '중력탐사 B'(Gravity Probe B)를 발사하였다. 이 위성은 지구에서 640km 떨어져 북극과 남극을 통과하는 극궤도를 90분의 공전주기로 돌고 있다.

이 위성의 내부에는 섭씨 0도의 진공 플라스크 속에 탁구공만한 수정구슬이 네 개 들어 있는데, 이것이 이 위성의 핵심 부품이다. 수정 구슬들은 가장 완벽한 구형에 가깝도록 정밀하게 만들어졌으며, 1분에 4,000번 정도의 빠른 속도로 회전하고 있다. 구슬의 회전축은 기준 별을 향하고 있는 위성의 중심 역할을 하면서 위성과 기준 별을 잇는 직선축이 아인슈타인의 일반상대성이론이 설명하듯이 지구의 중력에 의해 미세하게 뒤틀리는지를 관측하게 된다.

아인슈타인은 상대성이론에서, 지구처럼 큰 질량을 가진 물체는 그 존재만으로도 주변의 시공간을 휘게 만들고(워핑 효과), 또한 그 물체가 회전을 하게 되면 휜 시공간이 다시 비틀린다고(트위스팅 효과) 예측했다. 시공간의 휨 현상은 1919년 에딩턴이 개기일식 때 태양 주위의 별빛이 휜다는 것을 증명한 이후 여러 번 측정되었지만, 비틀림 현상은 아직까지 직접 측정된 적이 없다. 2006년 말쯤이면 데이터 분석이 끝나 실험 결과가 발표될 예정이다.

두 사건이 관찰자와 어떤 관계를 맺고 있느냐에 따라 결정된다. 이건 상대성이론이 만들어낸 신비한 이야기가 아니다. 빠르게 운동하는 상태의 입자가 정지 상태의 입자보다 아주 오랫동안 붕괴되지 않는다는 데에서 확인할 수 있듯이, 빠르게 운동하는 사람의 시간이 천천히 흘러가고 공간의 길이가 바뀐다는 것은 우리 우주의 실제 모습이다.

이런 예에서 보듯이 상대적으로 운동하는 두 물체나 두 사람은 서로 다른 두 개의 시계를 가지고 있는 셈이다. 물체와 공간의 길이가 다르고 시간의 진행 속도가 다른 세계에 산다. 그들은 서로 다른 시공간에 산다. 서로 다른 시간과 서로 다른 공간이 관측자와 관측 대상 사이에 형성되는 게 우리가 살고 있는 우주다.

아인슈타인의 상대성이론에서는 이렇듯 시공간이 우주와 함께 형성된 것으로 본다. 우주와 상관없이 존재하는 절대시간과 절대공간이 아니라 우주의 구조에 의해 결정되는 시공간이다. 우주 안의 물질과 아무 연관 없이 저절로 주어진 우주의 배경 같은 것이 아니라, 우주 안에 있는 물질과 그것의 분포에 의해 만들어지는 시공간이다. 우리는 시공간 속에서 살지만 그 시공간을 형성하는 것은 바로 우리를 포함한 우주 전체다. 우리는 그런 우주 안에 살고 있다.

2부… 상대성이론, 빛의 속도로 20세기 문화와 충돌하다

상대성이론, 철학적 난제를 풀다

이초식

■■ 특수상대성이론의 철학적 함축

철학한다는 것은 근본적인 것을 찾아 비판적으로 검토하고 이에 대한 해결책을 제시하려는 사고 활동이다. 어떤 분야에서든 새로운 경지를 개척한 사람은 일반적으로 그 분야의 근본 문제를 발견하고 이를 비판적으로 검토하고 대안을 구성한 것이므로 실질적으로 철학해 온 것이라고 하겠다. 아인슈타인은 어쩌면 그 전형적인 사례라 할 수 있다. 무엇보다도 100주년을 맞이하는 '특수상대성이론' 이 바로 그 본보기다.

아인슈타인이 특수상대성이론을 통해 상대성원리를 재발견하고 빛의 속도가 일정하다는 공준을 제시했다는 사실은 널리 알려져 있다. 그러나 그가 왜, 어떤 것을 근거로 하여 그런 결론에 도달했는지에 관해서는 많이 알려져 있지 않은 것 같다. 결론도 중요하지만 그런 결론에 도달하기 위한 추리 과정에도 우리는 주목할 필요가 있다. 진정으로 과학을 하고 철학을 하기 위해

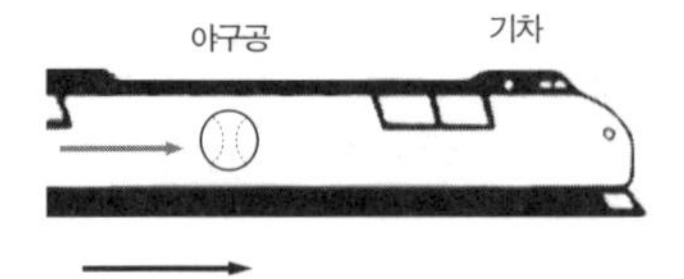

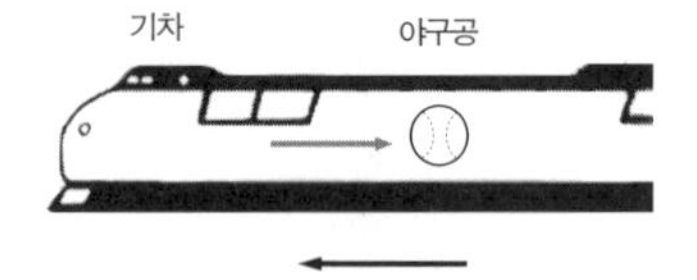

기차와 야구공의 방향이 같은 경우
기차 밖 관찰자가 본 야구공의 속도 = 기차의 속도 + 야구공의 속도

기차와 야구공의 방향이 반대인 경우
기차 밖 관찰자가 본 야구공의 속도 = 야구공의 속도 - 기차의 속도

고전적 속도 계산법. 물체의 방향이 같으면 속도를 더하고, 반대면 빼는 계산법이다.

서는 그런 사고 활동의 훈련이 더욱 요구되기 때문이다.

아인슈타인 자신이 그 과정을 이해하기 쉽게 설명해 주고 있다. 그가 즐겨 사용한 기차의 예를 보자. 서울역을 출발해 속도 v로 달리는 기차 안에서 어떤 사람이 같은 방향으로 속도 w로 걸어갔다고 하자. 이때 서울역을 기준으로 하여 그 사람의 속도 W를 물으면 W= v+w로 정리할 수 있다. 고전 역학에서 '속도덧셈정리'라 일컫는 이것은 우리 상식에도 부합한다. 그런데 아인슈타인은 이 속도덧셈정리에서 문제를 발견하여 결국 이를 폐기하고 그 대안으로 특수상대성이론을 제시하기에 이른다. 근본적인 문제는 속도덧셈정리가 상대성원리와 양립할 수 없는 모순을 일으킨다는 점이었다. 아인슈타인은 전자를 포기하고 후자를 선택할 만한 근거들을 찾아냈다.

상대성원리는 아인슈타인이 처음으로 선택한 것은 아니다. 이미 갈릴레이가 이른바 '제한된 의미의 상대성원리(the principle of relativity in the restricted sense)'를 제시한 상태였다. 아인슈타인은 특수상대성이론을 논하기에 앞서 갈릴레이의 좌표계부터 검토한다. 그리고 그것은 관성의 법칙(뉴턴의 제1법칙)에서 출발한다. "어떤 물체의 외부에서 힘이 전혀 작용하지 않는다면, 정지해 있는 물체는 영원히 정지해 있고 운동하던 물체는 영원히 등속직선운동을 계속한다." 고등학교 1학년 수준이면 익히 알고 있는 운동 법칙이다.

그런데 이 법칙을 좀더 세밀히 관찰해 보면 논의의 준거로 삼을 물체가 빠져 있음을 발견하게 된다. 그 물체에서 떨어져 있으면서 움직이지 않고 있는 어떤 물체를 설정해야 그 물체가 정지해 있다거나 등속운동을 한다고 말할 수 있기 때문이다. 갈릴레이의 좌표계를 이 준거 물체로 삼기로 하자. 달리는 기차의 예에서 서울역을 준거로 삼게 될 때 이에 상응하는 좌표계를 K라고 한다면 그 달리는 기차의 좌표계 K′는 K와 같이 움직이는 좌표계라고 할 수 있다. 여기서 "K와 관련하여 K′가 한결같이 움직이는 좌표계라면 K에 관여된 일반 법칙들과 정확히 동일한 법칙들에 의해 K′의 자연 현상들도 진행된다." 이것이 갈릴레이의 상대성원리이며 아인슈타인의 특수상대성이론을 지원하는 이론이다.

아인슈타인은 이 상대성원리가 속도덧셈정리와 모순 되는 점을 발견하였으며, 그것을 사소한 것이 아니라 고전 역학의 기반을 바꾸어야 하는 근본 문제로 간주하였다. 서울역을 떠난 기차의 예를 다시 보자. 서울역을 기준으로 본 기차 안 사람의 속도 W를 서울역을 기준으로 본 빛의 속도 C로 대치한다면, v 속도로 달리는 기차 안 빛의 속도 c를 서울역을 기준으로 보았을 때 빛의 속도 $C=v+c$ 따라서 $c=C-v$가 된다. 다시 말하면 기차 안에서의 빛의 속도 c는 기차 밖 빛의 속도 C보다 약간 작아야 한다. 그러나 상대성원리에 의하면 좌표계 K나 K′에서의 자연법칙은 같아야 하므로 빛의 속도가 작아져서는 안 된다. 이처럼 상대성원리와 속도덧셈정리의 불일치 문제는 물리학의 근본 문제였기에 물리학의 철학적 난제(aporia)◉ 였다고 할 수

◉ 철학적 난제, 아포리아
그리스어로 '통로가 없는 것' '길이 막힌 것'을 뜻한다. 철학용어로 해결이 곤란한 문제나 난관을 의미한다. 소크라테스는 대화의 상대를 아포리아에 빠뜨려 무지(無知)를 자각하도록 했으며, 아리스토텔레스는 "아포리아에 의한 놀라움에서 철학이 시작된다"고 하였다.

있다. 특수상대성이론은 속도덧셈정리를 포기하고 상대성원리와 광속도 불변의 공준이 모순 되지 않음을 증명하여 채택한 사고의 결과다. 이는 과거 과학 이론 안에서 이루어진 사고가 아니라 기존 과학 이론 자체를 비판적으로 재구성한 사고이므로 통상적 과학을 넘어서는 차원 높은 철학적 사유라 할 수 있다.

이처럼 아인슈타인이 특수상대성이론을 전개하면서 준거 물체와 관련하여 좌표계를 문제 삼은 것은, 물리학에서 뿐만 아니라 어떤 과학적 논의나 일상적 논의에서도 논의하는 세계의 한계를 분명히 해야 한다는 점에서 일반화가 가능한 사유이므로 철학자들도 크게 주목하는 바다. 특히 기존 이론이 설명하는 개념과 그로부터 이끌어낸 추론 사이에서 모순을 발견해 비판하고 이를 해결할 대안을 구성하여 제시한 아인슈타인의 사고 과정 자체는 바로 근원적인 문제를 찾아 나서는 '과학철학'의 본보기라 할 수 있다.

■■ 상대성이론에 대한 철학자들의 관심

철학자들이 상대성이론에 대해 관심을 보인 것은 1920~1950년대 사이가 절정이라고 할 수 있다. 이 시기는 자연과학과의 긴밀한 관계 속에서 철학을 탐구해야 한다고 보는 논리경험주의 철학의 전성기이기도 하다. 논리실증주의에서 출발하여 논리경험주의를 표방한 빈(Wien) 학파◉와 베를린(Berlin) 학파 등의 철학자들뿐만 아니라 포퍼(Karl Raimund Popper, 1902~1994)의 비판적 합리주의를 지지하는 학자들 그리고 개별적인 과학 친화적인 철학자들도 철학함에 있어서 상대성이론을 문제 삼았다. 그러나 철학의 학파 측면에서 본다면 종래의

◉ 빈 학파
1920~1930년대에 걸쳐 활동한 논리실증주의 경향의 철학자 · 과학자 집단. 기존의 사변적인 철학에 반기를 들고 철학을 과학과 같이 객관적인 학문으로 만들려고 했으며, B. 러셀, L. 비트겐슈타인, E. 마흐의 영향을 많이 받았다.

형이상학적 학파들이나 20세기 해석학이나 실존철학 등에서는 상대성이론을 본격적으로 탐구했다고 볼 수 없다. 뿐만 아니라 과학에 관심을 둔다고 하더라도 진화론 등의 생물학을 주요 관심사로 여겨온 철학자들이나 역사학 등 인문사회과학을 중심으로 삼고자 하는 철학자들에게 아인슈타인의 상대성이론은 크게 주목할 만한 것이 못 되었다.

그러니 상대성이론과 철학의 관계를 논하자면 아무래도 물리학을 기반 삼아 통일과학(unified science)을 지향해야 한다는 물리학주의(Physicalism)를 제창한 논리경험주의 경향의 철학자들 중심이 될 것 같다. 철학의 학파로서가 아니라 철학의 분야를 기준으로 하여 본다면, 과학철학 분야에서 시간과 공간의 철학을 논할 때에 상대성이론에 관한 논의가 빠질 수 없다. 오늘날에도 철학의 지식이론이나 인식론 분야에서 출발하는 철학자들은 과학적 지식의 본성 · 구조 · 이론 · 추론 · 확률적 입증 · 법칙 · 설명 · 예측 등을 음미하여 비판하고 이를 재구성하려고 하므로 아인슈타인의 과학적 방법을 문제 삼게 된다.

고대 그리스의 탈레스로부터 출발하는 서양 철학의 역사를 보면 철학과 과학은 긴밀히 연관되어 있었다. 당대의 최첨단 과학자이면서 동시에 철학자인 인물도 적지 않았고 비록 과학자는 아니더라도 과학적 연구 성과에 깊은 관심을 갖는 철학자도 많았다. 물론 그런 철학자들만 있지는 않았다. 철학은 과학의 경험적 방법으로서는 접근할 수 없는 초경험적인 세계를 다루므로 개별 과학의 성과에 관심을 둘 필요가 없다는 철학자들도 많았다. 이들은 과학기술은 물질문명적인 것인데 비해 철학과 문학 등은 정신문화에 속하며, 정신문화가 물질문명보다 차원이 높다고 생각하는 경향이 강하다. 어쩌면 우리나라의 철학 풍토는 이런 경향에 치우친 느낌도 없지 않다.

물론 과학 친화적 철학과 문학 친화적 철학이라는 기계적인 이분법은 양자의 중첩된 측면을 외면하기 쉬우므로 사실 위험하다. 하지만 그런 분류가 철학 전체를 조망하는 하나의 안내자 역할을 할 수는 있을 것 같다. 철학은 개별 과학이 기본 전제로 삼고 있는 근원적인 것에 관심을 두고, 과학 일반에 적용 가능한 공통적인 것을 추구하며, 학제적 관계를 비롯한 전체적인 연계성을 조망한다는 점에서 개별 과학들과 구별된다. 그런데 과학 친화적인 철학에서는 과학적 탐구 방법과 철학적 탐구 방법의 질적인 차이가 줄어든다. 이런 맥락에서 보면 20세기 물리학 최대의 성과로 여겨지는 아인슈타인의 상대성이론에 대해서도 과학 친화적인 철학에서는 특별한 관심을 갖게 되었지만 문학 친화적인 철학에서는 근본적으로 큰 영향을 받지 못한 것은 어쩌면 당연한 귀결이다.

아인슈타인의 상대성이론이 현대의 새로운 시간 · 공간론을 제시한 사실은 익히 알려져 있다. 한편 생철학자 베르그송(Henri Bergson, 1859~1941)이나 실존철학자 하이데거(Martin Heidegger, 1889~1976)와 같은 철학자들도 시간 문제를 철학에서 중요하게 다루었다. 이 두 사실을 연관시켜 생각해 보면, 이러한 철학적인 시간론이 아인슈타인의 시간론에 어떤 영향을 받았으리라 추측해 볼 수도 있다. 그러나 사실 그들의 시간론 사이에는 패러다임 자체의 차이가 존재하므로 연관 관계를 찾기란 쉽지 않다. 가령 실존철학에서는 시간이 과거로부터 현재 그리고 미래로 흘러간다는 일상적인 시간론에 대해 "시간은 과거 일의 현재와 현재 일의 현재 그리고 미래 일의 현재 이 셋이며, 이런 셋이 어떤 상태로든지 마음속에 존재한다. 즉 과거 일의 현재는 기억이고 현재일의 현재는 목격이며 또 미래 일의 현재는 기대다"라고 설명한다. 이렇게 시간이란 지속되는 우리의 마음이라고 보는 시간관이나 아직

◀ 베르그송. 19세기 말~20세기 초에 유럽에서 일어난 생철학을 대표하는 프랑스의 철학자. ▶ 하이데거. 20세기 실존철학을 대표하는 독일의 철학자. 베르그송이나 하이데거는 철학에서 시간 문제를 중요하게 다룬 철학자들이다.

도래하지 않은 죽음을 선구적으로 결단하는 존재로서 개인의 실존을 파악하는 시간론은 아인슈타인이 획기적으로 제시한 시간론과는 문제 설정이나 해답의 유형이 매우 다르기 때문이다.

■■ 아인슈타인에게 영향을 미친 철학

아인슈타인이 특수상대성이론을 담은 논문인 「움직이는 물체의 전기역학에 대하여」는 1905년 《물리학 연보》에 발표되었으나 26세 청년의 논문이 학계에서 주목받기는 어려웠다. 그러나 당시 《물리학 연보》의 편집인이며 베를린 대학의 중견 교수인 막스 플랑크는 역학과 전자기학의 모순을 해결한 것으로서 그 이론의 가치를 높이 평가했을 뿐만 아니라 학생들에게 상대성이론에 관한 주제를 선택하여 연구하라고 독려했고 그 자신도 아인슈타인의 상대성이론에 관한 논문을 써서 학계에 돌풍을 일으켰다.

또 한편 아인슈타인의 상대성이론과 철학과의 관계를 논할 때 슐리크(Moritz Schlick, 1882~1936)라는 인물을 주목해 볼 필요가 있다. 그는 베를린 대학에서 막스 플랑크 교수를 지도교수로 하고 이론 광학에 관한 연구 논문을 제출하여 박사학위를 받은 인물이다. 슐리크는 1925년 오스트리아 빈 대학에서 목요일 밤 토론 모임을 형성하는 데 주축이 되는데, 그것이 현대철학에서 하나의 큰 주류를 형성한 빈 학파의 출발이었다. 초기에는 논리실증주의로 나중에는 논리경험주의로 불렸던 빈 학파의 기본 착상들 가운데 많은 부분이 슐리크에 의해 제시된 점으로 보아, 빈 학파의 지적 분위기가 아인슈타인과 친밀했으리라 미루어 짐작할 수 있다. 사실상 논리경험주의자들은 그들의 선구자를 꼽을 때, 특히 경험과학의 기초 · 목표 · 방법 등의 측면에서 영향을 받은 인물로서 리만, 마흐, 푸앵카레, 뒤헴 등과 더불어 아인슈타인을 명시적으로 지적하고 있다.

또한 아인슈타인이 마흐(Ernst Mach, 1838~1916)의 저서 『역학의 발전-그 역사적 · 비판적 고찰』(1883)에서 깊은 인상을 받았다는 사실이 종종 소개되곤 하는데, 그것은 17세기에 뉴턴이 제창한 우주의 기초가 되는 절대공간을 부정하는 내용이었고 한다. 수학 교수로 출발한 마흐는 1895년에 빈 대학에 와서 1901년까지 물리학 교수를 지냈으며, 귀납 과학의 역사와 이론을 담당하며 철학 분야를 개척하여 마흐의 실증주의라는 새로운 학통을 형성했고, 이것은 빈 학파의 사상적 계보 중에서 중요한 비중을 차지한다. 마흐는 콩트의 실증주의와는 구별되는 실증주의를 제창했는데 그것은 "모든 과학적 진술들은 감각에 관한 진술로 환원되어야 한다"는 이론이었다. 일반적으로 사물이라고 하는 것은 '성질'들이 비교적 일정하게 복합되어 있는 것인데

마흐. 오스트리아의 물리학자, 과학사가, 철학자. 뉴턴이 제창한 절대공간을 부정하여 아인슈타인에게 깊은 영향을 주었다.

이 '성질'을 우리의 감각과 동일시하여 '요소'(elements)라 일컫고, 그 요소들의 배후에 존재하는 것으로 보는 '사물 그 자체'는 형이상학적 가상으로 간주한다. 이렇듯 모든 과학적 진술을 요소로 환원할 수 있다는 사상은 물(物) 자체의 존재를 거부하는 반(反) 형이상학적 테제의 기초가 되기도 했다.

마흐는 주어진 어떤 요소가 나타나는 여러 맥락을 혼동하면 모순에 빠지므로 그 맥락의 구별이 매우 중요하다고 지적했다. 가령 "집터를 재는 사람에게 지표면은 평면(平面)이지만 지구 전체의 면적을 재려는 사람에게 지표면은 하나의 구체(球體)다." 이들의 맥락을 고려하지 않고 지표면이 평면이냐 구체냐 논쟁하는 것은 무의미하다. 이처럼 사물의 공간적 관계에 대한 경험을 기술하는 기하학도 어느 하나만이 참이라고 할 수 없으며, 가장 편리하고 경제적인 것으로 여겨지는 기하학을 선택하는 것이 좋다고 볼 수 있다. 그리하여 공간 자체는 오직 사물들의 공간적 관계의 총합일 뿐이므로, 뉴턴이나 칸트가 믿었던 것처럼 사물들이 절대적 장소에 위치하면서 절대적 운동을 하는 것이 아니라고 설명한다. 이런 생각은 아인슈타인의 상대성원리보다 앞선 것이었다.

■■ 상대성이론이 영향을 준 철학

베를린 학파의 라이헨바흐(Hans Reichenbach, 1891~1953)는 시간과 공간을 선험적인 직관 형식으로 파악하여 인식론의 기반으로 삼았던 칸트의 철학을 비판하고, 아인슈타인의 상대성이론이 기반으로 하는 가정들을 지식이론의 시각에서 탐구한 철학자로 유명하다. 빈 학파와 공동으로 논리경험주의 잡지 『인식』(*Erkenntnis*)을 발행했던 베를린 학파는 빈 학파와 비슷한 시기에 '경험주의철학협회'로서 출발했으며 특히 '과학적 철학'(Scientific Philosophy)

라이헨바흐. 논리실증주의를 대표하는 독일 출생의 미국 철학자. 아인슈타인의 상대성이론이 기반으로 하는 가정들을 지식이론의 시각에서 탐구한 철학자로 유명하다.

을 강조하였다. 기존 형이상학을 '사변적 철학'(Speculative Philosophy)이라고 배격하며 철학을 학문으로서 확립해야 한다고 주장한 점에서 빈 학파와 의견이 통했다. '과학적 철학'은 개별 과학들이 결론으로 도출한 주장들을 분석하고 비판하여 새롭게 구성할 방법을 모색하는 것이다. 그를 위해 이들은 물리학을 비롯한 개별 과학들의 기초 개념과 이론 및 그 방법의 특색을 탐구하였고, 1920년대 당시 새롭게 각광 받고 있는 아인슈타인의 상대성이론에 관심을 갖게 된 것은 당연한 귀결이었다.

라이헨바흐는 『공간과 시간의 철학』(1928)에서 유클리드 기하학과 비(非)유클리드 기하학◉을 넘나들며 상대성원리를 논한다. 그는 둘 가운데 어떤 기하학이 참인지를 이야기하는 것은 무의미한 일이라고 말한다. 공간기하학과 그에 해당하는 일반적인 힘의 영역을 함께 밝혀야만 그 안에서 참과 거짓을 명확히 논의할 수 있기 때문이다. 그리하여 사물에 관한 지식이란 그에 해당하는 좌표계를 명확히 정의하지 않으면 제대로 논평할 수 없다는 사실을 상대성이론의 기반으로 파악하며, 이를 확장하여 철학적 인식론의 기반으로 삼는다. 이러한 입장은 빈 학파의 슐리크나 카르납 등의 견해와도 같다. 이것은 매우 중요한 철학적 테제다. 과거의 철학이 진리 문제를 최우선으로 추구하여 '테제가 참이냐 거짓이냐'에 치중했다면 논리경험주의는 어떤 주장의 진리 문제를 논하기에 앞서 그 주장이 속해 있는 좌표계, 다시 말해 '논의의 세계'(universe of discourse)를 밝혀야 함을 분명히 한 것이다.

앞에서 언급한 마흐의 실례에서도 보았듯이, 지표면이 평평한 것이 참이냐 둥근 것이 참이냐를 묻기에 앞서 집터를 논하기에 적합한 기하학적 좌표계와 관련짓느냐 아니면 지구 전체를 문제 삼는 좌표계를 염두에 두느냐가 문제의 핵심이 된다. 이와 같은 상대성의 원리는 "의미 문제는 진리 문제에 선행한다"라는 귀결에 이른다. 즉 어떤 주장이 참이냐를 문제 삼기 이전에 그것이 어떤 조건들에 부합하면 참이라고 볼 수 있는지 진위 조건(truth conditions)을 명확히 구성하는 철학으로 발전하는 계기가 된 것이다. 상대성이론의 핵심도 이와 같다. 척도가 되는 측정 물체들이 고전 역학에서 전제했던 시간과 공간의 개념과는 다른 좌표계의 정의에 따르는 것이 상대성이론의 기본 가정이기 때문이다.

그러자 상대성이론이 가정하는 좌표계의 본질에 관해 철학적 물음이 제기된다. 그 좌표계가 인간이 임의로 약정하여 선택할 수 있는 규약이냐 아니면 물리적인 실재냐의 문제가 그것이다. 라이헨바흐는 좌표계가 칸트의 개념처럼 경험에 앞서는 실재라는 점을 인정하지만, 선험적인 도식이 아니라 이전에 경험된 바를 근거로 한다고 보는 점에서는 칸트와 의견이 좀 다르다. 하지만 좌표계의 규약적인 특징도 외면할 수는 없다. 그것의 실재성을 인정하면 절대적인 것이 되고 그렇게 되면 상대성이론의 기본 사상과 충돌하기 때문이다. 아인슈타인의 4차원 시공세계를 절대적인 것으로 받아들이면 상대성이론 자체가 흔들리게 되는 것이다.

이와 같은 문제에 착안하여 아인슈타인과 푸앵카레

◉ 유클리드 기하학과 비유클리드 기하학

유클리드 기하학이란 고대 그리스의 유클리드가 체계화한 기하학이다. 반면 직선 밖의 한 점을 지나 그 직선과 만나지 않는 직선은 하나밖에 없다는 유클리드 기하학의 가정을 부정하면서 직선 밖의 한 점을 지나는 직선은 무한히 있다는 가정 위에 세운 기하학이 비유클리드 기하학이다. 간단하게 말하자면, 평면 위에서의 기하학은 유클리드 기하학에 해당되며, 곡면(공이나 말안장 같은) 위 도형들의 성질을 연구하는 기하학은 비유클리드 기하학이라 할 수 있다.

(Henri Poincaré, 1854~ 1912)를 비교하여 논한 철학자가 빈 학파의 대표적 인물인 카르납(Rudolf Carnap, 1891~1970)이다. 프랑스의 유명한 수학자이며 물리학자인 푸앵카레는 과학에서 규약의 특성을 강조해 온 규약주의자(conventionalist)◉로 유명하다. 그는 물리학자들이 유클리드 기하학에 배치되는 실제적 공간을 발견해야 하며, 유클리드 기하학을 유지하려면 모든 고체의 수축과 팽창의 법칙을 수정해야 한다고 주장하였다. 그렇게 하지 않으려면 유클리드 기하학 대신 비유클리드 기하학을 선택해야 한다고 주장함으로써 아인슈타인보다 앞서 상대성이론을 통찰했다고도 할 수 있다. 그러나 푸앵카레는 고체 등에 관한 자연법칙을 바꾸기보다는 유클리드 기하학을 선택할 물리학자들이 많을 것으로 전망했는데, 아인슈타인의 일반상대성이론은 비유클리드 기하학을 선택함으로써 그 예상을 바꾸어 놓았다. 한편 카르납은 푸앵카레가 규약만을 강조하고 경험을 무시했다고 비판 받는 데에는 문제가 있다고 지적한다. 물리학자들이 최초로 선택하는 기하학이 규약이라고 할지라도 일단 어느 하나를 선택하고 나면 경험적 측정에 의존해야 한다고 보기 때문이다.

카르납은 아인슈타인의 상대성이론을 기술하는 통속적인 저서들에서 나타나는 오해의 소지를 예리하게 지적한다. "상대성이론에 따르면 중력장 안에서 공간의 구조는 비유클리드 기하학에 따른다"라는 주장과 "상대성이론에 따르면 막대는 중력장 안에서 수축된다"라는 주장에 주목할 때, 전자와 후자는 서로 모순된다는 것이다. 왜냐하면 비유클리드적인 공간 구조에서 막대의 수축은 적절하지 못하며 유클리드적인 공

◉ **규약주의**
과학철학에서 과학의 법칙과 이론이라는 것은 우리의 경험을 조직화하거나 설명하기 위해 인간들이 맺은 약속의 일종이라고 보는 사상이다. 법칙과 이론에 대해 세계의 실재를 기술하는 것으로 보는 과학적 실재론과는 대립하지만, 그것을 도구로 보는 도구주의와는 가깝다. 칸트까지 거슬러 올라가기도 하나 대체로 푸앵카레를 선구자로 보며 마흐와 듀헴 등을 대표자로 꼽는다.

간에서만 막대의 수축을 말할 수 있기 때문이다. 막대의 수축을 이야기하는 한 공간이 비유클리드적이라고 말할 수 없다는 뜻이다. 그러니 상대성이론에 관하여 진위를 말하기 위해서는 언어 선택이 선행되어야 한다는 결론에 도달한다. 다시 말하면 유클리드 기하학의 언어를 선택할 것이냐 아니면 비유클리드 기하학의 언어를 선택할 것이냐의 문제를 먼저 해결해야 한다. 이와 같은 생각은 앞서 언급한 "의미 문제는 진리 문제에 선행한다"는 논리경험주의의 기본 사상을 형성하게 된다.

▲ 푸앵카레. 프랑스의 이론물리학자. ▼ 카르납. 논리실증주의(논리경험주의)를 대표하는 독일 출생의 미국 철학자. 카르납은 아인슈타인을 규약주의자인 푸앵카레와 비교하여 논하였다.

"빛은 태양과 같은 무거운 중력장을 지날 때는 휜다"라는 주장을 담고 있는 아인슈타인의 일반상대성이론이 실험대에 오른 것은 1919년 일식 때였다. 태양 주변에 있는 별의 불빛이 휘는지 안 휘는지 평상시에는 태양의 강렬한 빛 때문에 보이지 않지만 일식 때에는 볼 수 있을 것으로 추정하여, 당시 이 관측의 중요성을 인식한 카르납은 빛의 굴절 여부를 판가름할 관측에 참관하기 위해 라이헨바흐와 더불어 빈에서 베를린까지 달려갔다. 당시 베를린 근처 포츠담에 있는 아인슈타인 타워에서 프로인드리히(Erwin Findlay Freundlich, 1885년~1964)가 그 차이를 최초로 측정한다는 소식을 들었기 때문이다. 프로인드리히도 측정의 중요성을 인식하여 조교들의 참여도 거부한 채 여러 날을 보내며 촬영한 사진을 현미경으로 반복 측정했다고 한다.

아인슈타인 상대성이론의 승리로 끝난 1919년의 관측은 철학계에도 큰 충격을 주었음이 분명하다. 논리경험주의자들과는 세부적으로 대립하는 입장을 취해온 포퍼(Karl Raimund Popper, 1902~1994)가 아인슈타인의 과학적 방법을 면밀히 검토하여 철학 연구에 모델로 삼은 것은 너무나 잘 알려진 사실이다. 당시 포퍼가 빈에서 활약했던 1920년대는 마르크스주의와 심층심리를 다루는 정신분석학 열기가 유럽을 휩쓸 때다. 포퍼 자신도 한때 정신분석학자 아들러(Alfred Adler, 1870~1937) 밑에서 일하기도 했다. 그러나 정신분석이나 마르크스주의 철학이 아인슈타인의 과학적 방법과 큰 차이점이 있음을 발견하고 과학과 비과학을 구분하는 문제에 골몰하게 되며, 그리하여 그 기준으로서 유명한 '반증 가능성의 원리'(Falsifiability Principle)를 제시하기에 이른다.

포퍼. 오스트리아 출생의 영국 철학자. 과학(지식)은 합리적인 가설이 제기되고 난 뒤 그 반증(비판)을 거치는 시행착오를 통하여 성장한다는 '비판적 합리주의'를 제창하였다.

아인슈타인은 1916년 발표한 일반상대성이론에 대한 논문에서 자신의 이론을 검증할 예들을 제시하는데, 그 중에는 "빛은 태양처럼 무거운 중력장을 지날 때는 휜다"는 내용이 있다. 이 말은 달리 표현하면 빛이 그런 중력장을 지날 때 휘지 않는다는 사실이 밝혀지면 그의 이론은 거짓이라고 반증될 수 있다는 뜻이다. 포퍼는 이 점에 크게 주목하여 이와 같은 과학의 특성을 과학 외적인 영역과 구별하는 기준으로 삼고자 했다. 아인슈타인의 이론은 이처럼 반증의 위험을 무릅

쓰고 주장하는 데 비해, 마르크스주의나 정신분석학의 이론은 반증이 가능한 사례를 전혀 제시하지 않는다. 마르크스주의자들이나 정신분석학자들은 자신들의 이론을 증명할 만한 사례들만을 제시하며 주장할 뿐, 이론이 틀릴 수 있는 예외적인 사례는 전혀 밝히지 않는다는 것이다. 따라서 어떤 경우에도 틀릴 수 없는 경험 현상의 이론은 과학 이론이 될 수 없고 반증 가능한 조건을 제시하는 이론만이 과학적일 수 있다.

포퍼가 이러한 반증 가능성의 원리에 따라 아들러의 정신분석학을 비과학적이라고 비판한 사례는 유명하다. 아들러의 정신분석학의 경우 '열등의식'을 기반으로 한다. 가령 '의도적으로 어린이를 밀쳐 물에 빠지게 한 사람의 행위'와 그와 대립하는 행위, 예컨대 '생명의 위협을 무릅쓰고 물에 빠진 어린이를 구출해낸 행위'에도 아들러는 열등의식을 똑같이 적용한다. 전자는 열등의식으로 괴로워서 그랬고 후자의 경우도 열등의식 때문에 자신을 과시하려고 그런 선행을 했다는 것이다. 이러한 열등의식 이론은 어떤 사례에 의해서도 반증될 수 없기 때문에 그 이론은 결코 과학이 될 수 없다.

이때 오해하기 쉬운 것은 과학이 되려면 '반증될 수 있어야 한다'는 것이지 실제로 '반증되어야 한다'는 뜻은 아니다. 아인슈타인의 상대성이론을 예로 들면 "태양과 같은 무거운 중력장에서 빛이 휘지 않는 경우"처럼 반증 가능한 사례가 제시되어야 한다는 것이다. 흔히 아인슈타인의 상대성이론을 입증하는 결정적인 사례로 1919년 일식 때의 별 관측을 드는데 그런 주장은 잘못된 것이다. "아인슈타인의 이론이 참이면 일식 때 빛이 휜 것을 볼 수 있다. 그리고 일식 때 빛이 휜 것을 발견했다. 그러므로 아인슈타인의 이론은 참이다." 이는 전제가 모두 참임에도 불구하고 결론이 거짓일 수 있는 추리 구조이므로 결코 아인슈타인의 이론이 참으로 입증되었다고 볼 수 없는 셈이다. 상충하는 이론들 사이에서 어느 하나를 선택하도록 하는 결정적인 실험이 불가능하다는 것은 아인슈타인도 통일장 이론에서 밝혔다고 카르납이 주장하기도 했다.

■■ 상대성이론에 대한 최근의 철학적 논의

과학철학, 특히 시간과 공간 물리학의 철학은 주로 특수상대성이론과 일반상대성이론에 관해 철학적으로 탐구하는 분야라고 할 수 있다. 상대성이론은 물질과 시공 세계의 본질을 새롭게 조명할 뿐만 아니라 일반성을 지닌 문제들을 다루었기에 철학자들의 호기심을 크게 자극해 왔다고 이미 앞서 말한 바 있다.

아인슈타인은 과학 이론이란 물리적 세계를 예측하거나 조정하기 위한 일종의 약속이나 도구라고 보는 규약주의(Conventionalism)나 도구주의(Instrumentalism)를 배격하고 객관적인 물리적 실재를 기술한 것이라고 보는 실재론(Realism)을 채택한 것으로 알려져 있다. 그렇다고 해서 과학에 있어서 규약의 역할을 결코 배제한 것은 아니다. 그는 특수상대성이론을 전개하는 데에 중요한 개념인 시간의 동시성(simultaneity)에 대해 어떤 실재의 가정도 아니고 빛의 본질에 관한 가설도 아니며 약정적 정의(stipulative definition)라는 점을 강조하였다. 이와 같은 동시성의 규약은 규약주의의 특성을 수용한 것으로 간주되어 최근까지도 과학적 실재론과 반실재론의 논쟁 주제가 되고 있다. 따라서 아인슈타인이 특수상대성이론에서 규정한 동시성의 상대성은 최근 과학철학의 교재들에서도 단골 메뉴로 등장한다.

아인슈타인은 동시성을 정의하거나 동시성의 상대성을 규정할 때에도 기차의 예를 활용한다. 그림 A와 B지점에서 어떤 신호에 맞춰 일제히 불을 켠

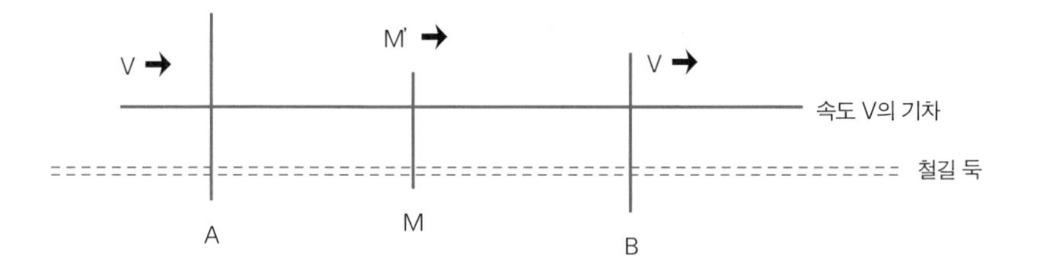

다면 중간 지점에 있는 관찰자 M이 보기에 양쪽에서 동시에 불이 켜진 것으로 볼 수 있다. 그러나 이때 A와 B지점에서 출발한 신호가 관찰자에게 도달했다가 다시 돌아가는 과정과 움직이는 기차 등을 고려한다면, 동시성은 앞으로 이런 의미로 사용하기로 하자는 일종의 약속이나 제안일 뿐이다. 다시 말해 그것은 필요하면 받아들이지만 불필요하면 거부할 수 있다. 이 '동시성'의 개념은 '원자'나 '분자'와 같은 물리적 실재를 가리키는 것이 아니므로 참과 거짓으로 판가름할 것이 아니라고 풀이할 수 있다.

이 동시성의 정의에 따르면 "철길 둑을 준거로 하는 사건들이 동시적이라는 것은 속도 v로 달리는 기차 안에서 그것을 기준으로 하여 동시적이라는 것이 아니며 그 역도 가능하다." 이것이 동시성의 상대성이다. 따라서 준거 물체나 좌표의 언급 없이 동시적이라는 것은 무의미하다. 그런데 이러한 동시성의 규약에 관한 논쟁은 마라먼트(David Malament, 자세한 내용은 http://www.lps.uci.edu/home/fac-staff/faculty/malament/ 참조)에 의해 새로운 전환에 이르게 된다. 마라먼트는 시간의 인과론의 동시성에 관한 중심 주장이 거짓임을 증명하였다. 일반적으로 표준 동시성의 관계는 특수상대성이론의 4차원적 시공의 기하학으로 유명한 민코프스키의 인과구조에 의해서만 규정될 수 있다고 한다. 그런데 마라먼트는 이 시간의 인과론이 특수상대성이론에 나타나는 동시성의 규약 테제와 일치하지 않는다고 주장하여 현대 과학철학의 중

과학철학, 인간의 과학적 활동을 성찰하다

고대 그리스 철학은 그 자체가 과학의 출발이었으며 철학자가 동시에 과학자인 경우가 많았으므로 과학철학의 역사는 철학사와 함께 시작되었다고 볼 수 있다. 그러나 과학이 본격적인 철학의 연구 분야 가운데 하나로 자리매김하게 된 것은 20세기 초 현대 과학을 철학적으로 음미한 논리실증주의 운동의 결과다. 과학철학은 과학의 논리와 과학적 지식이론에서 출발했으나 오늘날은 인간의 과학적 활동에 주목하여 과학의 역사학 · 사회학 · 윤리학 · 형이상학 등의 문제들에 대해서도 철학적 비판과 구성을 시도한다.

지금까지 과학철학은 과학에 도입된 개념들(명제 · 원리 · 추리)의 관계, 과학적 설명과 예측의 구조와 본질, 과학 변화의 구조와 본질, 과학의 다양성과 통일성, 과학의 합리성과 객관성, 과학에 있어서 실험 · 관찰 · 이론 · 모델의 역할, 과학적 가설과 증거와의 확률적 입증관계, 과학적 발견 · 창의성 · 이론적 존재의 특성, 과학의 존재론적 함축 등에 대해 연구해왔다. 그리고 이와 같은 철학적 비판과 구성을 과학의 특수 분야에 적용한 것으로는 수학의 철학, 물리학의 철학, 생물학의 철학, 심리학의 철학 등을 들 수 있다.

과학철학은 기술철학과 긴밀히 연결되므로 오늘날은 과학기술의 철학(philosophy of science and technology)으로 총칭되기도 한다. 그리하여 한편으로는 인식문제를 다루는 컴퓨터과학 · 심리학 · 언어학 · 신경과학 등과 더불어 인지과학(Cognitive Science)과 연계되면서, 다른 한편으로는 과학기술의 역사학 · 사회학 · 관리학 · 언론학 등과 더불어 과학기술학(Science and Technology Studies)의 새로운 영역을 개척해 가고 있다.

요한 쟁점을 제공하였다.

하지만 노턴(John Norton, 자세한 내용은 http://www.pitt.edu/~jdnorton/jdnorton.html 참조) 같은 철학자는 아인슈타인의 특수상대성이론에서 암시적으로 제시되었던 '검증 가능성의 원리'를 그 20년 뒤 논리경험주의자들이 명시적으로 인식적 의미기준으로 삼았다고 보며 시공 관계를 시간의 인과론에 의해 인과 관계로 환원하는 문제에 주목하기도 한다.

이 밖에도 아인슈타인의 상대성이론에 관해서는 지금까지도 수많은 철학적 논쟁이 벌어지고 있다. 이렇듯 상대성이론은 새로운 물리적 우주관을 제시한 것 이상의 많은 의미를 남겼다. 특수상대성이론 탄생 100주년을 기념하여 과학함과 철학함의 귀감이 될 만한 모형으로 그의 과학적 사고를 다시 평가하고 철학적 영향을 해부해 보는 작업이 그래서 더욱 남다를 것이다.

'보이는 대로 그리기'란 쉽지 않다

전영백

■■ 미술과 물리학의 지적 줄긋기

포스트모던 시기에 다른 담론들끼리의 교류는 익숙한 이야기다. 학제 간 연계가 시대의 지적 방법론이 되었고 이질적인 학문들 사이의 결연은 일종의 유행 패션처럼 퍼지고 있다. 사실 '아인슈타인의 상대성이론과 미술' 이라는 주제로 글을 부탁 받았을 때 '올 것이 왔구나' 싶었다. 이 경우 시대의 지적 줄긋기가 맞닿은 머나먼 두 영역은 미술과 물리학이다.

그런데 과연 미술과 물리학, 더 나아가 미술과 과학 사이의 거리가 그렇게도 멀었던가? 사실 15세기로 거슬러 올라가면 르네상스의 대표적인 화가인 레오나르도 다빈치는 저명한 과학자였다. 이는 단순히 그가 천재였기 때문은 아니다. 그 시대에 기하학 · 천문학 · 해부학 · 예술 등의 영역들은 지금처럼 명백히 분류되기보다 자연스럽게 서로 넘나들었음을 상기해 보면, '다빈치' 라는 인물은 그 시대에 태어났기 때문에 가능했다고 볼 수도 있다.

레오나르도 다빈치. 르네상스의 대표적인 화가이자 과학자. 당시 기하학 · 천문학 · 해부학 · 예술 등의 영역들이 자연스럽게 넘나들었던 것을 생각하면, 그는 시대가 만들어낸 천재였는지도 모른다.

오늘날 잃어버린 연결 고리를 찾아 전체 그림을 맞추려는 욕망은 그런 의미에서 회고적인 느낌이 든다. 그 후 수 세기를 거치며 인류 사회는 급속한 현대화 과정을 거쳤고 전문화라는 명목 아래 지적 체계는 세밀하게 분류되었다. 그리고 분류는 단절을 의미하기도 했다. 이제 문명은 수없이 갈라진 지식 구조의 틈 아래 근본적 밑그림에 대한 향수에 젖어 있다. 포스트모던은 문화의 새로운 패러다임이라기보다 어쩌면 상실된 지적 욕망을 다시 일깨우는 거울이며 그림자인지 모른다.

이 짧은 글을 통해 '과학과 미술', '상대성이론과 미술'이라는 두 영역의 연계성을 모색하는 시도는 단편적일 수밖에 없다. 그럼에도 불구하고 핵심을 제시하는 단편적 고찰이 될 수 있도록, 미술에서 가장 근본적인 시각의 문제인 "세상을 어떻게 볼 것인가"라는 주제를 다루고자 한다. 과학사와 미술사의 흐름은 너무 방대하고 자체의 고유한 발전 과정을 갖고 있기에 비교라는 용어조차 어색할 수 있지만, 가장 기본적으로 세상 · 자연 · 리얼리티를 어떻게 인식할 것인가의 문제에 늘 귀착한다는 점에서 근본적인 공통점을 갖는다. 법을 포함한 여러 다른 담론에서 진리(truth)보다는 수사(rhetorics)가 그 정체성을 이루는 데 비해, 과학이나 과학철학의 궁극적 결론은 "그럼에도 불구하고 진리는 존재한다"라는 믿음을 바탕으로 한다고 할 때 이는 단순히 문외한의 억측은 아닐 것이다. 사실 미술의 최종적 추구 또한 이러한 믿음에서 멀지 않다. 물론 다양한 표현 방식을 통한다 하더라도 미술의 근본

DIE

TRAUMDEUTUNG

Dr SIGM. FREUD

FRANZ DEUTICKE

▲ 꿈의 해석 초판본 ▶ 프로이트

20세기 초는 인간의 무의식을 발견한 프로이트의 정신분석학과 현대미술의 장을 연 입체주의 등 상대성이론에서 비롯한 과학 혁명뿐 아니라 전반적으로 일련의 지적 전환이 이어진 시대였다.

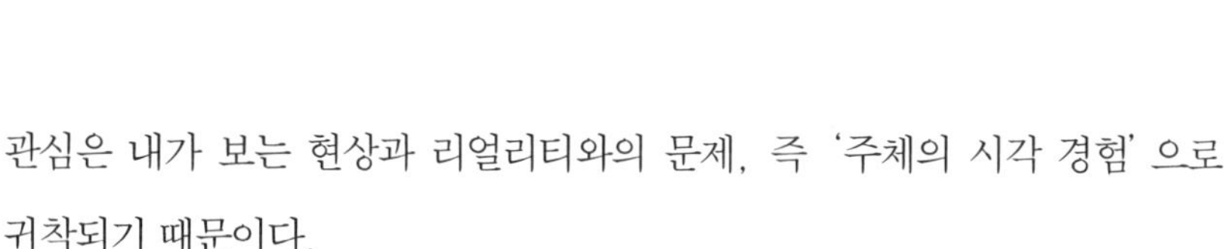

관심은 내가 보는 현상과 리얼리티와의 문제, 즉 '주체의 시각 경험'으로 귀착되기 때문이다.

따라서 미술(사)의 변천도 단순히 표면적인 묘사 언어가 바뀐다기보다 그 저변의 시각 구조가 변화하는 것으로 이해해야 할 것이다. 즉 주체(작가, 관람자)가 사물을 보는 방식이 달라진다는 뜻이다. 흥미로운 것은 그러한 근본 구조가 어떤 방식으로 또 왜 변화하는가 하는 점이다. 이것에 맞물린 것은 역시 사회문화적 혹은 시대적 요구라고 할 수 있는데, 미술 자체 내 요구라기보다 외부에서 오는 요소가 많다고 보아야 할 것이다. 미술도 역시 역사와 사회라는 시공간이 만드는 좌표에 위치하는 것이기에 미술 자체만의 정체성은 있을 수 없다고 보아 마땅하다.

과학의 지적 체계는 아인슈타인의 상대성이론의 출현으로 말미암아 기존의 뉴턴 역학과 객관주의가 도전받게 되는 엄청난 지각 변동을 겪게 된다. 그런데 상대성이론이 제시된 1905년경은 이렇듯 과학의 혁명뿐 아니라 공교롭게도 심리학, 미술 등에서 혁신적 패러다임이 등장한 시기이기도 했다. 1900

년 프로이트의 『꿈의 해석』이 출판된 것을 비롯하여 20세기 초는 인간 주체의 무의식에 대한 지적 발견이 서구 합리주의와 이성주의의 한계를 파기하여 인식의 표면으로 드러나지 않는 영역에 대한 관심을 고조시켰다. 미술은 또 어떠한가. 20세기의 시작에서 현대미술의 장을 연 입체주의(Cubism)의 등장은 가히 이들과 비등한 비중을 갖는 미술에서의 대혁명이었다.

동일한 시대를 배경으로 하는 이러한 일련의 지적 전환을 과연 '공교롭다'고 말할 수 있을까. 다른 담론 사이에서 어느 것이 먼저 영향을 주었는가를 분석하는 것은 불가능하고 또 그 발상 자체가 잘못되었는지 모른다. 어쩌면 이들 분리된 학제들을 저변에서 아우르는 보다 큰 구조의 패러다임이 존재할지 누구도 알 수 없는 일이기에.

■■ 입체주의: 동시각과 현대화

평소 수학 공식만 나오면 심한 편두통 증세를 보이는 필자로서는 사실 아인슈타인의 상대성이론 자체에 대해 전문적으로 들어갈 능력은 없다. 다만 미술사와 비평을 공부한 입장에서 이 이론에 대해 관심을 갖는 부분은 무엇보다 이 복잡한 이론이 가져온 결과다. 상대성이론 중 먼저 발표된 특수상대성이론은 '질량-에너지 등가'의 원리 등 중요한 결과를 이끌었지만 물리학과 철학 사상에 충격을 준 것은 무엇보다도 시공 개념의 변혁이라 할 수 있다. 이 이론은 절대정지 에테르와 뉴턴의 절대공간을 일축했을 뿐만 아니라, 동시각(同時刻) 개념과 시간의 진행방식이 운동 상태에 의존한다는 것을 시사함으로써 절대시간이나 절대운동의 개념을 넘어섰다.

아인슈타인은 결국 공간과 시간이 고정불변의 것이 아니라 물질세계의 유동에 따라 달라지는 상대적 개념이란 것을 우리에게 알려 주었다. 시공간을

4차원의 관계에서 이해하게 되면서 그가 개척한 4차원의 시공세계는 오늘날까지 계속 발달하고 있는 각종 전위적인 예술의 기반이 된 셈이다. 텔레비전에서 우주비행까지 20세기 과학 발전의 기초가 된 그의 과학적 성취는 비디오 아트, 가상공간 체험의 디지털 아트 등 현대미술의 매체 발달에 크게 기여했음은 더 말할 나위가 없겠다. 그러나 이 글에서 흥미를 갖는 부분은 상대성이론이 밝힌 지각의 혁신적 경험이 현대미술에서 어떻게 새로운 움직임으로 발현되는가 하는 점이다. 앞에서 언급했듯이 시각 구조의 변혁이 미술의 표현 체계에 어떻게 영향을 미치는가 말이다.

상대성이론이 결론으로 밝히듯 과학에서 빛이 휠 수 있다는 것, 더 나아가 공간 자체가 휘는 사실을 인정한다는 것이 미술에서는 무슨 뜻일까. 이는 화가가 어떠한 대상을 볼 때 이를 비추는 빛, 둘러싼 공간 그리고 상호간의 움직임을 완전히 파격적으로 파악할 수 있는 가능성을 뜻한다. 현상을 보이는 대로 그리는 것이 고전적인 의미에서 작가의 역할이라 했을 때, 이제 그 '보이는 대로' 라는 방식이 이전보다 더욱 어려운 문제가 된 셈이다. 아인슈타인의 상대성이론은 미술에서 보는 주체를 상정하고 동시에 외부세계의 소위 '객관적 실체' 를 놓지 않으려는 시각과 가장 잘 통한다. 주체의 위치와 입지에 따라 사물의 리얼리티를 제각기 다르게 볼 수 있는 것이다. 이같이 (시)지각의 상대성을 작품 제작에서 가장 중요한 관건으로 삼았던 작가 가운데 몇을 꼽자면, 단연 세잔, 클레, 마그리트, 자코메티를 들 수 있고 미술 운동으로는 입체주의를 대표적으로 꼽을 수 있다.

상대성이론과 동시대에 출현한 입체주의에 주안점을 두고 이야기하자면 세잔(Paul Cézanne, 1839~1906)을 간단히 살피지 않을 수 없다. 세잔과 입체주의를 과학 체계와 함께 이야기할 수 있는 이유는 그들이 절대 자연과 외

〈사과와 오렌지가 있는 정물〉. 폴 세잔. 세잔처럼 철저한 관찰에 입각하며 외부세계를 그리면서도 보는 이의 시각이 상대적이라는 전제를 갖는 것은 당시로서는 놀라운 발상이었다.

부 세계의 리얼리티를 놓지 않았기 때문이다. 주체가 철저한 관찰에 입각하여 외부 세계를 그리면서도 동시에 주체의 시각이 상대적이라는 전제를 갖는 것은 사실 놀라운 발상이 아닐 수 없다. 이러한 세잔의 미적 '회의'(doubt)는 그의 그림에 그대로 전이되어 세잔 그림의 특징으로 잘 알려진 형태상의 왜곡을 가져왔다. 바닥은 들여 올라오고 정물을 보는 시각은 여기저기 다양하여 하나의 객관적이고 일관적 체계로는 파악이 불가능하다. 각 시점마다의 고유하고 개별적 시각들이 모여 하나의 화면에서 조합된다.

세잔이 고심한 것은 주체의 지각이 자연 그리고 외부의 객관적 세계와 갖는 관계다. 20세기로 접어들면서 많은 화가들이 현대화의 시각(modernising vision)을 추구하였고, 그것은 다름 아닌 주체적 시각(subjective vision)의 발현이라 말할 수 있다. 이것이 현대미술이 추상으로 전이하게 된 근거다. 이러한 시각은 근본적으로 철학에서 관념주의보다는 경험주의가 시대적인 요구에 더 부응하게 된 것, 그리고 미술에 좀더 가깝게는 19세기 초 괴테의 『색채론』*이 출현한 이후 주체가 신체적으로 경험하는 시각이 중요하게 부각된 점과 연관된다. 그리고 그에 따라 객관적 시각이 보장하는 리얼리티의

"색채는 빛의 행동, 다시 말해 빛의 행위이자 고통이다."

괴테(Johann Wolfgang von Goethe, 1749~1832)는 오늘날 대문호로 유명하지만, 식물학·지질학·광물학·해부학 등 자연과학에도 조예가 깊었다. 그가 1810년 내놓은 『색채론』은 뉴턴과 갈릴레이 등 근대과학의 결정론적·환원론적 세계관을 비판하며 자신만의 독창적인 자연 과학론을 담은 책으로서, 괴테 자신은 많은 관심과 애정을 쏟았으나 당대에는 일부 화가와 생리학자들만이 주목하였다.

뉴턴에게 있어서 색채란 관찰자와는 아무런 관계가 없는 객관적 실체인데 반해, 괴테는 인간의 감각과는 무관하게 존재하는 색채 자체의 실체를 인정하기를 거부하였다. 그리고 괴테는 색채 현상을 밝음과 어둠의 양극적 대립 현상으로 보면서 빛과 어둠의 경계에서 색깔이 생겨난다고 보았다. 빨강이 정열과 흥분, 파랑이 수축과 차분함에 대응한다는 색깔의 심리적 효과를 처음 주장하기도 했다. 그러나 이러한 내용이 수학적이고 과학적인 체계를 갖추지 못해 학문의 차원에서는 배척당한 것이다.

하지만 20세기에 들어 산업사회의 모순이 심화되고 문명의 자기파괴적 모습이 드러나면서, 괴테가 『색채론』에서 설파한 탁월한 관찰과 견해가 새로운 대안으로 주목받기에 이른다. 현실을 객관 세계와 주관 세계로 나누어 자연을 지배의 대상으로 보던 도구적인 시각을 뛰어넘어, 인간이 자연을 인식하는 주체일 뿐 아니라 그 일부이기도 하며 서로 영향을 주고받는 하나의 총체성이라고 파악한 괴테의 시각은 "생태론적 직관주의"라는 이름으로 오늘날까지 그 영향력을 미치고 있다.

통약성(commensurability)보다는 개별적 시각주체의 상대적 시각을 인정하게 된 것이다. 인상주의에서 후기인상주의(특히 세잔) 그리고 입체주의와 미래주의로 이어지는 맥락은 이러한 현대미술에서 근본적인 시각 형성의 구체적인 흐름과 같다.

입체주의는 이러한 선구자 세잔을 더욱 추상화하고 형태상으로 발전시켰으며, 그 결과 대상은 눈앞에서 해체된다. 자화상을 그린다고 할 때, 모든 가능한 시각의 파편들이 모여 하나의 전체를 구성하는데 거기엔 물론 뒷모습도 포함된다. 상대성이론에서 제시하듯 공간은 휘어 있기에, 만약 누군가 무한히 세상을 직시할 수 있다고 가정하면 언젠가 자신의 뒷머리도 볼 수 있다는 이야기가 된다. 피카소가 그림을 그릴 때 그렇듯 중력의 작용으로 휜 공간을 생각했을까. 그것을 확인하기란 힘들고 사실 그럴 법하지도 않다. 하지만 입체주의가 형성될 당시 1907년경에는 아인슈타인의 특수상대성이론이 이미 발표되어 있었고 일반상대성이론은 구상 중이었다.

특수상대성이론은 아인슈타인이 1905년에 두 가지 간단한 원리로부터 이끌어냈다. 첫 번째는 등속도로 운동하는 모든 관측자에 대하여 모든 자연법칙은 동일한 형식을 갖는다는 것이다. 또 하나는 모든 물체의 속도는 무한히 증가하는 것이 아니라 한계속도가 있으며 한계속도인 광속은 모든 관성계에서 불변이라는 것이다. 이 간단해 보이는 원리로부터 나온 결과는 놀라운 것이었다. 이전까지 절대적인 것으로 알았던 시간의 절대성이 부정되고, 시간은 공간의 움직임에 따라 다르게 진행된다는 새로운 시공간 개념이 태어났다.

이 같은 시간과 공간의 직결된 관계를 미적 표현의 핵심으로 다루는 시각구조가 바로 입체주의다. 입체주의가 제시하는 가장 놀라운 바가 바로 하나의 평면 공간에 개입되는 시간의 순차성이기 때문이다. 피카소(Pablo Picasso, 1881~1973)와 브라크(Georges Braque, 1882~1963)는 어떠한 대상을 볼 때 전통적인 시각처럼 고정된 하나의 시점을 버리고 공간을 옮겨가면서 포착하는 파편적 시각들을 하나의 화면에 조합하였다. 이동하는 주체의 시점 변화

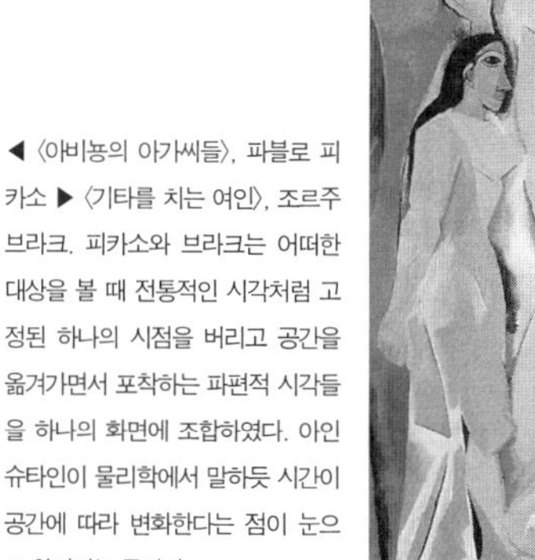

◀ 〈아비뇽의 아가씨들〉, 파블로 피카소 ▶ 〈기타를 치는 여인〉, 조르주 브라크. 피카소와 브라크는 어떠한 대상을 볼 때 전통적인 시각처럼 고정된 하나의 시점을 버리고 공간을 옮겨가면서 포착하는 파편적 시각들을 하나의 화면에 조합하였다. 아인슈타인이 물리학에서 말하듯 시간이 공간에 따라 변화한다는 점이 눈으로 확인되는 듯하다.

는 시간의 순차적 기록이기도 하다. 따라서 입체주의의 다(多)시각은 다(多)시점과 동일한 것이다. 사실 이처럼 공간과 시간이 동시에 작용하는 시각 구조가 또 있을까. 아인슈타인이 물리학에서 말하듯 시간이 공간에 따라 변화한다는 점은 피카소나 브라크의 그림에서 눈으로 확인되는 듯하다.

입체주의 회화에서 구현하는 시공간의 결합은 따라서 운동으로 이해할 수 있다. 움직이는 시점의 미적 표현은 어떠한 고정적 주체를 설정하지 않는다. 주체의 눈은 정해진 자리를 자유롭게 벗어나 어디든지 움직인다. 여기서 어느 지점을 절대적 공간으로, 고정된 시간으로 정할 수 있겠는가. 뉴턴이 정리한 운동법칙과 절대공간론에 도전하여 특수상대성이론은 모든 운동은 상대적이라고 제시한다. 어떤 물체가 움직인다는 것은 그 위치가 다른 물체에 대하여 상대적으로 변하는 것을 말한다. 우주를 지배하는 절대적인 기준계는 존재하지 않으며, 절대운동도 가능하지 않다.

여기서 상대성이란 개념은 반드시 특정의 기준계를 상정하고 있다는 것을 기억할 필요가 있다. 역설적이게도, 모든 것이 상대적으로 변하며 고정적이지 않다는 가설은 그 핵심에 항상 변치 않는 요소를 내포하기에 가능하다. 이 체계에서 변하지 않는 요인으로 강조되는 것은 다름 아닌 광속이다. 상대성 원리에서 핵심은 광속이 모든 관측자에게 일정하다는 것이다. 이러한 아이러니, 즉 상대성 안에 절대성이 내재하는 것은 아인슈타인이 신에 대해 언급했던 유명한 말 "신은 주사위를 던지지 않는다"던 문장을 떠오르게 한다. 결국 절대자의 완전성이 모든 가변적이고 일시적인 인간 존재의 상대성을 설명하는 중심이 되고 있다는 말인가.

입체주의 회화에서도 과연 이러한 절대적 요소가 존재하는가에 대해 생각해 본다. 구체적인 표현의 과정에서, 주체의 시각이 대상의 일면을 포착하기 위해서 그 순간의 거리는 고정되어야 한다. 피카소가 어떠한 모델의 초상을 그린다 할 때, 화가나 모델이나 고정된 위치를 갖는 것은 아니지만 한 순간 한 공간의 고정 없이는 불가능하다. 그러나 그보다 더 중요한 절대성이란 보다 개념적인 것에서 찾아야 할 듯하다. 대상의 총체적 이미지에 대한 확신이 그것이다. 입체주의 화가는 대상의 실체를 수없이 많은 파편들의 조합으로 이루어진 전체 이미지로 표현해낼 수 있다고 믿는다. 모더니즘의 자신감은 이러한 총체적 시각에 대한 주체의 확신에서 나온다. 모든 것을 해체하는 입체주의의 파격적 자기 부정은 그 저변에 절대로 포기하지 않는 자기-확신이 있다. 리얼리티에 대한 주체의 총체적 시각은 오히려 그 어느 때보다 강조되었던 것이다.

■■ 미래주의: 운동과 속도감

아인슈타인이 설명하는 상대성이론의 구성 요소인 운동과 속도감은 입체주의의 근본 미학뿐 아니라 미술 전반에서 중요한 요소로 작용하였음에 틀림

◀ 〈비너스의 승리〉, 루벤스 ▶ 〈전함 테메레르〉, 터너
루벤스, 베르니니, 터너 , 모네 등은 고정된 매체의 한계를 넘어 시간을 함축한 움직임을 표현하고자 한 대표적인 예술가들이다.

없다. 얼마나 많은 예술가들이 고정된 매체의 한계를 넘어 시간을 함축한 움직임을 표현하고자 했던가. 몇 가지만 꼽는다면, 우리는 어렵지 않게 17세기 바로크의 루벤스며 베르니니의 역동적인 작품들, 바람과 풍랑과 불 등 자연의 에너지를 생생하게 포착했던 19세기 터너의 추상적 회화, 그리고 증기기관이 뿜어내는 흔들리는 증기를 그대로 표현하고자 했던 모네의 인상주의 시각 등을 떠올릴 수 있다. 그리고 20세기로 접어드는 현대미술의 움직임 중에는 입체주의의 뒤를 이은 미래주의(Futurism)를 특히 주목할 수 있다. 이 그룹이 조성된 1909년은 아인슈타인의 상대성이론이 발표된 시기에서 멀지 않다는 점도 흥미로운 점이다.

마리네티(Filippo Marinetti, 1878~1944)는 시인으로서 미래주의 운동의 이념적 아버지다. 미래주의 선언문을 세상에 선포하면서 과거 미술의 쇠퇴와 미래 미술의 탄생을 선언했고, 대안적으로 이상적이고 상당히 과격한 미학적 서사를 제시하였다.(그는 "달리는 자동차는 쏜살같이 지나가는데 이는 사모트라스의 승리의 여신상보다 더 아름답다"고 말했다.) 마리네티를 중심으로 발라,

보초니, 세베리니, 카라, 루솔로 등 화가들의 집단이 형성되었다. 이들은 1910년에 미래주의 화가선언을 구성하였고 1912년 파리에서 전시회를 가졌으며, 보초니가 1914년 그들 이상의 최종적 표현을 저술한 책을 출판하였다.

1909~1914년 사이에 가장 왕성한 활동을 보인 미래주의는 파편적이고 다원적인 입체주의에 속도와 역동성을 첨가하고 발전시킨 세계관을 제시하였다. 이는 당대의 사회적 맥락과 직결되어 있었는데 이탈리아를 근거로 하여 과거의 전통적 체제를 거부하고 새로운 산업사회로 도약하려는 희망을 내포하였기 때문이다. 미래주의자들은 이탈리아의 압도적인 과거 즉 미술의 전통을 벗고 근대적 도시 존재를 기념하는 데에 그들의 미술을 활용하려 하였다. 이들은 기계세대의 후예로서 기계문명의 이미지와 형태를 화두로 삼아 스스로를 '새롭고 변형된 감각성의 야만인들'로 선언하였다. 미래주의는 시대적 변화에 대한 고조된 감각 그리고 우주적인 역동성과의 신비한 교통이 기계를 통해 경험된다고 믿었다. 그리고 이를 위해 그들이 주목한 것은 발전하는 기계문명의 '속도'라는 요소였다. 이 미술의 움직임은 이탈리아라는 국지적인 조건에 머문 것이 아니라 당시 전 유럽을 동요시킨 혁신적 흐름에도 부응하였다. 이미 언급했듯이 아인슈타인의 상대성이론, 프로이트의 심리학 그리고 니체와 베르그송을 비롯한 생철학 등, 그것은 20세기 초 당시 시대적 세

〈공간에서의 독특한 형태의 연속성〉, 보초니. 미래주의는 다원적인 입체주의에 속도와 역동성을 첨가하고 발전시킨 세계관을 제시하였다. 이 미술의 움직임은 아인슈타인의 상대성이론, 프로이트의 심리학 그리고 니체와 베르그송을 비롯한 생철학 등, 20세기 초 당시의 시대적 세계관과도 맞물려 있었다.

계관과도 맞물려 있었다.

미래주의자들이 찬양한 것은 기계적 아름다움이었고 이들 작품에 두드러진 주제는 바로 도시 대중과 기계문명, 그리고 무엇보다 이를 상징하는 '속도'였다. 이것이 상대성이론과 맞닿는 점이다. 예컨대 "질주하는 말의 다리는 네 개가 아니라 스무 개다"라는 그들의 주장은 대상의 객관적이고 고정된 실체가 아닌, 잔상(殘像)을 지각하는 주체의 상대적 시점을 강조하고 있다. 그리고 이 속도의 표현을 위해 입체주의 기법을 차용한다. 미래주의에서는 정태적인 입체주의와 달리 시간의 연속이 시각화되고 역동적 선을 강조하며 대상의 공간으로의 침투가 적극적으로 표현되어 충격적이다. 입체주의와 공통적으로 기하학적 형태의 파편화, 복수(複數) 시점에서 파악되는 움직임과 그 형체의 추이(推移)가 뚜렷하게 드러난다. 그리고 단색조의 입체주의 그림과는 달리 다양한 색채를 사용한다. 기존 체제에 대한 아방가르드적 도전은 특히 사회적인 측면에서 다다와 러시아의 구성주의 미술에 많은 영향을 미쳤는데, 역시 속도와 운동이라는 요소는 이들에게도 중요하게 전수되었다.

마리네티. 미래주의 운동의 이념적 아버지.

■■ 패러다임의 전환

속도란 우리가 실제 삶에서 체험하는 흔한 자연과학 현상처럼 생각되지만, 사실 그 경험이 주체의 시각에서 어떻게 수용되는가를 생각하면 이 글의 처음에서 던진 화두와 마주하게 된다. 앞에서도 언급했듯이 미술과 과학은 주체의 (시)지각 체험과 자연 현상 혹은 세계구조의 관계를 그 궁극적 관심사로서 공유한다. 미술에서 입체주의며 미래주의가 표현한 파편적 시각 · 속도의 충격 · 역동적 움직임이 왜 하필이면 그 시기에 무슨 문화적 변화로 말미암아 예술가들의 주목을 끌고 미술의 주요 내용이 되었는가를 질문해 볼 필요가 있다. 요컨대 왜 이러한 특징들이 주체의 시각 경험에 중요한 요소가 되었는가의 문제다.

이것에 대한 적절한 설명은 산업사회의 발달과 자본주의 체제로 인한 19세기 중후반 유럽 사회(제2제정기 파리)의 급속한 변화를 묘사한 보들레르(Charles Baudelaire, 1821~1867)에서 찾을 수 있다. 그가 제시한 현대적 화가란 급변하는 삶의 당대성(contemporaneity)을 현재 시점에 충실하게 미화(美化)하지 않고 솔직히 표현하는 것이었다. 절대적 아름다움과 이상적인 객관의 가치는 점점 시대적 흐름에서 멀어지게 된 셈이다. 보들레르가 강조했듯이 놀라운 스펙터클로 펼쳐진 당시 사회문화의 변화 양상은 '대도시'라는 환경으로 집약되는데, 이를 이론적으로 발전시킨 철학자가 바로 발터 벤야민(Walter Benjamin, 1892~1940)이다. 아인슈타인과 같이 유대인이면서 동일한 시대를 살았으며 그 체험을 미학적으로 설명했던 벤야민의 이론에서 역시 주목했던 요소는 속도였다.

벤야민. 아인슈타인과 동시대를 살았던 벤야민이 당대의 체험을 미학적으로 설명하면서 주목했던 요소 역시 '속도'였다.

벤야민이 재조명한 대도시의 시각 체험에 있어 속도감의 충격은 교통수단의 발전으로 말미암은 것인데 예컨대 기차 여행이 그러했다. 기차 여행의 시각 체험은 기존의 물리적이며 자연적인 시공간 개념을 흔들어 놓았다. 이전에는 먼 곳에 도달하기 위해 긴 시간이 필요했지만, 거리 이동 시간이 단축되자 짧은 시간에 수없이 많은 공간들을 경험할 수 있게 되었다. 공간적 위치의 급속한 변화는 주체로 하여금 상대적 운동감을 체험하게 함으로 고정된 어떤 절대 시점을 포기하도록 한 것이다.

벤야민이 이야기하는 대도시 시각 체험은 광범위한 시기의 도시 환경에 적용될 수 있지만, 이론이 주목하는 시기가 사실 아인슈타인이 살았던 시기에 해당한다는 점을 주목해 본다. 상대성이론을 연구해낸 이 물리학자가 시각적으로 체험한 것도 역시 피카소, 브라크, 발라, 보초니 등 동시대의 화가들이 경험한 것과 다르지 않다는 상식적 고려는 그 연관성을 실감나게 한다. 벤야민이 지적한 대도시 충격 체험, 그 새로운 시공간의 새로운 관계구조는 산업 문물의 발달에 따른 외부 세계의 물적 변화에서 촉발되었다는 것을 간과할 수 없다. 이에 맞물려 있는 대도시 문화 현상의 급격한 변화는 그 공간 안에 살고 있는 주체의 시각 구조에 전격적인 영향을 미치기 때문이다.

벤야민이 강조하는 대도시의 시각 체험은 교통 발달뿐 아니라 빠르게 바뀌는 일상적인 시각문화 전반을 포괄한다. 예를 들어 벽에 늘어선 수없이 많은 광고물과 사진 그리고 빠르게 바뀌는 영화 스크린의 연속적 이미지 등이 그러한 것들이다. 그리고 새로운 지각 방식은 전통적인 회화를 보는 방식과는 현격한 차이를 보인다. 왜냐하면 이 이미지들은 집중이나 사색 혹은 깊이 있는 침잠을 요구하지 않기 때문이다. 내적인 연관성이나 논리성을 결여한 수많은 이미지들에 고정된 시점은 순간적일 수밖에 없고 주체가 처한 상황과 맥락에 따라 다르게 인식된다. 차츰 미술의 문제는 이미지 자체의 내적 논리가 아니고, 그 외부의 사회 문화적 환경과의 연관성으로 비중이 옮아간다. 미술의 자율성과 내적 체계를 중시하는 모더니즘의 주도권은 점차 도전받고, 그러한 미적 체계가 주장하는 객관적 예술의 가치는 절대성을 위협받으

모더니즘과 포스트모더니즘

담론에 따라 모더니즘의 범주가 다양하지만, 미술에서 모더니즘이 형성된 구체적인 역사적 배경은 19세기 중반 프랑스 파리의 제2제정 시기로 잡는다. 마네(Edouard Manet, 1832~1883)가 〈올랭피아〉를 비롯하여 도발적 현대 회화를 제시하고 인상주의를 발현한 것 등은 모더니스트로서 미술사에 큰 획을 남긴 선구적 작업이었다. 이렇듯 풍부한 표현적 혁신은 근본적으로 보들레르가 제시한 '소요자'(flâneur)의 시각을 기반으로 한다. 자본주의와 산업사회의 발달로 유례없는 발전을 이룬 파리의 대도시 공간은 여기에 머무는 주체에게 새로운 시각경험을 가능하게 하였다. 신작로, 고층건물, 증기기차 등의 출현으로 도시는 하나의 스펙터클로 비춰졌다. 모더니즘의 시각구조는 이러한 변화된 현대 사회와 맞물려 평면적이면서 단편적인 여러 요소들을 총체적으로 지각하는 시각방식이 내면화된 것이라 할 수 있다.

따라서 모더니즘 작품, 특히 회화에서 핵심적 특징인 평면성은 단순히 그림 표면이 납작해졌다는 것이 아니라, 위와 같은 시각구조의 혁신적 변화를 근간으로 한다. 20세기로 들어서면서 미술작품에서 표현상의 특징인 평면성의 강조와 콜라주의 발달을 주목할 수 있는데, 미술은 이러한 맥락에 힘입어 보다 시각적 경험으로 집중된다. 그리고 시각적인 순수성과 회화라는 매체 자체의 이차원성을 강조한 절정기 모더니즘은 1940년에서 1960년 사이, 미국의 뉴욕을 중심으로 한 추상표현주의에서 구체화된다.

미술에서의 포스트모더니즘은 이와 같이 모더니즘이 표방했던 시각의 순수성과 총체성에 도전하여 1960년대 이후 미술영역 전반에 걸쳐 일어난 양상이다. 프랑스의 68학생운동에 힘입어 담론으로서의 힘이 견고해진 후기-구조주의 사상이 그 배경으로 크게 작용하였다. 시각체계에 있어 중심적 자아(centred self)를 기준으로 삼았던 데카르트적인 모더니즘 주체에서 벗어나, 주변적이고 탈중심적인 주체관을 상정한다. 이는 삶과 분리된 고급미술(high art)의 추구나 시각적 승화가 가져오는 신화(myth)에 근본적인 회의를 품고, 작품을 독립적으로 파악하기보다 문화적 · 사회적 삶의 맥락에서 인식하고자 하기에 개방적이고 다층적인 사고틀을 갖는다.

며, 사실 미술이란 계급 · 인종 · 성을 기반으로 하는 특정한 사회 집단의 성격과 요구가 반영된 것으로 인식되는 것이다.(이것은 아인슈타인을 이어 뒤에 나올 토마스 쿤의 상대주의 패러다임 개념이 설명하는 부분이기도 하다.)

벤야민이 이미 20세기 전반기에 예견했듯이, 오늘날에는 예술의 외적 환경이 되는 사회문화와의 연관이 없는 예술은 그 가치를 폄하하며 예술의 자율성은 환상이라고 보는 시각이 우세해졌다. 침잠하고 사색하며 집중하는 예술적 자세보다는 사회 비판적 시각을 지니고 미술 외적 요소와의 연관성을 생각해내는 관람의 자세를 높이 산다. 과학에서 객관적 진리의 구체적 경우를 제공했던 뉴턴의 역학과 절대운동 개념이 아인슈타인의 상대성이론으로 바뀐 것과 유사하게, 미술의 패러다임 또한 바뀐 것이다. 이는 구체적으로는 아인슈타인의 시대에 대두한 입체주의와 미래주의를 통해 살펴보았으며, 1960년대 이후 전반적 현상인 모더니즘에서 포스트모더니즘으로의 진행을 통해서도 알 수 있다. 이 시기 과학사에서 등장한 토머스 쿤(Thomas Kuhn, 1922~1996)의 상대주의가 결국은 아인슈타인의 상대성이론이 제시한 혁신적 사고에서 그 씨앗을 키웠다고 볼 때, 예술사를 보는 과학적 구조틀 또한 가정할 수 있다. 물론 미술에서 모더니즘에서 포스트모더니즘으로의 소위 '패러다임' 전이는 비록 그것이 반증과 해결 등의 자연과학적 절차를 거친 결과는 아니라 할지라도, 자연과 외부세계를 수용하는 주체의 지각틀에 있어서의 커다란 전환이었음은 분명하다. 쿤은 『과학혁명의 구조』에서 다음과 같이 지적하였다.

> 과학 지식은 언어와 마찬가지로 본질적으로 어느 한 집단의 공유물이며 …… 그것을 이해하기 위해서 우리는 과학 지식을 창출하고 활용하는 집단들의 특별한 성격을 알 필요가 있다.

여러 담론들 중에서 그나마 사실(fact)에 가장 근거한다는 과학. 그러한 과학에서도 자체 담론이 진행되는 논리의 열쇠는 과학 외부에 있다고 가정한다. 이젠 미술에서도 궁극적인 아름다움이나 미학적 목표, 그 시각적 절대성을 누구도 주장하지 않는다. 답은 미술 자체가 아닌 역사적 · 사회적 맥락에 있다고 말해야 한다. 그러나 상대성이론의 아이러니와 같이, 제각각의 보는 방식을 상대적으로 수용한다고 해서 논리적 잣대가 없는 것은 아니다. '보이는 대로 그리기' 란 쉽지 않다. 그럼에도 불구하고, 우리는 적어도 하나의 그림이 그렇게 그려지는 시대의 사회적 당위성을 말할 수는 있다.

사진 영상, 시간과 공간을 복제하다

정근원

아인슈타인의 특수상대성이론 발표 100주년을 기리는 올해는 뉴턴 그리고 더 위로는 코페르니쿠스를 기리는 것과 의미가 다르지 않다. 이들은 기존의 세계관을 넘어서 새로운 차원의 인류 역사를 열어젖히는 우주 법칙을 발견했다는 공통점을 지니며, 이들 과학의 천재들이 발표한 이론은 모든 것을 이전과 다르게 바꿀 인식의 확장을 가져왔다.

광속 그리고 질량과 에너지의 관계를 수식화한 아인슈타인의 상대성이론은 의식적으로나 무의식적으로 빛이 엮어내는 사진(영상) 영역에서 그 이론의 근원적인 토대로 생각되어 왔다. 그리고 상대성이론이 발표되고 1세기가 지난 지금, 사진은 과학의 발전을 바탕으로 또 다른 차원을 시각화하면서 새로운 문명의 증언자 역할을 하고 있다. 이제부터 사진의 역사·과학 이론의 변천·사회의 변화 사이에 상관관계를 되돌아보면서, 사진을 통해 인류 문명의 패러다임이 어떻게 변해왔는지 사회학적 상상력을 발휘해 보기로 하자.

우선 상대성이론에 대해 간단하게 살펴보자. 운동의 상대성원리를 처음 발견한 과학자는 사실 근대 과학의 아버지라 불리는 갈릴레이다. 17세기에 이미 갈릴레이는 정지한 상태에서 관찰하는 운동과 움직이는 상태에서 관찰하는 운동의 관계를 기술한 '운동의 상대성원리'를 설명해냈다. 19세기 이후 맥스웰을 비롯한 물리학자들이 전기 및 자기의 성질, 전자기파의 실체 등을 설명하는 전자기학(Electromagnetism)을 발전시키면서 뉴턴의 고전 역학과 전자기학 사이에 제대로 설명되지 않는 모순이 발견되었고, 바로 아인슈타인이 상대성이론으로 이러한 문제를 해결하였다. 역학과 전자기학을 하나의 통일된 체계로 아우르면서 운동의 상대성원리를 적용하여 일관된 법칙으로 정리해낸 것이다. 그래서 상대성이론은 인류가 보다 큰 통일된 장을 인식하도록 이끌었다는 역사적 의미를 갖는다. 서로 다른 영역들은 별개로 존재하는 것이 아니라 상호 연관되어 있어, 겉으로는 독립변수로 보이지만 상호 종속변수로 작용하며 이들을 연결시키는 상수가 존재한다는 것이다.

■■ 상대성이론은 상대적인 이론이 아니다

상대성이론은 말 그대로 그저 '상대적인' 이론이 결코 아니다. 일부 사람들은 관계에 따라서 길이와 시간이 달라 보인다는 것을 잘못 해석하여, 관측하는 사람의 주관에 따라 물리법칙이 달라지거나 모든 것이 상대적일 뿐이라고 오해하는 경우가 많은데 전혀 그렇지 않다. 오히려 상대성이론의 핵심은 "모든 물리법칙은 관측하는 사람의 상태와 무관하게 같다"라는 전제에 있다. 즉 정지한 상태의 관찰자건 등속 혹은 가속도로 운동하는 상태의 관찰자건 동일한(invariant) 물리법칙이 적용된다는 것이다. 따라서 우주 어디에서나 물리법칙은 바뀌지 않으므로 상대성이론이라 해서 절대성에 가까운 보편적인 원리를 부정하는 것은 결코 아니다. 이런 측면을 고려하여 상대성이론을 우리말로는 '연관성 이론'이라 번역하는 것이 더 타당하다고 주장하는 물리학자도 있다.

사진은 시간과 연관된 요소들 사이의 법칙을 연구한 결과 탄생한 표현 영역이라고 볼 수 있다. 르네상스 시대에 풍부한 지식을 가진 인물이었던 키르허(Athanasius Kircher, 1601～1680)는 카메라 옵스큐라(Camera Obscura)◉를 발명해 신의 창작물인 자연을 감히 그대로 재생해내는 데 성공했다. 물론 예수회 학자였던 그 자신은 만물을 있는 그대로 보기만 하는 데 그쳤던 인간의 한계에 도전장을 던진 장본인이라고는 결코 생각하지 않았을 것이다.

상대성이론의 유명한 공식인 $E=mc^2$이라는 질량-에너지 등가 원리도 관측계와 무관하게 물리법칙이 동일함(invariant)을 증명하는 과정에서 나온 일종의 부산물로서, 그 자체가 상대성이론의 본 목적이거나 가장 중요한 내용은 아니었다. 이 공식에 대해서 "질량이 없어지면서 에너지로 변환되고 반대로 에너지가 뭉치면 그것이 다시 질량으로 바뀐다"라는 식으로 이해하는 경우가 적지 않은데, 오히려 에너지와 질량을 각각 전혀 별개의 실체로 보고 양자가 서로 바뀌는 것으로 간주하기보다는 "질량은 곧 에너지의 또 다른 표현이다"라고 이해하는 것이 적절해 보인다. 다시 말하면 이 공식은 질량이나 에너지나 그 본질이 다를 바 없는 '등가물'이라는 것을 보여 준다. 이것은 마치 선불교의 '공즉시색 색즉시공'(空卽是色 色卽是空)이라는

◉ **카메라 옵스큐라**
카메라 옵스큐라(Camera Obscura)는 어두운 방이라는 의미로, 빛이 차단된 상자 한쪽 면에 작은 구멍을 뚫어 바깥 풍경이 상자 안의 반대쪽 벽면에 거꾸로 맺히게 만든 기구다. 15세기 르네상스 시대에 화가들이 많이 사용했는데, 보이는 대상을 그릴 때 원근법을 적용하여 입체적으로 표현하는 데에 활용하였다. 들고 다닐 수 있도록 크기가 작아지고 정확한 상을 볼 수 있게 구멍 대신 렌즈를 사용하며 상자 안 반대쪽 벽면에 필름을 두어 이미지를 담아내면서 점점 사진기로 발전하였다.

유명한 경구를 연상케 한다. 형태로 나타나지 않는 에너지가 질량을 가져서 형상화되는 물질과 본질적으로 같다고 증명했기 때문이다.

사진은 빛 속에 담긴 가능태(可能態)를 시각화하여 현실태(現實態)로 만들어 낸다는 면에서 공(空)과 색(色)의 관계에 대한 의문점을 근원적으로 가지고 있다. 무형의 빛에서 유형의 사진으로 만드는 바로 이 매개(media) 방법론의 발전이 사진 기술의 발전과 병행해 왔다. 이러한 기술의 진보는 사진과 사회의 관계에 대한 인식의 변화와 궤를 같이 하며 빛에 대한 탐구와 함께 이어져 왔다. 그리고 현실의 복제가 일차적 목표였던 사진은 시대와 함께 인간의 의지에 따라 현실의 변형 · 왜곡 · 과장 · 생략하기 등 표현의 영역으로 넘어간다.

앞서 살펴보았듯 아인슈타인의 상대성이론에서 중요한 핵심인 '연관성'과 '등가물'이라는 두 개념이 사진의 발전에 어떤 이론적 근거를 제공했을지 추론해 보는 것을 이 글의 목적으로 삼고자 한다. 더불어 상대성이론이 일반화되는 과정에서 대중적으로 곡해되거나 왜곡된 부분이 사진적 표현에 미친 영향도 짚어 보기로 하자.

▪▪ 시간과 공간을 복제하다

장 뤽 다발(Jean Luc Daval, 1937~)은 사진의 역사를 '복제의 시대' '생산의 시대' '표현의 시대' 삼단계로 나누었다. '복제의 시대'에 사진은 그림으로는 현실을 재현하는 것이 불가능한 것을 가능하게 하려는 인간의 욕망을 충족하는 것이 목적이었다. 그러나 초기 사진 기술로는 감광 효과가 낮아서 긴 시간 노출을 해야 했고 따라서 현실의 자연스런 모습을 그대로 복제하는 것이 불가능하였다. 초기 인물 사진을 보면 고정된 포즈로 카메라를 긴 시간

동안 응시해야 했으므로 고전주의 초상화를 닮은 근엄하고도 경직된 얼굴들이다. 그 당시 인물 사진은 그래서 순간이 아닌 오히려 시간의 연속성을 느끼게 한다. 움직임이 있는 풍경이나 길거리 사진은 노출 동안 사물이 활동한 시간의 흔적을 남기고 있다. 그래서 초창기 사진들은 현실을 재현하면서 시간의 흐름이 남긴 물리적인 궤적까지 재생하게 되었다. 시간을 체험하는 단위 시간이 상대적으로 길었던 그 당시에 시간은 공기와 같이 특별히 의식되지 않았는데, 사진은 시간 그 자체에 대한 개념에 눈뜨게 한다. 기원전 5세기경 엘레아학파의 제노(Zeno)는 '순간이론'(at-at-theory)을 주장한 바 있다. 운동은 분리된 개체의 연속 즉 정지된 지점이고, 시간은 일련의 비연속적이며 부동의 순간들 즉 정지된 현재라는 것이다. 반면 현대철학자 베르그송(Henri Bergson, 1859~ 1941)은 시간이란 진행시간(duration)의 지속적인 흐름인 동적 과정이라는 '프롬-투'(from-to) 이론을 주창하였다. 초기 사진들은 베르그송의 시간 개념을 사진의 물리적 흔적을 통해 증명해 보인 셈이다.

〈부부〉, 작자 미상, 얇은 다게르식 은판 사진, 1845년. 초기 사진 기술로는 감광 효과가 낮아서 긴 시간 노출을 해야 했고 따라서 현실의 자연스런 모습을 그대로 복제하는 것이 불가능하였다. 초기 인물 사진은 고정된 포즈로 긴 시간 카메라를 응시해야 했으므로 순간이 아닌 오히려 시간의 연속성을 느끼게 한다.

하지만 당시 사진에 드러난 시간의 흔적은 현실의 복제라는 측면에서 보면 반갑지 않은 이물질과 같아서 제거해야 할 대상이었다. 그리고 관건은 노출 시간을 짧게 줄여서 감광 시간을 최대한 순간으로 만드는 것이었다. 눈으로

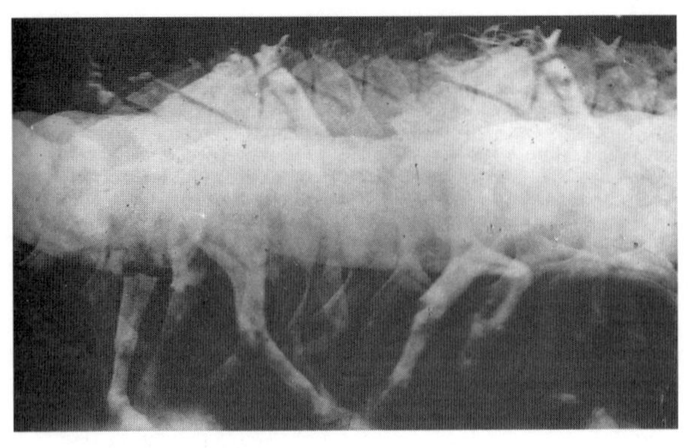

〈검은 배경을 두고 걷는 흰 말의 크로노포토그래피〉, 에티엔 쥘 마레이, 1886년. 베르그송은 시간이란 진행시간의 지속적인 흐름인 동적 과정이라는 '프롬-투' 이론을 주창하였다. 초기 사진들은 베르그송의 시간 개념을 사진의 물리적 흔적을 통해 증명해 보인 셈이다.

는 정확하게 인지되지 않는 순간의 현상은 어떤 것인지 사람들은 궁금해 했다. 그리고 이스트만 코닥(Eastman Kodak) 사(社)는 이것을 현실화했다. 나아가 사진기 크기를 작게 만들고 가격을 낮추어서 누구나 좋아하는 사람들의 생생한 표정이나 행동, 자연 현상을 잡아낼 수 있게 하였다.

앙리 카르티에 브레송(Henri Cartier Bresson, 1908~2004)을 비롯한 사실주의 작가들은 삶의 순간에서 인간의 진실을 포착한 수많은 작품들을 찍어낸 것으로 유명하다. 진실은 영원한 시간 속에 있는 것이 아니라 찰나적 순간에 존재한다는 철학을 담은 것이다. 이 경우 제노의 시간관이 더 설득력 있게 들린다. 그런데 사진은 물리적 순간의 현상에 불과하면서도 기억과 추억이라는 시간의 주관적 확장과 역류를 가능하게도 한다. 어린 시절에 찍은 한 장의 사진을 보거나 돌아가신 분의 사진을 볼 때면, 얼마나 많은 상황과 감정이 떠오르는지 놀랄 정도다. 본래 기억은 영상으로 되어 있다고 한다. 사진은 그래서 단순한 인화지가 아니라 시간과 공간을 이동하는 매개체가 된다. 현실의 '복제'로서의 사진은 시간과 공간의 기억에 대한 이야기(story)를 담고 있는 것이다. 그래서 사진으로 보는 제노의 순간이론은 순간이면서 동시에 영원이라는 시간의 아이러니를 함축하게 된다.

움직이는 피사체의 정지 순간을 잡아낸 사진부터 스트로보스코프 기술로 1초 동안의 움직임을 분해해서 보여주는 사진, 물방울이 튀는 순간을 6000분의 1초로 찍은 사진, 밤 하늘의 별들이 움직인 궤적을 보여주는 사진 등 이제 사진 기술은 시간의 한계를 뛰어넘어 작품을 만드는 것이 가능할 정도로 발전한다. 현실의 시간 체험으로는 볼 수 없는 시간 개념을 담아낸 이 같은 사진들은 시간이 공간과 영향을 주고받으며 늘어나기도 하고 줄어들기도 한다고 설명한 아인슈타인의 상대성이론을 마치 증명한 것 같은 느낌을 준다. 시간과 공간에 대한 새로운 차원의 설명을 획득한 사진은 베르그송의 시간관과 제노의 시간관 사이의 모순을 극복하고 마침내 시간을 정복한 것일까?

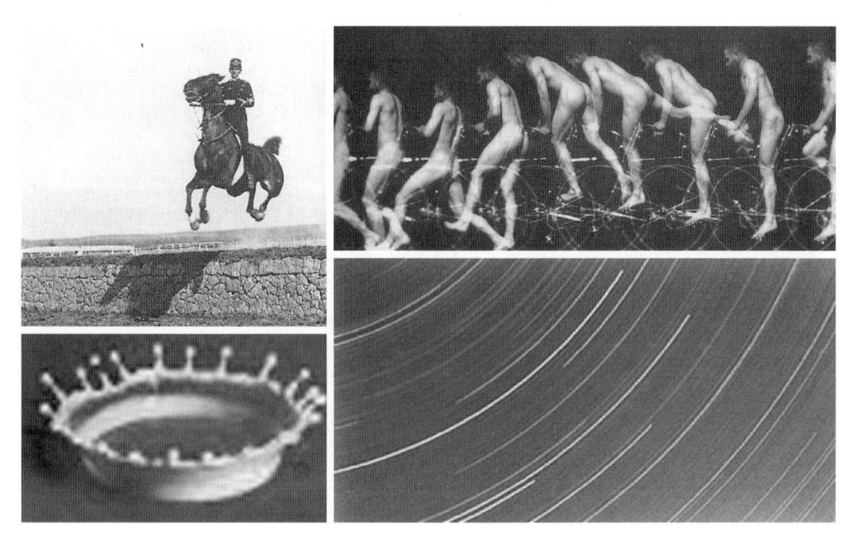

▲ 〈점프하는 기마병〉, 카운트 주세페 프리몰리, 브로마이드 인화. ▲▶ 〈자전거를 타는 남자의 크로노포토그래피〉, 에티엔 쥘 마레이, 1890~95년. ▼ 우유 방울이 튀는 순간. ▼▶ 밤하늘의 별이 움직인 궤적. 이와 같이 현실의 시간 체험으로는 볼 수 없는 시간 개념을 담아낸 사진들은 시간이 공간과 영향을 주고받으며 늘어나기도 줄어들기도 한다고 설명한 아인슈타인의 상대성이론을 마치 증명한 것 같다.

■■ 보이거나 안 보이거나 다르지 않다

초기의 사진이 현실의 복제에 의미를 두었다면 1913년에서 1950년 사이에 두 차례의 큰 전쟁을 거치면서 사진은 제2기인 '생산의 시대'로 넘어간다. 사진이 발명되기 전 예술의 목적은 실세계의 아름다움을 재현하여 감성적인 감흥을 얻는 데 있었다. 사진의 발명으로 예술의 이러한 기존의 지향은 일거에 도전을 받는다. 그러자 예술의 창조적인 의미와 영역을 수정하여 새로운 방향을 모색해야 하는 혁명적 대안이 요구되었다. 예술가들은 기존의 미학적 기준을 거부하고 '새로운 시각'(new vision)을 실험하기 시작한다. 이렇게 예술이 변화하자 사진 또한 복제에 흥미를 잃고 재현 이상의 새로운 생산적 창작으로 방향을 바꾸게 된다. 발터 벤야민(Walter Benjamin, 1892~1940)은 이 기간 동안 형식보다는 내용의 측면에서 기능보다는 용도라는 측면에서 주로 변화가 이루어졌다고 하였다. 브레히트(Bertolt Brecht, 1898~1956)는 "단순한 현실의 재현은 그 어느 때보다도 현실에 대해 무엇인가를 설명해 줄 수 없게 만들었다. …… 그리고 정작 본질적인 리얼리티는 기능적인 것의 뒷전에 밀려나 있기" 때문에 진실은 눈에 보이는 대로의 현실에서는 발견할 수 없다고 하였다. 따라서 이를 드러내기 위해서는 무언가 인위적이고 인공적인 것을 조직할 필요가 있으며, 이렇게 '조작된 어떤 것'은 사물에 대한 또 다른 관점을 제시함으로서 인간과 세계에 대한 새로운 개념을 갖게 한다는 것이다. 이렇게 예술이 복제로서 의미를 갖던 시대를 마감하면서 사실주의에서 표현주의로 넘어가는 역사적 계기에는 사진이 주요하게 자리하고 있었던 셈이다.

사실주의와 표현주의는 예술의 대표적인 두 표현 방식이다. 사실주의는 현실을 그대로 모방하여 진실을 드러내는 표현 방식이며, 표현주의는 본질적으로 진실은 눈에 보이는 현실의 한 꺼풀 밑에 숨겨져 있으므로 이를 드러내기 위해 의도적인 왜곡과 변형을 가하는 표현 방식이다. 사진이라는 장르는 사진기 자체가 리얼리티가 담긴 현실을 기본 전제로 하므로 다른 예술에 비해서 현실과 비현실 · 구상과 추상 · 형태와 의미 사이의 중재 역할을 하기가 쉽다는 장점을 지닌다. 이 시기의 사진가들은 렌즈 · 필터 · 몽타주 · 포토그램 등 빛을 조절(control)하고 제어하는 다양한 방법들을 창조해내기 시작한다. 사진은 사진적 사실성(photographic reality)이라는 엄격한 현실의 복제를 바탕으로 하여 사진가의 주관적 필터로 거른 인간과 세계에 대한 경험을 나눔으로서 삶에 대한 인식의 지평을 넓혀 갔다. 이제 단순히 외부의 정확한 재현이 아닌 주체와 객체 사이의 관계로 사진의 의미가 수정되면서 사진의 질 여부를 결정짓는 유일한 요소는 카메라 뒤에 있는 사진가의 눈과 마음이 된다. 사진과 예술사진의 구분이 생긴 것이다. 모호이너지(László Moholy-Nagy, 1895~1946)와 만 레이(Man Ray, 1890~1976) 등의 작품들은 변화된 그 시대의 사회와 예술사조의 이러한 경향을 잘 반영하고 있다.

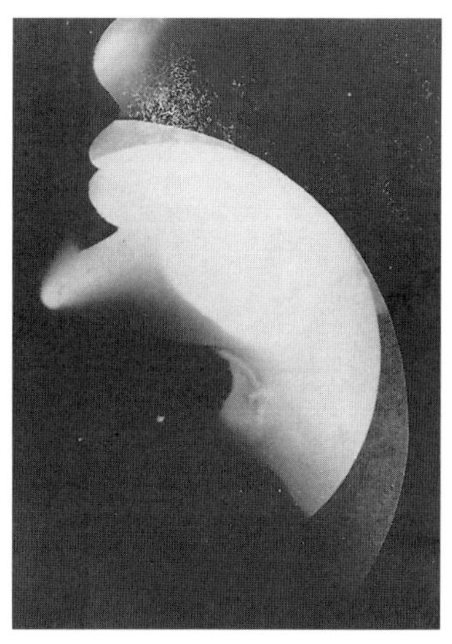

라슬로 모호이너지, 〈포토그램〉, 1922년. 사진은 단순히 외부의 정확한 재현이 아닌 주체와 객체 사이의 관계로 그 의미가 수정되면서, 사진과 예술사진의 구분이 생긴다.

표현주의 예술은 현실과 숨겨진 현실은 서로 다른 것이 아니라 서로 연관되어 있음을 전제로 한다. 작가는 눈으로 보는 현실과는 아주 다른 모습을 보여 주면서 그 속에 본래적 진실이 있다고 주장한다. 감상자는 어떻게 그

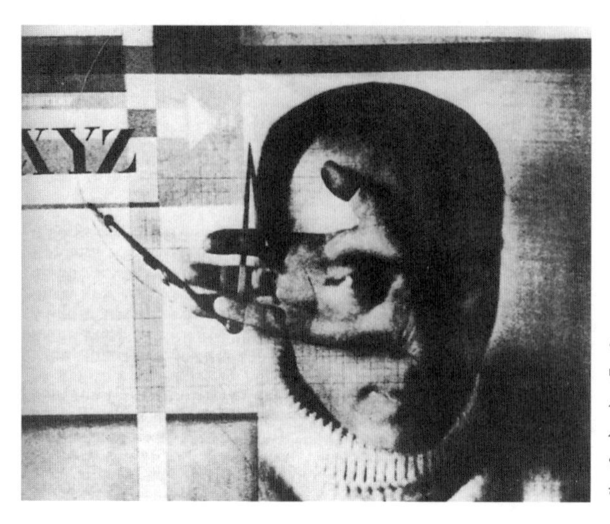

〈건축가(자화상)〉, 엘 리시츠키, 1924년. 몽타주는 각각의 사진 조각이 연상시키는 정보들의 총합이 독립된 전체 사진 정보와 맞물리면서 사진의 표현 영역을 무한히 넓혀 놓은 영역 가운데 하나다.

내면의 진실을 감지하고 향유할 수 있을까? 20세기 초에 일어난 이러한 예술의 혁명적 변화는 아인슈타인의 유명한 공식 $E=mc^2$이라는 질량-에너지 등가 원리와 무관하지 않아 보인다. 전혀 다른 것으로 보이는 현상이 사실 서로 변환 가능한 실체이자 나아가 하나일 수 있다는 상대성이론의 인식은, 시각을 눈에 보이는 대상에 대한 집착으로부터 해방시켰다. 이제 예술적 상상력이 무한으로 확대될 수 이론적 근거가 마련된 셈이다. 그런데 사진은 기본적으로 복제된 현실을 내포하므로 눈에 보이는 진실과 눈에 보이지 않는 진실 사이의 관계성을 표현하는 데 가장 적합한 매체가 될 수 있다! 개인에게 사진 한 장이 중요한 것은 사진 속 장면이 그 순간과 단지 1:1 대응관계에 그치는 것이 아니라 그 한 장의 사진이 뇌관과 같이 불러일으키는 기억의 총량 때문이다. 사진적 사실성이라는 사진의 현실 복제 능력이 문화의 패러다임을 바꾼 것도 그림과 달리 기억 점화 기능을 갖기 때문이었다. 한 예로 사진 몽타주(montage)는 각각의 사진 조각이 연상시키는 정보들의 총합이 독립적인 전체 사진의 정보와 맞물리면서 사진의 표현 영역을 무한히 넓혀 놓은 영역 가운데 하나다. 특히 사진의 몽타주 기법은 전혀 다른 현실의 조각들이 모여서 더 큰 개념을 창출해 내는 기법으로, 아인슈타인의 상대성이론과 거의 동시에 시작된 바우하우스 운동에서 제창한 게슈탈트 이론(the theory of Gestalt)◉의 극대치 효과를 보여준다. 이 이론은 형태(Gestalt)란 단순한 구성 요소들의 총합이 아니라 그 이상의 것으로서 더 큰 규모의 전체(whole)라는 새로운 차원으로 변환된다는 것을 영상적으로 설명하였다. 심리학 등 다양한 방면에 영향을 끼친 이 이론은 개별적으로 설명되던 물리이론을 더 큰 하나의 장으로 통일하여 설명해낸 상대성이론을 떠오르게 한다.

■■ 의미를 표현하는 예술의 경계 허물기

예술이 창조적인 새로운 인식을 만들고 이것이 사회의 저항을 받다가 드디어 일반적 상식으로 자리잡기 위해서는 대중화라는 단계를 거쳐야 한다. 사진의 경우 몰르(A. A. Moles)가 복제를 중심으로 말한 영상 역사의 제3단계, 즉 컬러텔레비전 등의 영상미디어가 일반화되면서 나타난 영상의 인플레이션 단계가 그러했다. 이제 영상은 삶의 환경이 되었다. 값도 저렴하고 조작이 간편한 사진기들이 널리 보급되면서 웬만한 가정의 필수품이 되고, 1978년 한 해에 전 세계에서 만들어진 사진은 22억 장에 달한다. 게다가 산업과 연계한 광고는 사진 영상의 다양함을 일상적인 경험으로 만들었다. 이렇게 달라진 영상 환경은 사진으로 하여금 고유한 특징을 살려 독립성과 창조성을 더 살릴 수 있는 '표현의 시대'로 접어들게 하였고, 본격적인 이미지의

> **◉ 게슈탈트 이론**
> '게슈탈트'란 형태를 뜻하는 독일어다. 심리 현상에서 전체는 부분의 총화 이상의 것이며 부분 개개의 요소를 옮겨도 상호간의 관계가 일정하면 전체로서의 성질은 변하지 않는다는 점을 지적하면서, 부분의 관계와 변화가 전체에 미치는 파급에 주목하여 새로운 심리학 체계를 세우는 데 크게 공헌하였다.

시대에 들어선다. 그리하여 사진의 고유 영역을 더는 의심하지 않게 되었으나 동시에 사진의 정체성에 대한 심각한 질문을 던지게 된다. 사진의 제2기인 '생산의 시대'에 다양한 기술의 발전이 이루어졌다면, 이제 '표현의 시대'를 맞이해서는 사진의 '복제'라는 속성 그 자체를 원용하여 시각과 재현의 조건을 탐구하는 모든 방법을 사진의 영역으로 포괄하는 확대된 개념으로 나아가게 된다.

이제 사진은 정보 전달의 차원을 넘어선다. 작가는 개성을 드러내는 데 가장 적절한 경험이 무엇인지 분석하고, 그것을 획득하기 위한 수단(매체, media)을 알아내 단순히 외부 세계를 기록하는 것 이상으로 나아가야 한다. 복제의 시대에 사실성(reality)은 눈으로 보는 것을 충실히 재현하면 얻을 수 있었다. 생산의 시대에는 본질적인 사실성이 눈으로 보는 현상 뒤에 숨어 있음을 드러내는 것이 사진의 역할이었다. 그런데 표현의 시대에는 그토록 집요하게 매달려온 사실성이 무엇인지 그 의미를 묻는 것이 새로운 화두가 된다. 나아가 사실성이란 외부에서 주어지는 것이 아니라 현실에서 체험하고 느끼며 자기 식으로 해석하여 반응하는 것이라는 인식에 이르게 된다. 말하자면 사실성이란 창조되는 적극적인 것이다.

사진가들은 이제 세상에 대한 자기만의 주체적인 세계관을 이야기하기 위해 이전에 묻지 않았던 질문을 던지기 시작한다. 사실성은 외부를 보는 것에 있는가 아니면 그것을 인식하는 행위에 있는가, 고려해야 할 중요한 것은 무엇인가, 자연인가 아니면 사진인가? 천재 시인 폴 발레리(Paul Valéry, 1871~1945)가 일찌감치 예견한 다음의 말은 사진이 가야 할 길을 정곡으로 찌른 것이었다. "사진은 스스로를 묘사할 수 있는 것처럼 어떤 대상을 묘사하려는 시도를 포기한 바로 그런 사람을 요구한다." 그리하여 사진은 세상을 묘사해

〈시장의 짐꾼〉, 로만 시슬비츠, 주르당 구두의 광고, 파리, 1982년. 사진은 고급 예술 작품부터 대중문화에 이르기까지 모든 영역에서 활용되고 변형되고 차용된다. 서로 다른 형식이나 장르가 연대하고 융합하도록 이끌며 예술의 절대가치로 떠오른 '의미'는 어쩌면 아인슈타인의 유명한 공식 $E=mc^2$에서 서로 다른 영역을 매개하는 절대치 '빛(c)'과 닮아 보인다.

야 한다는 압박감에서 벗어나 자유롭게 서술할 수 있게 되었고 이를 위해서는 어떤 방법을 사용해도 상관없는 자유를 얻게 되었다. 사진의 이러한 태도 변화는 거꾸로 미술 등 다른 예술이 거리낌 없이 사진을 차용할 수 있는 여지를 마련해준다. 1960년대 이후 팝 아트(Pop art)와 신사실주의(New Realism)를 비롯해 촬영 대상의 의도적 기획 연출 등 모든 종류의 예술 실험이 허용된다. 오브제만으로는 한계를 느낀 화가와 조각가들이 개념을 시각화할 수 있는 매체로서 사진에 주목하고 무용, 연극 등 여타 문화 장르가 사진을 원용한다. 사진은 다른 예술과 섞이면서도 이제는 다른 시각예술이 넘볼 수 없는 고유의 정체성을 찾아내기 시작한 것이다. 그것은 인간의 시각이 아니라 카메라의 시각으로 사물을 해석하는 것, 즉 매개체의 중요성에 대한 인식이기도 하였다. 이러한 자신감은 사진이 그 자체로 목적이 아니라 수단이 되어도 위축되지 않는 여유까지 안겨 주었다. 사진은 이제 경매의 대상이 되는 고급 예술 작품의 대우를 즐기면서 한편으로 상업주의와 연대한 대중문화에 이르기까지 모든 영역에서 활용되고 변형되고 차용된다. 단지 순수한 감상의 대상이 아니라 사람들이 그것을 보고 어떤 생각을 할 수 있도록 만드는 모든 표현 영역으로 확대되기에 이른 것이다.

사진과 미술 · 음악 · 연극 · 춤 등이 서로 어우러지면서 비디오아트를 시작으로 테크노아트, 컴퓨터아트, 가상현실(virtual Reality) 등 미디어 그 자체가 의미 전달의 중요한 요소가 되는 예술이 발전하기 시작한다. 마샬 맥루한(Marshall McLuhan, 1911~1980)은 『구텐베르크 은하계』(1962)에서 "미디어는 메시지다(The medium is the message, 미디어는 메시지를 전달하는 수단이라는 통념을 뒤엎고 어떤 메시지를 전달하든지 매체는 그 자체로 하나의 메시지라는 것)"라고 주장했는데, 그의 이론은 매체 그 자체를 수단 삼아 의미를 생산할 수 있다는 새로운 예술적 태도의 근거가 되었다. 이로써 예술 표현의 영역을 서로 침범하지 않던 기존의 묵계가 무너지고 어떤 매체를 사용하든 중요한 것은 '의미'(意味)가 됨으로써 경계 허물기가 일상화된다. '표현의 시대'에 서로 다른 형식이나 장르가 연대하고 융합하도록 이끈 예술의 절대가치 '의미'는 어쩌면 아인슈타인의 유명한 공식 $E=mc^2$에서 질량(m)과 에너지(E)를 매개하는 광속(c)이라는 상수(常數)와 닮아 있다. 겉으로 보기에 완전히 서로 다른 영역을 매개하고 융화시키며 서로가 본질적으로 같은 것이라고 말해 주는 절대치 '빛'처럼 예술의 경계 허물기에서 '의미'는 부동의 자리를 지킬 것 같다.

근래에 예술 분야에서 장르의 넘나듦을 시도한 크로스 오버(cross-over) 현상은 20세기 말경 시각 영역에 한정되었던 게슈탈트 이론이 차원을 뛰어넘어 적용된 것이다. 이제 영역에 갇히지 않는 자유혼은 퓨전(Fusion)이란 이름으로 의식주 삶 전반으로 확대되고 있다. 서로 모순으로 보이는 현상을 '연관성'과 '등가물'이라는 개념을 통해 보다 높은 차원에서 아우르는 아인슈타인의 물리학 이론처럼, 이제 서로 다른 삶의 영역들은 본래적이고 절대적인 것으로 머무는 것이 아니라 서로 소통하고 치환할 수 있는 새로운 차원의 삶을 열게 된 것이다.

■■ 새로운 우주관의 증거자로서의 사진

인간이 현실을 인식하는 것은 80% 이상이 영상을 통해서라고 한다. 이제 모든 정보가 디지털이 되면서 영상은 변형 · 전달 · 무한 확산이 가능하게 된다. 드디어 사진(영상) 역사의 제4단계로 들어선 것이다. 영상으로 둘러싸인 환경 속에서 이제 영상으로 표현된 시뮬레이션(simulation)이 현실 그 자체를 대변하는 것이자 바로 현실 그 자체가 되어 버린다. 장 보드리야르(Jean Baudrillard, 1929~)는 영상이 진짜-상상이라는 현대적 구별 짓기에 들어맞지 않는 이상한 현상을 만들어낸 것을 간파해낸다.

시뮬레이션만을 생산하고 오직 시뮬레이션 속에서만 존재하며, 사실성을 강화하면서 동시에 사실성 없이 사실성을 대체하는, 그래서 한편으로는 진짜 사실성에 대한 욕구를 만들어내는 영상 매체는 실제와 가상 사이에서 인류 초유의 혼돈 문명을 만들어냈다. 이 시대에 복잡계를 설명하는 이른바 '카오스 이론'(Chaos theory, 혼돈 이론)이 나온 것도 우연은 아닌 것 같다. 하지만 카오스 이론이 그저 혼돈스러운 이론이 아니라 수학적 공식으로 설명될 수 있는 것은, 겉으로 보이는 복잡하고 혼란스러운 현상 밑에는 엄연한 우주의 법칙이 존재함을 의미한다.

사진과 관련해서 사실(事實, reality)에 대한 최근의 인식 변화를 반영하는 중요한 이론으로 '홀로그램' 이론을 꼽을 수 있다. 최초의 사진이 3차원인 세상을 2차원으로 환원하여 종이에 재현한 것이었다면, 홀로그램은 2차원의 사진에 담은 정보를 3차원으로 재생하는 것이다. 홀로그램 사진술을 가능케 하는 것 중의 하나는 파동의 간섭(干涉) 현상이다. 간섭 현상이란 둘 이상의 파동(예컨대 물결)이 서로 교차할 때 생기는 간섭무늬를 일컫는다. 빛이나 전파를 포함하여 파동의 성질을 지닌 모든 현상이 간섭무늬를 만들어낼 수 있다. 홀로그램은 레이저 광선 하나를 두 갈래로 나누어서 만드는데, 첫 번째 광선은 피사체에 반사시키고 두 번째 광선을 피사체에서 반사된 광선과 부딪치게 하면, 그것은 서로 간섭무늬를 만들어내고 그 간섭무늬는 필름 위에 기록된다. 홀로그램 영상은 이 기록된 간섭무늬 필름으로 만들어지는데, 그 영상은 소름 끼칠 정도로 진짜 같지만 만져보려고 하면 손은 허공을 지나가고 아무것도 없다는 사실만 깨닫게 된다. 홀로그램의 놀라운 점은 3차원의 입체상을 재현하는 것만이 아니다. 사과의 입체상을 담고 있는 필름을 반으로 잘라 거기에 레이저 광선을 비출 경우 각각의 반쪽짜리 필름은 여전히 전체 사과의 입체상을 담고 있다. 이 각각의 반쪽 필름들을 또 반으로 자른다고 해도 그 작은 조각의 필름들은 여전히 사과의 전체상을 재현해낸다. 보통의 사진 필름과는 달리, 홀로그램 필름 각각의 조각들은 필름 전체에 기록된 모든 정보를 담고 있는 것이다! 이것은 아인슈타인이 좋아하고 존경했던 물리학자 데이비드 봄(David Bhom)과 신경생리학자 칼 프리브램(Karl Pribram)이 서로 다른 분야에서 연구했지만 동일한 결론에 이르게 된 홀로그램 현상으로 설명할 수 있다.

일반 사진은 빛의 두 속성인 입자와 파동 중 입자의 속성으로 만들어진 2차원의 물질적 현상이다. 이와 반대로 홀로그램 영상은 빛의 파동의 속성을 바탕으로 창조되는 물질과 비물질의 경계를 넘나드는 현상이다. 사진을 바탕으로 홀로그램 영상을 만드는 것은 계(界)의 넘나듦을 실증하고 체험케

하는 중요한 문명사적 전환을 의미한다. 이 밖에도 두뇌와 시각 기능에 대한 연구 등 많은 분야의 연구는 우주가 홀로그램일 수 있다는 새로운 가설에 대한 예증을 내놓고 있다. 두뇌와 시각은 90% 이상 잘라내도 기억하고 보는 기능을 여전히 수행한다. 말하자면 두뇌와 시각은 각기 특정 부분과 기억하고 보는 기능이 1:1로 대응한다는 기존의 이론을 완전히 뒤엎고 '각 부분 속에 전체가 담겨 있는' 홀로그램의 특성을 가지고 있음을 증명한 것이다. 1987년 퀸스 대학의 물리학자 데이비드 피트(F. David Peat) 박사는 그의 저서 『동시성: 물질과 마음을 잇는 다리』(*Synchronicity: The bridge between Matter and Mind*)에서 인간이 생각하고 느끼는 작용이 물리적 세계와 훨씬 더 밀접하게 연결되어 있음을 말하고 있다. 달리 말하면 비물질적인 생각이나 느낌, 의견 등이 물리적 현상으로 나타나는 것을 연구를 통해 밝혀낼 수 있다는 것이다. 물리학자이면서 깊이 있는 내면생활로 유명한 프리초프 카프라(Fritjof Capra)는 『현대물리학과 동양사상』(*the Tao of Physics*)에서 일반인들이 이러한 현상을 쉽게 이해할 수 있도록 잘 설명하고 있다. 이 책이 나오고 난 후에도 수많은 연구들이 이를 입증하고 있다. 그 중에는 동양의학에서 중요한 의술인 기(氣)의 흐름을 영상화한 실험도 있다.

현실을 복제하고 싶다는 인간의 욕망에서 시작된 사진은 이제 눈에 보이는 현실만이 아니라 눈에 보이지 않는 현실을 입증하는 증거자가 되고 있다. 인간 인식이 새로운 계(界)로 확장되기 위한 매개체라는 새로운 차원을 향해 나아가고 있는 것이다. 그 한 예로 에모토 마사루가 찍은 물의 결정 사진을 소개하고자 한다. 그는 파동 측정으로 물을 연구하던 학자였는데 눈〔雪〕의 결정 하나하나가 모두 다르다는 사실에 착안해서 물이 얼었다가 녹는 순간의 결정 사진을 찍게 되었다. 그는 물에 좋은 음악을 들려주었을 때, 사랑하다 · 감사하다 등의 긍정적 표현을 했을 때 물이 보여주는 아름다운 결정을 사진으로 찍을 수 있었다. 그러나 물에 욕을 하고 '악마' 와 같은 부정적 표현을 했을 때는 결정이 나타나지 않고 칙칙하고 어두운 색깔이 나타나는 것을 발견하였다. 사진을 찍는 순간 물과 소통하는 것이 결정으로 나타날 수 있다고 믿을 때와 그렇지 않을 때, 후자의 경우에는 물의 결정 사진이 찍히지 않는다는 사실도 발견하였다. 비물질적인 생각과 느낌이 물리적 현상으로 나타나는 것을 입증한 것이다.

우주의 모든 존재는 각기 고유의 파장을 가지고 있다. 여기에는 모든 존재의 생각이나 느낌도 포함된다. 이를 활용하여 대전 엑스포에서 인간이 무엇을 느끼는지 컴퓨터로 영상화하여 보여준 때가 10년 전 일이다. 이제는 인간에게 감성적으로 반응하는 로보트 애완동물을 시판할 정도로까지 컴퓨터가 발달하고 있다. 불교에서는 생각도 물질로 간주하여, 대상화할 수 있는 것으로 여긴다. 우주 원리를 빛으로 파악하여 수식화한 아인슈타인은 그런 면에서 입자로서의 빛의 예술인 사진의 대부라고 할 수 있다. 그리고 이제 사진은 홀로그램 영상이나 눈으로 보이지 않는 빛의 파장 현상을 증명하면서 아인슈타인을 넘어선 새로운 차원의 세계를 여는 열쇠가 되고 있다. 아인슈타인이 입자로서 빛을 활용한 입자 문명의 꽃을 피운 사람이라면, 빛의 파장을 근간으로 하는 파장 문화는 이제 막 시작 단계에 있는 것이 아닐까?

■■ 또 다른 천재를 기다리며

영국의 문화주의자인 윌리엄스(R. Williams)는 문명에 나타난 어떤 현상도 '뜨는 문화' (emergent culture), '주도문화' (dominat culture), '잔존문화' (residual culture)의 순환에서 자유로울 수 없다고 하였다. 아인슈타인의 이론은 이제 입자 문화의 정점을 넘어 파장 문화에 배턴을 넘겨주면서 '잔존문화'로 물러나게 되는 건 아닐까. 하지만 세계의 다양한 현상을 설명하는 한 축으로서 남아 있게 될 것이다. 뉴턴의 기계론적 세계관이 지금도 어느 한계 내에서는 진리이듯이 말이다.

영상을 전공한 사람으로서 사진적 영상과 파장 문화의 관계가 어떤 양상으로 나타날지 너무도 궁금하다. 영상 문화가 발전할수록 시뮬레이션이 현실 그 자체가 되는 시대, 그래서 현실에 대한 인식도 더 치열해지는 시대, 시뮬레이션과 현실이 혼돈이 아니라 서로 사이좋게 병행할 시대, 이런 미래를 상상하면서 시뮬레이션과 현실이 마치 홀로그램의 두 필름 중 각각 한 쪽과도 같다는 상상을 해본다. 앞으로 더욱 발전할 시뮬레이션 사회는 현실에 대한 새로운 개념을 필요로 하지 않을까? 불교에서 삶을 마야(maya, 허상)로 본 것은 어쩌면 우주적인 홀로그램 현상에 대한 통찰일지도 모르겠다.

상대성이론과 사진의 관계에 대한 상상력게임은 여기까지로 하자. 아인슈타인이 증명한 $E = mc^2$에서 가장 중요한 것은 빛의 제곱이 상수로 작용하는 우주의 법칙으로, 이를 중심으로 현상계를 만드는 질량과 에너지의 상호관련성이다. 달리 말하면 빛이 없다면 존재 자체가 없는 것이다. 그런데 그 빛의 성격이 다 연구된 것일까? 상대성이론의 c(빛의 속도)는 광속에 불과한 것일까? 또 어떤 천재가 나타나서 c가 다르게 표현될 수 있는 수식이라는 것을 증명해내지는 않을까? 그와 함께 아인슈타인이 새로운 인식의 장을 열고 새로운 문명의 문을 열었듯이, 어떤 미래로 인류를 이끌어갈지 궁금하고 또 궁금하다. 지금 코페르니쿠스와 뉴턴, 아인슈타인 등 우주관을 바꾸어 놓은 천재들이 또 하나의 천재를 기다린다고 나는 생각한다.

상대론적 상상력의 새로운 지평

박상준

■■ 상대성이론 그리고 포스트모더니즘

아인슈타인이 처음 상대성이론을 발표한 것은 1905년의 일이지만, 일반인들은 물론이고 과학자들조차도 그 이론이 펼쳐 보이는 새로운 세계상을 받아들이기까지는 적지 않은 세월이 필요했다. 우리의 일상적인 환경에서는 쉽게 이해하기 힘든 현상들을 그것도 고도의 수학적 추론과 유도 과정을 거쳐야만 납득할 수 있도록 서술해 놓았기 때문이다. 따라서 이 이론이 물리학의 카테고리를 넘어서 철학으로 그리고 다시 문학 사상의 배경으로 완연히 편입되는 데에 꼬박 40여 년이 걸린 것은 그리 놀랄 만한 일이 아니다.

우리는 1945년이 현대사에서 하나의 뼈아픈 분기점으로 기억되고 있다는 사실을 잘 알고 있다. 물론 그것은 히로시마와 나가사키에 투하된 원자폭탄 때문이다. 아인슈타인 스스로도 무척이나 안타깝게 여길 사실이지만, 세계 문학계에서 상대성이론의 의미는 바로 1945년부터 시작되는 것이라 해도 과언이 아니다.

대다수 일반인들에게 그리고 아마도 대다수의 문학가들에게도 마찬가지로, 아인슈타인은 인류가 이전까지 접해 보지 못했던 대량살상무기를 가능하게 만든 사람 정도로 (잘못) 각인되어 왔다. 그의 상대성이론 역시 빛의 속도와 관계된 차원에서는 우리에게 익숙한 물리학(다시 말하면 뉴턴 역학)이 성립되지 않는다는 정도로 막연히 알려져 있을 뿐이다. 다만 과학 지식에 상대적으로 밝은 SF(Science Fiction) 작가들 정도가 상대성이론이 제공하는 이론적 논거를 빌려 가상의 시공간 여행을 펼쳐 보이곤 했던 것이다.

하지만 1945년 이후 세계는 핵무기의 위력이 세상을 완전히 새로 시작하게 만들 수도 있다는 사실을 깨달았고, 아인슈타인이 내놓은 저 유명한 에너지-질량 등가의 법칙 $E=mc^2$은 인류 문명의 현재와 미래를 진지하게 고민하는 이들에겐 불길한 표상이 아닐 수 없었다. 결국 산업혁명 이후의 근대화가 문학에서 모더니즘을 태동시켰다면, 아인슈타인의 상대성이론은 그 굳건한 과학만능주의의 희망을 일거에 무너뜨렸다는 점에서 포스트모더니즘의 핵심적 동인 중 하나로 보아도 무방할 것이다.

■■ '재앙 이후' 장르의 탄생

핵무기의 등장은 당시까지 과학만능주의와 상통하던 모더니즘의 환상을 깨뜨리고 인류가 자멸하는 불길한 가능성을 인식하는 포스트모더니즘으로 확장되었다. 그리고 그 직접적 파생물 가운데 하나가 바로 '재앙 이후'(post-catastrophe)라는 새로운 묵시록적 전망이다. 1945년 이후로 '재앙 이후'를 다룬 모든 문학 작품은 공상이 아닌 실상의 설득력을 지니게 되었으며, 이런 소설들은 오늘날엔 완전히 독립적인 장르로 자리잡은 상태다. 이들 역시

아인슈타인과 원자폭탄

핵 에너지의 원리는 단순하다. "원자핵의 질량이 변하면 에너지가 발생한다"는 것이다. 아인슈타인은 특수상대성이론으로부터 질량 m인 물체가 빛의 형태로 복사에너지 E를 방출한 후 물체의 질량이 E/c^2만큼 감소한다는 수식을 이끌어 냈다. 다시 말해 질량을 가진 물질은 에너지와 상호변환이 가능하다는 의미다.

핵의 질량을 에너지로 전환하는 데는 핵분열과 핵융합이라는 두 가지 방법이 있다. 분열할 때 에너지를 내는 핵은 우라늄 235라고 불리는 우라늄의 동위원소가 가장 유명하다. 원자핵은 보통 양성자와 중성자로 강하게 결합되어 있는데, 속도가 느린 중성자가 우라늄 235와 충돌하면 핵이 쪼개지면서 중성자가 튀어나온다. 이때 튀어나온 조각들의 전체 질량은 원래 원자핵의 질량보다 작은데, 이 질량의 차이가 에너지로 변환되는 것이다.

핵분열과 마찬가지로 작은 원자핵 두 개가 합쳐 더 큰 원자핵 하나를 이루는 핵융합 과정에서도 에너지를 만들어낼 수 있다. 태양이 네 개의 수소 원자핵을 합쳐 헬륨 원자핵 등을 만드는 과정에서 엄청난 에너지를 만드는 것이 대표적인 예다. 핵분열을 이용한 원자력 발전은 실용화되어 여러 나라에서 활용하고 있지만 핵융합을 이용한 발전은 아직 실험중이다.

원자폭탄은 우라늄 235의 핵분열 원리를 이용한 것이며, 수소폭탄은 수소로 헬륨을 만드는 핵융합 원리를 이용한 것이다. 1945년 히로시마와 나가사키에 투하된 핵무기가 바로 원자폭탄이며, 히로시마에서는 34만 3000명의 인구 중에서 7만여 명이 사망 · 13만 명이 부상 · 이재민이 10만 명이었고, 나가사키에서는 사망 2만 명 · 부상 5만 명 · 이재민 10만 명을 냈다.

『핵폭풍의 날』, 1959년, 모르데카이 로쉬왈트 지음. 반핵 소설의 선구자격인 작품이다.

1945년의 유산이라는 딱지를 뗄 수는 없을 것이다.

주류 문학계에서는 재앙 이후를 다루기 전에 먼저 핵전쟁 발발 상황 그 자체에 감정을 이입하려는 시도들이 나왔다. 널리 알려진 것으로는 네빌 슈트(Nevil Shute, 1899~1960)가 1957년에 펴낸 장편소설 『해변에서』(*On the Beach*)가 있는데, 이 작품은 1959년에 그레고리 펙과 에바 가드너 등이 주연하고 스탠리 크레이머가 감독한 동명의 영화로 유명하다. 우리나라에서는 〈그날이 오면〉이라는 제목으로 개봉하여 지금도 많은 사람들이 기억하고 있는 걸작으로서, 3차 대전 이후 전 세계가 방사능에 오염되고 난 뒤 돌아갈 곳이 없어진 미국 핵잠수함 승무원들의 이야기를 담담하지만 애잔한 정서로 묘사하고 있다. 그들을 유일하게 반겨주는 대지는 오스트레일리아 대륙이지만 그곳 역시 방사능 구름이 점점 몰려와서 국민들이 자살용 약을 배급받고 있다.

1959년에는 이스라엘 출신 작가 모르데카이 로쉬왈트(Mordecai Roshwald, 1921~)가 『핵폭풍의 날』(*Level Seven*)을 내놓아 커다란 반향을 일으켰다. 원제는 '지하 7층'이라는 의미이며 핵전쟁이 발발하면서 외부와 완전히 격리되어 버린 지하호의 군인들(그들은 이름이 없이 그저 X-117, P-867 등의 부호로만 불린다)이 주인공이다. 그들은 애써 지상의 삶과 같은 일상을 꾸려가고자 애쓰지만 날이 갈수록 절망이 차오르는 것을 피할 수 없다. 로쉬왈트는 1962년에는 핵잠수함이 독립국가 선언을 한다는 설정의 『세계의 조그만 종말』(*A*

Small Armageddon)을 내놓아 역시 호평을 받으며 이른바 '반핵 소설'의 선구자격인 위치를 차지했다. 이상의 작품들은 서구에서는 모두 스테디셀러로 지금까지 꾸준히 읽히는 고전들이며 우리나라에서도 이미 1960년대에 번역판이 나온 바 있다.

디스토피아적 전망의 극단에 위치한다고 볼 수 있는 '재앙 이후' 소설들도 비슷한 시기에 선을 보이기 시작했다. 재앙이라 하면 1945년 이후부터 냉전시대까지는 대부분 전면 핵전쟁을 의미하는 것이었으나 오늘날에는 재앙의 종류도 다양해졌다. 이념이 아닌 종교적 갈등이나 국지적 분쟁으로 촉발되는 핵전쟁의 발발 가능성은 여전히 상존하며, 그밖에 전염병 · 외계에서 날아온 천체와 지구의 충돌 · 외계인이나 외계생명체의 습격 · 환경오염에 따른 생태계의 급격한 변화 · 컴퓨터의 반란 · 지구 온난화 등등이 여전히 묵시록의 시나리오 후보들로 묘사되고 있다.

이런 작품들에선 어떤 이유로든 현재의 세계질서가 붕괴되고 폐허 속의 무정부주의적 인간 집단들 사이에서 새롭게 질서가 재편된다는 설정이 주로 등장한다. 일례로 노벨상 수상 작가인 윌리엄 골딩(William Golding, 1911~1993)은 대표작『파리대왕』(*Lord of the Flies*, 1954)에서 도입부의 설정을 핵전쟁 상황으로 상정하여 외딴 섬에 고립된 소년 집단이라는 일종의 '원점'에서 인간과 사회의 본질을 고찰했다.

『파리대왕』, 1954년, 윌리엄 골딩 지음. 핵전쟁으로 인해 외딴 섬에 고립된 소년 집단의 생존 투쟁을 통해 인간과 사회의 본질을 고찰했다.

재난이나 파국 그리고 재앙 이후를 다룬 작품들은 얼핏 보기엔 경고나 가상 시뮬레이션으로서 의미를 갖는 듯하지만, 사실 그러한 작품들에는 인류 전체의 원죄의식이 투영되어 있다고 볼 수 있다. 핵에너지라는 금단의 열매를 따 버렸다는 자각은 넓게 보면 하나뿐인 지구를 오염시켜 가고 있다는 인식으로 확대되며, 이는 결국 일종의 제 무덤 파기로서 재앙이나 파국을 맞는다는 식이다. 핵에너지로 인한 파국은 비단 핵전쟁뿐만 아니라 체르노빌이나 스리마일 섬의 원전 사고와 같은 일로도 가능하기 때문이다.

그래서 어떤 작가들은 현재 인류가 가는 길이 희망이 없는 막다른 골목임을 단정하고 새로운 출발을 말하기 위해 재앙 이후를 선택하기도 한다. 즉 재앙 이후의 시나리오는 기존 질서의 재건이 아니라 완전히 새로운 세계관의 탄생일 수도 있는 것이다. 이런 작가들은 나름대로 인류의 새로운 길을 모색해 보기 위해 기존의 가치를 백지화 내지는 초기화(reset)해 버리기 위한 방편으로 재앙 이후를 설정한다. 이쯤 되면 필요한 것은 재앙의 상상력을 넘어서는 사회학적 · 문명적인 발상의 전환이다. 그리고 이러한 '문명 다시 쓰기'를 끊임없이 시도해왔던 분야가 바로 SF다.

재앙 이후 장르는 설정만 놓고 보면 SF의 하위 분야로 간주할 만하지만 주류 문학계에서도 작품들이 몇몇 나온 바 있다. 그러나 과학기술과 인류 문명의 전망이라는 주제는 아무래도 SF 쪽이 익숙하게 다루어 온 편이다. 어쨌든 SF와 주류 모두를 통틀어 모든 재앙 이후 소설 중에서 가장 높이 평가받는 것 가운데 하나로는 미국의 작가 월터 밀러 주니어(Walter M. Miller, Jr., 1923~1996)가 1959년 내놓은 『리보위츠를 위한 찬송』(*A Canticle for Leibowitz*)이 있다. 핵전쟁으로 인한 파국 이후 600여 년 간격으로 이어지는 암흑기와 재건기에 미국 유타 주 사막의 한 수도원에서 일어나는 이야기를 서술한 것이다.

이 소설에서 기술 문명은 저주의 이름으로 기억되어 책이나 문서 등 모든 문명의 흔적들이 불태워진다. 그러나 전직 기술자인 주인공은 훗날 재건의 시대를 위해 위험을 무릅쓰고 한 수도원에 책들을 보존해 둔다. 그 상태로 암흑기가 600년이나 지속된 뒤, 유물은 다시 발견되어 마침내 새로운 문명의 초석이 된다. 그러나 역사는 다시 반복되고 안타까운 문명의 운명 속에서도 숭고한 인간 정신은 빛을 잃지 않는다.

『리보위츠를 위한 찬송』, 1959년, 월터 밀러 주니어 지음. 핵전쟁으로 인한 파국 이후 반복되는 문명의 암흑기와 재건기를 묘사하며, 인간 정신과 신의 문제를 중량감 넘치는 필치로 제기했다.

이 소설은 바티칸에서 공식 추천한 기록도 있는 종교 SF의 걸작이지만, 사실 종교는 하나의 표현 방편일 뿐 인간과 문명과 세계 그리고 신의 문제를 장대한 스케일로 깊이 있게 고찰한 중량감 넘치는 역작이다.

■■ SF의 독자적 전통

SF는 상대성이론과 핵에너지에 대해 주류 문학계와는 다른 차원에서 접근해 왔다. 이에 대한 논의를 살펴보기 위해서는 약간의 사전 지식이 필요하다.

SF 문학의 시조가 어떤 작품이냐 하는 문제는 사람들마다 이견이 많지만, 대체로 1818년에 발표된 메리 셸리(Mary Shelley, 1797~1851)의 『프랑켄슈타인』(*Frankenstein*)을 꼽는 의견이 우세한 편이다. 잘 알려져 있다시피 『프랑켄슈타인』은 주인공이 마치 신과 같은 입장이 되어 인간 피조물을 만들어 낸다는 줄거리이며, 그렇게 탄생한 괴물은 상당히 깊이 있는 사고와 순수한 심성을 지닌 것으로 묘사되지만 결국은 인간들에게 배척당하다가 자신을 낳은 과학자 프랑켄슈타인을 저주하며 파멸의 길로 이끈다. 괴물로 대표되는 과학기술의 불완전성은 이미 이 작품에서 예견된 셈이라 할 수 있으며, 훗날 상대성이론이 펼쳐 보일 새로운 세계상의 단초를 미리 감성적으로 제시했다고 보아도 좋을 것이다. 어떤 문학평론가는 『프랑켄슈타인』이 기존 문학계에 돌연변이처럼 나타나서 그 자신의 장르(즉 SF)를 스스로 만들어냈다고 얘기한 바 있는데, 그 점에서 기존 물리학계에 등장한 상대성이론의 위상과 일맥상통하는 점이 있다.

20세기로 넘어온 뒤에는 상대성이론이 처음 발표된 것과 비슷한 시기에 오늘날 대중 SF의 시초로 여겨지는 작품도 등장했다. 미국의 휴고 건즈백(Hugo Gernsback, 1884~1967)은 1911년에 자신이 발행하던 잡지에 『랄프』(*Ralph 124C41+*)라는 장편 SF를 연재하기 시작했는데, 이 작품은 비록 문학적인 완성도는 떨어지지만 27세기의 미래를 장밋빛으로 묘사하여 이후 SF를 과학 계몽의 수단으로서 자리매김하는 데 지대한 공헌을 했다. 소설의 제목에서 '124C41+'는 영어 단어로 풀면 'one to foresee for one'이 되어 '미래를 예견하는 사람'이라는 의미가 되며, 끝에 '+'가 붙은 것은 단순히 미래 예측에 그치지 않고 미래를 적극적으로 건설한다는 인간의 의지를 표현한 것으로 간주할 수도 있을 것이다.

그러나 1945년 이후에는 SF 역시 탈바꿈을 하게 된다. SF는 더 이상 과학의 계몽 수단이 아니라 신랄한 문명 비판의 표현 수단이 되었다. SF 작가들은 대부분 상대성이론을 비롯한 과학 지식에 밝았으므로 그들이 내놓은 어두운 미래상은 훨씬 더 생생하고 구체적이며 설득력이 있었다. 물론 그중에는 발달된 과학기술을 이용하여 우주 진출에 나서는 통속적인 작품들도 많았지만 그것들은 다만 중세의 영웅담이나 서부활극을 무대만 우주로 옮긴 것에 불과할 따름이다.

■■ SF의 과학적 예측

핵무기 개발과 관련해서 SF 문학은 독특한 에피소드를 간직하고 있다. 2차 대전이 막바지에 다다른 1944년 어느 날, FBI 수사관들이 미국 뉴욕에 있는 한 싸구려 잡지사에 들이닥쳤다. 잡지의 이름은《어스타운딩 사이언스 픽션》(Astounding Science Fiction). 당시 미국에서 발간되던 통속적인 SF 잡지 중의 하나로서 대부분 유치한 그림의 표지와 조악한 지질, 말초적인 오락물 소설 등으로 채워져서 점잖은 대접을 못 받고 있었다. 그러나 그들의 혐의는 국가기밀 누설이었다. 당시 미군 당국에서 극비리에 개발 중이던 가공할 신무기가 그 잡지의 한 단편 소설에 생생하게 묘사되었던 것이다.

문제의 작품은 클리브 카트밀(Cleve Cartmill, 1908~1964)이란 작가가 쓴 단편「데드라인」(*Deadline*)이었고, 이 작품에서 묘사된 가공할 신무기란 다

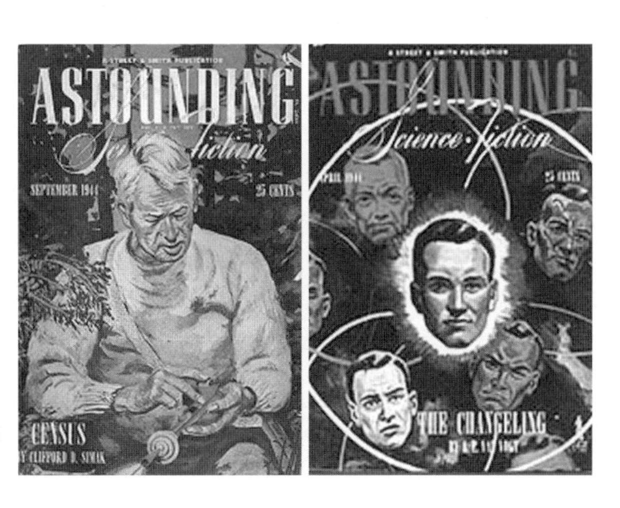

1944년에 출간된《어스타운딩 사이언스 픽션》표지들.

름 아닌 원자폭탄이었다. 그러나 소설 속에서는 전쟁 당사국들이 결국 원폭을 사용하지 않기로 선언한다. 원폭의 위력이 너무나도 대단해서 인류에게 큰 위협이 된다는 사실을 깨달았기 때문이다.

당시 미국 정부는 세계 최고의 과학자들을 끌어 모아 '맨해튼 프로젝트'(Manhattan Project)라는 이름 아래 극비리에 원폭을 개발 중이었다. 그리고 그 보안을 유지하기 위해 모든 언론 매체에 그와 관련된 일체의 정보 공개를 막았고 심지어 과학 잡지에서 학술적인 주제가 되는 일도 교묘하게 방지했다. 그러나 SF 잡지는 아무런 통제나 공작도 취하지 않고 그냥 내버려 두었다. '유치한 SF 작가나 독자들 따위'는 신경 쓸 필요가 없다고 판단한 것이다. 그래서 핵무기에 대해 공개적으로 자유롭게 논의했던 사람들은 SF 잡지와 그 독자들뿐이었는데, 결과적으로 그 내용이 싸구려 SF 잡지에 적나라하게 드러났으니 보안 당국이 혼비백산한 것은 당연했다.

그러나 그 작가는 어디까지나 공공도서관에서 누구나 쉽게 접할 수 있는 물리학 이론서들만을 참고하여 작품을 썼을 뿐, 나머지는 오로지 작가의 상상력만으로 채워진 것이었다. 보안 당국은 결국 이 사건이 순전히 우연의 일치 아니 SF 작가의 상상력에 기인한 '필연적인 우연'임을 깨달았고, 반면에 당시 SF 독자들은 상당히 어깨가 으쓱해졌다고 한다.

사실 『데드라인』 이전에도 이미 핵무기나 원자력을 상세하게 묘사한 SF 작품은 여럿 있었다. 핵무기가 전 세계에 대량 확산되면서 딜레마에 빠지는 상황은 일찍이 1941년에 어떤 SF 작가가 예언한 바 있고, 그보다 앞선 1940년에는 원자력 발전소의 노동자 문제를 다룬 작품이 나오기도 했다. 또 1942년 9월호 《어스타운딩 사이언스 픽션》지에는 원자력 발전소 폭발 사고를 다룬 「과민성」(*Nerves*)이라는 작품이 실렸는데, 이 해는 원자력 발전의 핵심

기술인 핵분열의 제어 실험에 겨우 성공한 해다.

결국 상대성이론을 비롯한 당시의 최첨단 과학 이론들을 끌어들여 문학적으로 형상화하는 작업은 사실상 SF계에서 주도적으로 이루어진 셈이다. 반면에 주류 문학계에서 과학적 설정을 자연스럽게 원용하기 시작한 것은 1950년대 이후에나 이루어진 것으로 보는 편이 정확할 것이다.

■■ SF에 등장하는 상대론적 배경

과학적 상상력의 확장이야말로 SF 작가들의 본령인 만큼, 상대성이론이 제공하는 새로운 시공간의 개념은 여러 작가들에 의해 즐겨 차용되었다.

미국 SF 작가 폴 앤더슨(Poul Anderson, 1926~2001)의 『타우 제로』(*Tau Zero*, 1970)에서는 우주선이 광속에 가까운 속도로 너무 오랫동안 비행한 나머지 우주선 바깥의 세계 즉 지구의 역사와 완전히 단절된다는 설정이 등장한다. 그런데 이 작품의 결말은 상상을 넘어서는 스케일로 마무리되고 있다.

『타우 제로』, 1970년, 폴 앤더슨 지음. 광속에 가까운 속도로 날아가는 우주선이 지구의 역사와 완전히 단절된다는 설정에 아인슈타인의 상대성이론이 담겨 있다.

몇 세기 뒤의 미래, 태양에서 33광년 떨어진 성좌를 목적지 삼아 각기 남녀 50명씩으로 구성된 대규모 이민 탐사대가 지구를 떠난다. 그들이 타고 가는 우주선에는 '항성간 램제트'(ramjet) 엔진이 달려 있으며, 우주선 주위에 100만km 정도 길이의 강력한 전자 역장을 형성하고 있다. 이 엔진은 역장을 통해 우주 공간에 존재하는 극히 미소한 양의 성간물질들을 끌어 모아다가 연료로 사용하는 것으로,

이론적으로는 그 타당성이 이미 밝혀진 것이다. 또한 이 역장은 성간물질과의 마찰도 자동적으로 없애 주며 외부의 강력한 방사선으로부터 우주선을 보호하는 역할도 한다. 이런 시스템에 의해 우주선은 일정한 가속도를 계속 유지할 수 있으므로 33광년의 거리를 우주선 시간으로 5년 안에 비행할 예정이었다. 이는 물론 "운동하는 물체에서는 정지해 있는 물체보다 시간이 느리게 간다"는 상대성이론에 따른 것이다.

그런데 여정의 절반쯤에 이르러 감속해야 할 시점이 되었을 때, 그만 대형 운석과의 충돌로 감속 시스템이 파괴되어 버린다. 이를 수리하려면 외부 역장을 제거하고 우주선 밖으로 나가야만 하지만 역장을 제거하면 감마 방사선 때문에 승객들의 생명이 위험하다. 결국 사람들은 성간물질의 밀도가 극도로 희박한 곳까지 우주선을 이동시켜야만 수리가 가능하다는 사실을 깨닫고 그처럼 완벽한 진공 상태의 우주 공간을 찾아 방향을 돌린다. 그러한 진공 상태는 은하들이 전혀 없는 머나먼 바깥 우주에만 존재하는 것이다.

그리하여 그들은 은하계 밖으로 나가 4,000만 광년 저편의 까마득한 섬우주(island universe) 하나를 목표 삼아 비행하기 시작한다. 마침내 아득한 우주 공간 저편에 이르러 감속 장치는 겨우 수리할 수 있었지만, 이미 가속도는 광속에 가까운 정도까지 도달하여 감속 장치가 감당할 수 있는 단계를 넘어선 뒤였다. 또 엄청난 가속도로 인해 우주선 안의 시간도 외부 세계보다 수천수만 배나 늘어나 있었다. 다시 말해서 그들은 지구의 역사와 영원히 격리돼 버리고 만 것이다. 결국 그들은 자신들이 탄 우주선의 속도를 흡수해 줄 거대한 중력의 천체가 나타나기만을 바라며 속수무책으로 우주 공간을 방랑하기 시작한다. 그리고 그런 방랑은 지금의 대우주가 팽창과 수축의 한 사이클을 끝낼 때까지도 멈추지 않다가, 마침내 새롭게 탄생하는 다음 우주에서 비로소 보금자리로 삼을 외계 행성을 발견하는 것으로 마무리된다.

비슷한 설정이 베트남 전쟁에 참전했던 미국 SF 작가 조 홀드만(Joe Haldeman, 1943~)의 1975년 작 『영원한 전쟁』(*The Forever War*)에도 나온다. 이 소설의 주인공은 우주 전쟁에 참전하는 군인이다. 그는 머나먼 외계 행성의 전쟁터에서 생사를 넘나드는 전투들을 거듭 겪은 뒤 마침내 지구로 귀환하지만, 우주 비행 중에 지구의 시간이 자신보다 훨씬 더 빨리 지나가 버려서 결국 역사의 미아가 되어 버렸음을 깨닫는다. 베트남 전쟁 참전 군인이 귀향해서 겪는 심리적 갈등을 SF적으로 잘 표현한 걸작이다.

『영원한 전쟁』, 1943년, 조 홀드만 지음. 우주 전쟁에서 살아남은 군인이 지구로 귀환하지만 그 동안의 시간 차이로 인해 역사의 미아가 되어 버린다는 설정이 상대성이론을 배경으로 하고 있다. 전쟁의 폐해와 군인의 심리적 갈등을 잘 표현한 걸작이다.

하이테크 시대로 접어든 1980년대에 이르게 되자 SF 작가들도 놀라우리만치 섬세한 고난도의 상상력을 발휘하게 되었다. 이 시기에 등장한 가장 인상적인 외계의 묘사는 아마도 로버트 포워드(Robert L. Forward, 1932~2002)의 『용의 알』(*Dragon's Egg*)이라고 할 수 있을 것이다. 그는 원래 물리학자 출신으로서 다른 SF 작가들에게 아이디어를 제공해 왔던 사람인데, 나이가 쉰에 가까운 1980년에 늦깎이 SF 작가로 등단하면서 『용의 알』이라는 장편을 내놓았다.

『용의 알』에 등장하는 별은 중성자별. 중성자별이란 태양과 같은 항성이 수명이 다하여 폭발한 뒤 그때의 압력에 의해 극도로 압축된 중성자 덩어리다. 이러한 중성자별은 크기가 겨우 수십 킬로미터밖에 안 되지만 엄청난 밀도 때문에 질량은 태양과 맞먹을 정도이고 표면중력도 상상을 초월한다. 『용의 알』에 등장하는 중성자별은 표면중력이 지구의 무려 670억 배나 되는데, 인간의 탐사선이 이 별에 접근하여 관측해 본 결과 놀랍게도 그곳에 생명체가 살고 있다는 사실이 밝혀진다. 지구인들에 의해 '체라'라는 이름이 붙은 이 생물체는 중성자별의 특성상 자기장의 영향을 강하게 받아 조금만 이동을 해도 몸의 모양이 급격하게 변화하며, 에너지 신진대사의 방식도 지구상의 생물과는 근본적으로 달라 시간 감각이 놀라우리만치 빠르다. 그래서 체라는 인간보다 100만 배나 빠른 시간 척도로 인해 처음 지구인과 접촉한 뒤 불과 하루 만에 지구에서의 2,700년에 해당하는 정도의 발전을 이룩해낸다. 강한 중력은 시(공)간을 휘게 만든다는 상대성이론의 내용을 창조적으로 적용한 좋은 예라고 할 수 있다.

■■ 상대론적 상상력의 새로운 지평

이상의 내용을 간단하게 정리하자면, 상대성이론이 펼쳐 보인 새로운 세계상은 20세기 초중반 이후 세계 문학계가 인간과 문명을 보는 눈을 근본적으로 변화시켰다는 것이다. 광속과 중력 · 질량과 에너지의 법칙들은 인간의 미래에 절망과 희망을 동시에 심어주었고, 인간 스스로를 경외의 눈으로 자성하게 만들었다. 앞으로 우리가 상대성이론을 계속 한계로만 인식할지 아니면 가능성으로 소화하여 새로운 문명의 도약을 이룰지는 아직 단정할 수 없다. 하지만 분명한 것은 문학이라는 무한한 상상력의 세계가 꾸준히 그 모색을 이어가고 있다는 사실이다.

그 모색의 도정에서 주류 문학계는 확실히 SF계보다 주저하는 듯 보인다.

하지만 그저 나이브한 '반핵'의 도그마 수준에 머물러서는 진보가 있을 수 없다. 상대성이론을 부정하려는 것이 아닌 이상 그 새로운 지평을 어떻게 창조적으로 수용해야 할지 고민이 필요하다. 그리고 그 실마리는 단언컨대 SF계의 성취에서 찾을 수 있을 것이다.

새로운 규칙성의 발견, 상대성이론과 현대음악

윤민영

상대성이론이 발표된 지 100년이 되었다. 양자 역학 등 20세기 초반에 발표된 여러 업적과 함께 상대성이론은 그 이름이 일반 대중에게까지 널리 알려지고 20세기 인류의 사상과 문화에 깊은 영향을 끼쳤다. 상대성이론은 간과하고 있던 자연의 한 모습을 상대성원리에 입각하여 제대로 보기 위한 노력의 결실이지만 이러한 사실이 자연과학자가 아닌 일반인에게—지식인을 포함하여—온전히 이해되고 있는지는 사실 의문이 들기도 한다.

20세기에 이르러 자연과학은 과학의 범주를 넘어 사회적 · 철학적 · 사상적 · 문화적으로 일반 대중에게까지 영향을 미치기 시작했다고 해도 과언이 아니다. 고대 그리스 시대의 위대한 철학자이며 과학자였던 아리스토텔레스나 근대에 자연과학의 기초 체계를 수립한 뉴턴 등의 업적이 인류의 정신문화에 끼친 영향이 매우 크지만, 사실 일반 대중에게까지 그 영향이 미치지는 못했다. 반면 20세기에 들어서 과학 · 공학 · 기술의 기반이 축적되면서 과학적 발견을 즉시 실현하고 이용하는 일이 급진전되고, 이와 더불어 여러 사회적 요소가 복합적으로 작용하여 상대성이론은 일반 대중에게 희망과 환상, 공포까지도 심어주는 역할을 했다.

최근 수 세기에 걸친 과학의 발전으로 인류는 자연에 대해 폭넓게 이해하게 되었고, 이를 바탕으로 발전한 인류 문명은 세상을 살 만한 곳으로 바꾸었다. 사람이나 가축의 힘 대신 연료나 전기를 이용하면서 생산이 비약적으로 증가하였고, 수많은 발명을 거쳐 풍부한 물자와 이기(利器)를 누릴 수 있게 되었다. 이전에 비해 훨씬 많은 사람들이 삶의 여유를 찾게 된 것이다. 과학과 기술의 발전은 이러한 방식으로 문화 활동의 창달에 기여한다.

음악의 변화와 발전도 문화와 사회의 변화를 반영한다. 로마 시대 군악 위주의 음악은 이후 종교의 시대인 중세에 교회 음악 중심으로 변천하였고, 정치 사상적 변혁의 시기를 거쳐 소수의 귀족이나 성직자를 위한 음악에서 대중을 위한 음악으로 변천하였다. 현대 물질문명의 발달과 더불어 음악의 발전은 양상도 다양해졌고, 다양한 음악 이론과 형식이 성립되었으며 새로운 '들을 거리'를 제공하게 되었다. 기술의 발전 덕분에 음악의 대중화도 가속되었다. 이전에는 존재조차 몰랐던 여러 지역의 토속 음악을 이제는 대중매체를 통해 비교적 어렵지 않게 접할 수 있다. 미디어의 발달로 훌륭한 연주를 CD 등의 매체에 기록하여, 연주되는 곳 이외의 어느 장소에서라도 손쉽게 반복하여 들을 수 있게 되었다. 반면에 음악의 급속한 대중화와 보편화가 음악 자체에 대해서 그리고 음악이 내게 무엇을 의미하는가에 대해 생각할 기회를 점점 더 앗아가는 것 같아 안타까울 때가 있다.

이 글에서는 상대성이론이 발표된 20세기 초 이후 현대 서양음악이 상대성이론으로 대표되는 현대 과학에 의해 어떤 영향을 받았는지, 또 이들 음악

장르와 현대 물리학 사이에 상호 작용이나 유사성이 있는지 등에 대하여 과학을 연구하는 사람의 입장에서 몇 가지 상념을 떠올려 보고 그 답을 찾아보고자 한다.

■■ 자연과학과 음악의 규칙성

음악에도 규칙이 있다. 물론 음악에서의 규칙은 자연과학에서와 같은 성격의 규칙은 아니다. 자연 현상을 바탕으로 이해한 자연계의 법칙을 언어로써 기술(記述)하며 정리하는 과학과 달리 음악은 객관적 객체를 기술하지는 않기 때문이다. 음악은 작곡자와 연주자의 주관적 감성과 이해에 바탕을 두긴 하지만 이 주제를 표현하는 데에는 많은 사람이 공감하며 즐길 수 있는 방식을 사용하므로 규칙과 유사한 개념이 생겨나게 되며, 또는 경우에 따라 창의적인 음악가에 의해 인위적으로 구성되어 규칙이 생기기도 한다.

서양음악에서 이론적 규칙성이 강조되는 부분은 대략 두 가지 정도를 들 수 있다. 하나는 음의 구성에 관한 것, 즉 화성(和聲)에 관한 규칙이며 다른 하나는 악곡의 구성 형식에 관한 것이다. 특히 악곡의 구성에 따른 형식은 상당한 규칙성을 띠고 있으므로 여기에서 잠시 예를 들어 살펴보기로 하자.

누구나 한 번쯤 들어보았을 소나타(sonata)라는 말은 두 가지 의미로 쓰인다. 하나는 18세기 이후 한두 개의 악기를 위해 쓰인 3~4악장 정도의 곡을 말하며, 다른 하나는 악곡의 소나타 형식(sonata form)을 가리킨다. 이 두 가지 의미는 16세기부터 진화된 소나타의 다른 두 면일 뿐 사실상 서로 관계없는 개념은 아니지만, 오늘날 전자는 악기에 따른 형식을 후자는 악곡의 구성에 관한 형식을 지칭하므로 따로 생각하게 되었다.

18세기 초의 악곡 형식으로부터 발전하여 형성된 소나타 형식은 모차르트

음악의 규칙성, 화성과 악곡의 형식

화성은 총체적인 음의 어울림을 말하는데, 서양음악은 특히 논리적인 화성을 바탕으로 하고 있다. 서양음악의 기본이 되는 음계는 8음 음계(音階)다. 이 음계 상의 음을 써서 각 순간 동시에 구현되는 음의 어울림을 화음(和音)이라고 하는데, 8음을 기본으로 하여 각각의 음에 3도씩 세 개의 음을 써서 화음을 만들면 그 중 제1화음(도, 미, 솔의 세 음이 어울려 만드는 화음), 제4화음(파, 라, 도의 세 음이 어울려 만드는 화음), 제5화음(솔, 시, 레의 세 음이 어울려 만드는 화음)이 가장 잘 어울리므로 각각 1도 화음(으뜸화음), 4도 화음(버금딸림화음), 5도 화음(딸림화음)이라 한다. 화음의 연속, 즉 선율에서 구현되는 화음을 화성(和聲)이라 하며 이 화성을 바탕으로 그 곡을 이루는 음 전체의 화성을 조성(調聲)이라 한다. 조성의 근간은 반복적인 화음에서 찾을 수 있다. 즉 대개 곡의 첫머리에서부터 시작하여 그 곡에서 가장 많이 반복적으로 나오는 음이 그 곡의 조성을 결정한다.

서양음악에서 규칙성이 돋보이는 또 한 부분인 악곡의 형식은 시대를 따라 발전하고 변화하여 왔으므로 오늘날에 이르러 아주 많은 악곡 형식이 존재한다. 자주 들을 수 있는 '푸가'(fugue) '마드리갈'(madrigal) '소나타'(sonata) 등이 그 예라 하겠다. 물론 악곡의 구성 외에도 연주하는 악기에 따라, 배경 이야기(story)의 유무에 따라, 그 악곡의 쓰임새에 따라 많은 형식이 있다.

(Wolfgang A. Mozart, 1756~1791), 하이든(Joseph Haydn, 1732~1809), 베토벤(Ludwig van Beethoven, 1770~1827) 등에 의해 정립되어 18세기 후반 고전음악 시대에 악곡 형식의 주류를 이루었다.

소나타 형식은 세 부분으로 구성된다. 처음 제시부에서는 두 개의 서로 대

◀ 하이든 ▶ 베토벤
음악에도 규칙이 있다. 물론 모든 규칙을 강제로 지켜야만 하는 것은 아니었지만, 많은 작곡가들이 이 규칙을 외면하지 않았다. 모차르트, 하이든, 베토벤은 18세기 초의 악곡 형식으로부터 발전하여 형성된 소타나 형식을 발전시키고 정립한 대표적인 작곡가들이다.

비되는 선율의 동기(motive)가 제시되는데, 이 두 개의 동기는 대개 으뜸화음(1도 화음)과 딸림화음(5도 화음)에 해당하는 선율일 경우가 많다. 전개부에서 이들 두 동기가 변주를 통해 서로 융화되고 다른 화성으로 전이되며 전체 악곡의 조성을 결정하게 되고, 마지막 부분 재현부에서 처음 제시부에서 보인 두 동기는 모두 주화음의 선율로 다시 한 번 제시된 뒤 악곡을 결론짓는다. 이 세 부분은 19세기에 와서 제시부(exposition), 전개부(development), 재현부(recapitulation)라는 이름을 얻게 되었다.

물론 이러한 규칙에 필연성이나 절대성이 있는 것은 아니므로 예외 없이 이 틀에 맞추어 규칙을 항상 지켜야만 하는 것은 아니지만, 많은 작곡가들이 이 규칙을 외면하지 않았다. 특히 소나타 형식을 완성했다는 평을 듣는 베토벤의 여러 곡들은 앞에서 간단히 설명한 악곡의 구성을 잘 갖추고 있다. 일명 〈운명〉 교향곡으로 불리는 그의 교향곡 5번은 소나타 형식을 완벽할 정도로 갖추면서, 그에 더하여 오케스트라의 강렬한 합주로 시작되는 1악장 도입부의 인상적인 4음 동기를 곡 전체에 걸쳐 반복하여 통일된 리듬을 주었으며, 비장한 선율과 감미로우며 웅장한 선율이 교차하여 전개되면서 C단조의 비감한 분위기에서 자연스럽게 C장조의 웅장한 분위기로 전환을 이룬다. 마치 '나는 운명과 기꺼이 맞서 싸운다. 나는 운명에 지지 않는다' 라는 그의 좌우명이 그대로 음악에 투영된 듯하다.

음악에서의 규칙이 반드시 당대의 문화나 사회적 통념, 음악 대중의 이해를 반영하는 것은 아니다. 한 작가의 천재성에 의해 또는 일군(一群)의 작가들에 의해 만들어지기도 한다. 자연과학에서의 법칙이 객관적 · 필연적인 성격이 있다면 음악에서의 규칙은 이러한 성격이 필요조건은 아닌지도 모르겠다. 음악은 작곡가의 상상력과 창의성이 대단히 큰 영향을 미치는 장르인 셈이다. 무조음악(無調音樂, atonal music)을 그 대표적 예로서 들 수 있겠다.

무조음악이란 한마디로 악곡에서 조성을 인위적으로 배제한 음악이다. 이 무조음악은 서양음악의 8음 음계 중 온음과 반음을 합쳐 총 12개의 음을 동등하게 사용하여 조성을 없애는 창작 기법으로서, 12개의 음을 균등히 사용하기 위해 특히 규칙성을 강조한다.

이러한 창작 기법은 바그너(Richard wagner, 1813~1883)로부터 그 기원을 찾을 수 있다. 바그너는 19세기 독일 낭만 음악의 분수령을 이루며, 오페라(opera)를 발전시켜 악극(music drama)의 경지로 승화시킨 음악가다. 그와 동시에 고전음악 조성 체계의 해체를 시도하여 그 후 지금까지도 계속 진화하고 있는 무조음악의 시조가 되었다. 지금도 널리 받아들여지는 대로 음악을 피아노로 연주할 때에는 대체로 흰 건반이 주가 되며 검은 건반(반음)은 보조 역할을 하게 된다. 바그너는 이 같은 통념을 넘어 각 음을 평등하게 썼고, 그 대표적인 시도가 악극 《트리스탄과 이졸데(Tristan und Isolde)》이다.

《트리스탄과 이졸데》는 1210년경 독일의 고트프리트 폰 슈트라스베르크가 구전되어 오던 이야기를 모아 독일어로 번역한 것을 바탕으로 하고 있는

데, 이 매혹적인 이야기에 감동한 바그너는 1857년에 오페라를 작곡하기 시작하여 1859년 완성하였다. 2막의 이중창(duet) 〈러브 스토리(Liebestod)〉가 특히 유명한 이 오페라의 3막 서곡은 또 다른 의미에서 매우 중요하다. 이 곡의 초기 도입부는 그 당시에 받아들여지고 있던 화성에 어긋나는 음의 구조를 가지고 있다. 반음을 많이 사용하여 작곡된 이 선율은 매우 아름다운 선율이지만 1도, 5도 등의 화음 체계에는 맞지 않는다. 이러한 반음계주의는 그 후 오스트리아 출신의 쇤베르크(Arnold Schöberg, 1874~1951)에게로 이어져 무조음악의 기초가 되었으며 현대음악에서 시도하고 있는 대표적인 음악 양식으로서 오늘날에도 끊임없이 발전되고 있다.

《트리스탄과 이졸데》, 워터하우스. 바그너는 고전음악 조성체계의 해체를 시도하여 오늘날까지도 진화하고 있는 무조음악의 시조가 되었다. 그 대표적인 시도가 작품 《트리스탄과 이졸데》이다.

위의 몇 가지 예에서 알 수 있듯이 서양음악의 이론 체계에는 내재적인 또는 인위적 시도에 의한 규칙성이 존재한다. 하지만 그 규칙성 자체의 기원을 자연과학과의 연관성 속에서 찾는 것은 그다지 설득력 있어 보이지 않는다. 다만 이러한 음악의 규칙성을 아는 것은 그 작품을 이해하는 데 더할 수 없이 좋은 수단이 된다는 점에서, 마치 자연법칙을 통해 자연 현상을 이해하는 것과도 같다는 정도를 인정할 수는 있지 않을까. 하지만 현대에 들어서면 문화 전반에 지대한 영향을 미친 상대성이론과 현대 과학의 흔적을 음악에서도 찾아볼 수 있을 것 같다.

■■ 상대성이론이 현대음악에 미친 영향

오늘날 상대성이론으로 대표되는 20세기 초 자연과학에서의 혁명적 발견들은, 대중에게 약간의 오해와 더불어 '기존 체계의 해체'로 받아들여진 경향이 있다. 상대성이론은 상대속도를 가지는 두 좌표계의 갈릴레이 변환(Glilean transformation)만으로는 전자기학의 여러 법칙 사이의 상호 관계를 완전히 설명할 수 없는 점을 해결하고자 '상대성원리'와 '빛의 속도 불변'이라는 두 가지의 공리를 바탕으로 물리 현상의 숨겨져 있던 일면을 재구성한 것이다. 그런데 이론의 전개 결과 새로운 시공(時空, space-time)의 성격이 발견되고 이것이 실험을 통해 검증되면서 대중에게는 마치 기존 이론 체계의 해체 및 새로운 이론의 탄생으로서 받아들여진 듯하다. 더욱이 이 상대성이론에서 제시된 질량-에너지 등가원리는 그 후에 원자폭탄이나 원자로 등으로 구체화되면서 대중에게 희망과 공포를 동시에 안겨주게 되었는데, 이 역시 상대성이론이 발견한 원자핵의 성질을 공학과 기술을 바탕으로 구현한 것일 뿐 상대성이론이 담당해야 할 책임은 없어 보인다.

그럼에도 불구하고 상대성이론은—사실상 상대성이론 그 자체보다는 '상대성이론'이라는 어휘와 이 어휘에 연결된 통념이—사회 전반에 걸쳐 지대한 영향을 미치게 되었으며, 이에 따라 서양음악도 많은 변화를 초래하게 되었다. 그 하나는 19세기 말에 만연했던 세기말적 사상과 결합되어 '기존 음악 체계의 해체(解體) 및 부정(否定)과 새 음악 질서의 도입'이라는 성향으로 나타났고, 또 하나는 이러한 급진적 성향에 대한 반동으로서의 보수적·복고적 성향이다.

현대 서양음악에서의 급진적, 파괴적 성향은 '신음악'(新音樂, neue musik)이라는 말로 대변된다. 1910년경부터 시작된 신음악은 전체주의음악이라고 불리기도 하며, 그 어휘만으로 보자면 14세기의 '아르스 노바'(ars nova)◉나 17세기 초의 '누오베 뮤지케'(nuove musiche)◉의 반복에 불과하지만 그 내용은 상당한 차이가 있다. 20세기 초의 '신음악'(new music)은 기성 음악 이론에 대한 격렬한 부정을 바탕으로 새로운 음악 이론의 체계를 도입하기 위한 급진적인 실험정신으로 가득 차 있다. 1차 세계대전의 충격을 극복하기 시작한 1930년경부터 대두된 신고전주의(新古典主義, Neo-classicism) 작곡가들의 활동을 통해 이 'new music'과 그 반대 개념으로서의 'old music'은 융화의 길을 걷는 듯싶었으나 2차 세계대전이 끝난 1950년대부터 이 두 성향의 거리는 더욱 멀어져 버렸고, 이로부터 파생된 다양한 시도로 인해 이제 서양음악을 대표하는 성향은 실험정신이나 복고주의 등이 아니라 '다양성' 그 자체가 되어 버린 느낌이다.

현대음악의 수많은 시도 중 특별히 무조음악(atonal music)은 다시 한 번 고찰할 만하다. 그 첫째 이유는 이 무조음악의 뿌리가 20세기 이전으로 거슬러 올라감에도 불구하고, 명멸해간 현대음악의 다른 시도들과는 달리 20세기에 들어 크게 발전하여 한 유파를 형성할 정도로 중요한 위치를 굳혔다는 점이고, 둘째는 매우 공고한 이론적 배경을 가지고 있다는 점이다.

앞서 언급한 대로 무조음악은 바그너에 의해 시도되고 쇤베르크에 이르러 정립되었다. 엄밀히 말하면 바그너에 의해 시도된 음악은 반음을 경시하지 않는 반음계주의이며, 쇤베르크에 이르러 무조음악이 탄생되었다고 보아야 할 것이다. 쇤베르크는 초기에는 후기 낭

◉ 아르스 노바
'새로운 예술'이란 뜻으로 14세기 프랑스 음악 전반의 새로운 경향. 13세기의 유럽 음악인 아르스 안티콰(ars antiqua, 낡은 예술)에 대비하여 14세기의 새로운 기보법을 서술한 데서 비롯하였다. 기욤 드 마쇼가 대표적인 작곡가로서, 인간적이고 감각적인 세속 다성(多聲) 가곡을 많이 작곡하였다.

◉ 누오베 뮤지케
역시 '새로운 예술'의 뜻으로 17세기 이탈리아의 작곡가 줄리오 카치니의 작품집 『신음악(Le nuove Musiche)』(1602)에서 비롯하였다. 카치니는 이 작품집에서 새로운 단선율(모노디)을 개척하여 바로크 음악의 발전에 지대한 영향을 미쳤다.

만파의 영향을 받은 것으로 평가되지만, 1905~1912년에 걸쳐 그의 음악은 무조음악으로 옮아간다. 비록 자신은 범조음악(凡調音樂, pantonal music)이라고 불렀으나 쇤베르크의 음악은 결국 무조음악이라는 부정적 느낌의 이름으로 받아들여졌다.

어떻게 조성을 없애는가 또는 어떻게 음악에 조성이 없을 수 있는가 하는 문제에 대해서는 많은 이론(理論)이 있으나, 간단히 말하자면 음악에서 조성을 제시하는 구심점을 제거하는 것이라고 할 수 있다. 바그너가 반음계주의에서 제시한 12음의 집합 또는 그 부분집합을 균등하게 같은 빈도로 사용하며 불협화음에 구애받지 않고 선율을 이끌어 나가는 것이다.

1923년에 쇤베르크는 무조음악의 작곡기법을 이론화하여 발표했다. 이 이론을 요약하자면 8음계에 바탕을 둔 채 반음을 경시하지 않는 반음계주의(chromaticism)로부터 벗어나 12음계주의(dodecaphonism)를 채택하고, 한 옥타브(octave) 내에서 이 12음을 균일하게 원하는 순서대로 써서 일련의 음렬(音列)을 정하여 변환하면서 작곡에 사용하는 것이다. 이 음렬은 끝으로부터 시작으로 거꾸로 역행(逆行, retrograde)할 수도 있고, 음을 역순으로 전개하는 전회(轉回, inverse)의 과정을 거칠 수도 있다.(악보 그림 참조) 이

무조음악에서의 작곡 기법의 예. P-0는 주음렬로서, 12개의 음을 한 번씩만 사용하여 만들어진다. 이 주음렬을 끝부터 시작으로 거꾸로 진행시키는 것이 역행음렬 R-0이다. 음렬 P-0의 9번째 음(8번음)에서 시작하여 주음렬에서의 전개 순서를 뒤집어 3도 아래, 5도 위의 순서로 진행되는 음렬이 전회음렬인 I-9이며 음렬 I-9의 역행음렬이 RI-9이다. 무조음악에서의 작곡 기법에 의하면 하나의 주음렬로부터 48개의 음렬을 만들 수 있다.

렇게 역행 또는 전회된 음렬을 임의의 옥타브에서 임의의 박자로서 순차적으로 제시하는 것이 선율(melody)의 개념을 대신하고, 동시에 배열하는 것이 화음의 개념을 대신하는 것이다.

이 기법으로 작곡된 음악을 처음 들으면 매우 생경하다. 우선 불협화음인데다가 조성이 없다. 게다가 정서가 실려 있는지 의심스러울 만큼 무미건조하며 작곡 과정이 다소 기계적이다. 그럼에도 불구하고 베르크(Alban Berg, 1885~1935), 베베른(Anton Webern, 1883~1945) 등이 쇤베르크의 뒤를 이어 이러한 의심과 부정적 견해에 대해 반론을 제기하고 해명하면서 무조음악을 계승하고 발전시켜 현대음악에서의 수많은 시도의 출발점이 되었으며 지금은 현대음악을 대표하는 위치에까지 이르렀다.

비록 반음계주의에서 발전했으나, 온음과 반음을 완전히 동질시하는 무조음악은 마치 상대성이론의 시간과 공간의 동질성이나 질량-에너지 등가 원리와도 유사하다. 특히 쇤베르크가 도입한 작곡 기법인 역행과 전회는 작곡이라기보다 작용(operation)으로서, 시간 역행(time reversal) 등 상대성이론에서 나타나는 몇 가지 개념과도 비슷하다. 특히 현대 물리학에서의

위부터 쇤베르크, 베르크, 베베른.
쇤베르크는 바그너의 반음계주의를 계승하여 무조음악을 탄생시켜 현대음악의 새 장을 열었으며, 베르크와 베베른은 무조음악과 12음계주의를 발전시켜 현대음악을 대표하는 작곡가가 되었다.

공간 반전(parity)은 전회와 유사한 점이 매우 크다. 그 근원과 유래를 명확히 규명하는 것은 어렵겠으나, 상대성이론을 비롯한 현대 과학의 영향이 어느 정도 작용한 면은 부인할 수 없겠다.

■■ 음악과 과학의 형식화

음악에서 새로운 시도가 성공하여 정착되면 그에 따른 이론과 규칙성이 생겨난다. 정립된 이론과 규칙성에 따라 작곡된 음악은 듣기에 좋든 귀에 거슬리든 간에 창작으로서의 가치를 인정받는 경향을 보인다. 그 결과 대중은 전혀 이해하지 못하는 가운데 깊은 음악적 소양과 지식을 가진 사람만이 즐길 수 있는 음악들이 생기게 되니, 이러한 경향을 형식화(stylization)라고 한다. 이 형식화는 비단 음악에만 국한된 것이 아니어서, 예술이나 학문 전 분야에 걸쳐 언제든 일어날 수 있다.

음악의 형식화가 좋으냐 나쁘냐를 따질 필요는 없을 것이다. 이것은 하나의 경향으로서 존재하는 것이며 가능한 사람들 사이에서 향유되는 것이기 때문이다. 다만 현대음악의 경우 이러한 경향이 짙어서 음악적 소양이나 지식이 풍부하지 못한 일반 대중은 쉽게 즐기기 어렵다는 점이 문제인 듯하다. 아직도 많은 사람들이 18세기 고전음악이나 19세기 낭만음악을 즐기는 데 머물 뿐 20세기 이후의 현대음악을 즐기는 사람이 상대적으로 적은 것은 부분적으로는 이런 이유 때문일 것이다. 음악이 형식화되면 대중으로부터 멀어지고 그 결과 음악은 지식인의 전유물에 그치게 된다. 그리하여 작곡자의 창작 영역은 제한되고 보다 많은 사람의 상상력을 자극할 기회를 잃는다. 어떤 면으로 보아도 바람직한 일은 아니다.

물론 음악의 형식화는 양상은 조금씩 다르지만 17세기 바로크 시대로부터 고전음악 시대로 이어지는 18세기 초엽에도 나타났다. 정치 · 경제 · 사회적 주도권을 쥐고 있던 귀족 계급은 문화의 주도권을 가지고 있었고 음악 역시 이들을 위한 것이 대부분이었다. 더욱이 바흐(Johann Sebastian Bach, 1685~1750)가 9세기 이후 발달된 대위법(對位法, counterpoint)◉에 조성의 개념을 추가하여 조성적 대위법(調聲的 對位法)을 확립한 이 시기에 음악 이론은 통주저음(通奏低音, Basso continuo)◉을 기반으로 하는 대위법과 화성학까지 겹쳐 그 이전에 비해 매우 복잡하게 되었다. 물론 지금까지 사랑받는 이 시대의 명곡들은 그 선율과 인상이 매우 예술적이긴 하지만, 당시의 음악 이론에 충실하게 작곡된 곡들은 어지간한 지식으로는 깊이 감상하기에 벅찬 감이 있다.

이에 반하여 이 시기(18세기)에 음악의 대중화를 시도한 예가 있으니, 이는 지금도 유명한 모차르트(Wolfgang Amadeus Mozart, 1756~1791)에 의해 이루어졌다. 천재라는 단어의 의미가 명확하지는 않지만, 모차르트는 분명 천재였다. 음악가인 아버지의 헌신적인 지도로 이미 어린 시절 몇 차례의 연주 여행에서 큰 성공을 거두었고, 여섯 살부터 열다섯 살까지의 10년 가운데 반이 넘는 기간 동안 유럽 전역에 연주 여행을 다니며 재능을 과시했다. 그는 첫 번째 미뉴에트(minuet)를 여섯 살 때, 첫 번째 교향곡(symphony)을 아홉 살에, 첫 번째 오라토리오(oratorio)를 열한 살에, 첫 번째 오페라를 열두 살에 작곡하였다. 전하는 바에 따르면, 모차르트는 넘치는 즐거움과 풍부한 상상력을 동원하여 머릿속에서 이미 세부까지 작곡을 완성하고, 머릿속에서 완성된 곡을 악보에 단지 옮겨 적으면 되었으므로 웃고 떠들고 대화를 나누면서도 작곡을 할

◉ **대위법**
독립성이 강한 둘 이상의 멜로디를 동시에 들리도록 결합하여 작곡하는 기법.

◉ **통주저음**
17~18세기 유럽음악에서 건반악기 연주자가 주어진 저음 외에 즉흥적으로 화음을 곁들여 반주를 완성시킨 저음 부분.

모차르트는 음악의 형식화를 극복하고, 복잡한 음악 이론과 규칙성을 천재적 음악성으로 소화하여 대중들도 쉽게 감상할 수 있는 아름다운 곡들을 작곡하였다. 과학의 대중화를 표방하는 오늘날, 진정한 과학 문화의 대중화를 모색하는 데 시사하는 면이 크다 하겠다.

수 있었다고 한다. 동시대의 위대한 작곡가 가운데 한 사람인 하이든(Franz Joseph Haydn, 1732~1809)이 정해진 작업 시간에 '일'로서의 작곡을 하고, 끊임없이 악기로 연주해 가면서 수정해야 했으며, 악상이 떠오르지 않으면 간절히 기도해야만 했던 것과 비교해 보면 모차르트의 창작력과 상상력이 얼마나 풍부했으며 그 음악적 재능이 얼마나 뛰어났는지 알 수 있다.

모차르트는 그 모든 복잡한 음악 이론과 규칙성까지 천재적 음악성으로 소화하여 대중들도 쉽게 감상할 수 있는 아름다운 곡들을 작곡하였다. 그가 비엔나 시기(1781부터 모차르트의 생애의 마지막 10년) 초기에 작곡하여 대단한 대중적 인기를 누린 일련의 협주곡들(concerto K.414, 413, 415)은 모차르트가 아버지에게 보낸 편지 그대로 "비록 몇몇 군데는 전문가가 아니라면 그 완성도를 유추하기가 힘들겠지만, 그런 부분에서조차도 무식한 사람이라도 왜 그런지 즐거워하지 않을 수 없는" 작품이며 이러한 작곡자 자신의 견해에 현재까지 많은 음악가들이 동의하고 있다.

모차르트는 어떻게 이러한 음악성을 발휘할 수 있었을까? 그가 선천적으로 타고난 천부적 천재성은 논외로 치기로 하자. 그렇다면 그가 완벽에 가까운 음악성을 구현할 수 있었던 첫 번째 요인은 무엇보다도 교육과 훈련이라고 볼 수 있다. 어려서부터 헌신적인 아버지에게 체계적이고 일상적으로 음악 교육을 받았으므로 그는 음악에 관한 한 더 이상 배울 것이 없는 경지에 누구보다도 빨리 도달하였으며 그의 음악적 역량은 머릿속에 완전히 녹아 있었던 것이다. 즉 그의 사고 자체가 완전히 음악적인 사고였으므로 노동으로서의 작곡이나 연주를 할 필요가 없었다. 두 번째 요인은 어린 시절부터 오랜 동안의 연주 여행에서 얻은 경험을 들 수 있을 것이다. 여섯 살부터 시작된 그의 연주 여행은 거의 유럽 전역에 걸쳐 이루어졌고, 가장 감수성이 예민하던 시기에 각종 문화에 대해 풍부한 경험을 할 수 있었다. 비록 잘츠부르크(Salzburg) 태생의 독일인이지만 이탈리아 음악을 가장 잘 이해하고 소화한 작곡가로 손꼽히는 것도 이러한 이유에서일 것이다. 즉 음악을 가장 잘 음악적으로 표현한 작곡가 모차르트에게서 필수적이었던 음악가적 요소는 완벽에 가까운 음악가적 소양과 경험이었다고도 할 수 있겠다. 이를 바탕으로 그는 어려운 곡을 무식쟁이도 즐거워할 수 있게 작곡할 수 있었고, 형식화되어 가는 고전음악을 형식화에 반하여 대중화할 수 있었던 것이다.

현대를 생각해 보면, 이제 과학도 형식화의 길을 걷고 있는 것이 아닌가 싶다. 어지간한 수학적 지식과 복잡하고 물리학적인 지식이 없다면, 그리고 이를 단지 이해하는 데에서 그치는 것이 아니라 자유자재로 구사할 수 있는 지난한 연습의 과정이 없다면, 물리학의 제 업적을 이해하기조차 힘든 것이다. 이는 대중뿐만 아니라 물리학을 전공하는 학자들에게도 마찬가지여서 자신이 속한 세부 전공 분야와 동떨어진 분야의 논문을 읽어 소화하는 것이 어려울 때도 종종 있다. 하물며 물리학을 전공하지 않은 일반인들에게야 더 말할 나위가 있겠는가.

요즈음은 과학의 대중화를 표방하며 자연과학 지식을 일반인들에게 소개하고 이해시키는 것이 중요한 일로 인식되고 있다. 허나 실제로는 단편적인 과학 지식을 이야깃거리 삼아 TV 쇼 프로그램 같은 데에서 일회성으로 다루거나, 과학소설이나 영화의 소재로 삼는 데에 치중하는 것은 아닌지 의구심이 들 때가 종종 있다. 진정 인류가 소중히 여겨야 할 과학적 업적이 깊이 있게 소개되고 이해되기보다는 이를 적당히 각색한 기술적 · 산업적 판타지(fantasy)가 더 흥미를 끌고 있다. 이래서야 과학의 대중화는 요원하고 과학기술적 망상만이 사회에 팽배해갈 뿐이다.

진정 과학 문화의 대중화를 이룩하여 과학적 업적을 대중과 공감하여 향유하고자 한다면 모차르트와 같아야 한다. 무엇보다도 과학을 누구나 이해할 수 있는 쉬운 말로 풀되 오류를 범하지 않을 정도로 풍부한 과학적 소양과 지식을 갖추어야 할 것이고, 다음으로는 과학적 지식을 통해 사회와 역사 그리고 전 우주를 투영할 수 있을 정도의 폭넓고 깊은 경험과 이해를 가져야 할 것이다.

■■ 자연과학과 음악의 역할

필자가 대학 물리학과에 입학하여 처음 들은 일반물리학 강의에서 '물리학이란 결국은 물리학을 통해 자연관 · 사회관 · 인생관 · 우주관을 형성하기 위한 것' 이라는 말을 들었다. 물리학이 아니어도 충분히 가능한 일을 물리학의 역할이라고 지적하신 교수님 말씀에 꽤 오랜 뒤까지도 거부감을 느꼈던 것 같다. 하지만 이제 물리학을 배우고 익히며 연구한 지 어느 정도 시간이 흐르니 그 말씀이 과연 옳은 것이 아니었겠는가 하는 생각이 들기 시작한다.

물리학을 포괄하는 자연과학의 역할은 결국 몇 가지 현상을 설명하고 그로써 논문을 쓰며 그 결과를 이용하여 산업에 적용하는 것만은 아닐 것이다. 자연과학은 보다 형이상학적인 역할을 분명히 가지고 있다. 그러한 면에서 상상력과 감성에 바탕을 두면서 이론과 규칙성을 바탕으로 표현해내는 음악과도 일맥상통하는 부분이 있다고 하겠다.

지금까지 현대 물리학의 위대한 업적 가운데 하나인 상대성이론이 현대음악에 남긴 것으로 여겨지는 자취를 찾아보았다. 그리고 이를 통해 더불어 현대 과학이 안고 있는 작은 문제점 하나도 되짚어 보았다. 필자의 견해가 전적으로 옳은 것은 물론 아니지만 꼭 틀린다고 할 수만도 없을 것이니, 비록 편협한 면이 있기는 해도 독자들께서 반추(反芻)하여 과학에 대한 나름의 견해를 세우는 데 계기가 되었으면 하는 마음 간절하다.

휘어진 공간, 휘어진 건축

함성호

과학에서 이론이란 놀이의 규칙과 같은 것이다. 시대를 앞서간 천재들에 의해서 발견된 새로운 이론은 항상 그 시대가 오면 누구나 알 수 있는 것이 되어 버리기 때문이다. 그러나 그렇다고 해서 모두가 그것을 진정으로 이해하지는 못할 것이다. 우리가 놀이의 규칙에 적응하듯이 대부분의 사람들은 과거의 새로운 이론에 적응할 뿐이다. 그렇듯이 결코 진리는 쉽게 말해지지 않는다. 대부분의 평범한 사람들은 다만 진리에 익숙해질 뿐이다.

1905년 6월 아인슈타인이 상대성이론 논문을 《물리학 연보》에 우편으로 부친 이후 지금까지, 상대성이론은 놀이의 규칙이 되지는 못한 것 같다. 그것은 마치 우리가 설날에 윷놀이를 하며 놀지만 윷판의 원리에 대해서는 잘 모르고 있는 것과 비슷하다. 웨스트포인트(미국 육군사관학교) 생도 시절의 맥아더가 물리 시간에 상대성이론에 대해 유창하게 발표해 놓고 막상 자신이 발표한 내용에 대해 하나도 이해하지 못하고 있다고 고백한 것처럼, 상대성이론은 난해한 것으로 알려져 왔다. 초등학생부터 지긋한 나이에 이르기까지 하나의 물리학 이론이 이렇게 많은 사람들의 입에 오르내린 일은 뉴턴 이후에는 없었다. 그러나 누구도 그 이론에 대해 하나도 이해하지 못하면서 이렇게 많은 사람들이 그것에 대해 알고 있었던 적은, 아인슈타인 이전에도 없었고 이후에도 없을 것이다.

■■ **벅민스터 풀러의 지오데식 돔과 아인슈타인**

아마도 아인슈타인이 만났던 수많은 사람들 중에서 건축가로는 벅민스터 풀러(Buckminster Fuller, 1895~1983)가 유일하지 않나 싶다. 풀러는 단순한 건축가라기보다는 사실 발명가에 더 가까운 사람이었다. 그는 수많은 아이디어로 세상을 깜짝 놀라게 하길 좋아했고, 또 그 자신이 놀라운 인간이었다. 그는 1935년에 최초의 유선형 자동차를 발명했는데, 이 자동차는 게처럼 옆으로 움직일 수 있었고 자체 길이 내에서 180도 회전이 가능했다. 날개가 없는 오늘날의 비행기 모습을 한 이 자동차를 개발하기 위해 그는 전 재산을 날렸고, 매일 커피와 도넛만 먹고 산 정열의 인간이었다. 그러나 이 차는 너무 진보적인 디자인 때문에 당시 자동차 업계의 반발을 샀고, 엎친 데 덮친 격으로 인명사고까지 나자 본격적인 생산이 중지되었다.

벅민스터 풀러, 아마 아인슈타인이 만난 유일한 건축가가 아닐까.

벅민스터 풀러는 아인슈타인이 믿었던 것처럼 인간 행동의 주된 원동력은 두려움과 갈망이라고 믿었고, "교회는 과학자들을 최대 이단자라고 생각하지만 과학자들이야말로 참된 종교인이다. 왜냐하면 과학자들이야말로 우주의 질서를 믿기 때문이다"라는 아인슈타인의 신념을 그대로 받아들였다.

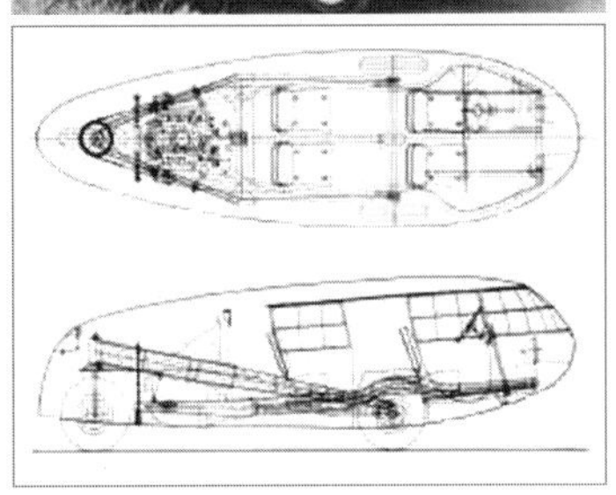

풀러가 발명한 최초의 유선형 차와 그 해부도.

풀러가 아인슈타인과 만나게 된 계기는 그가 만든 자동차가 사고가 난 뒤 관심을 저술활동으로 돌리게 되면서였다. 풀러는 그의 책에서 아인슈타인이 상대성원리를 발견하게 된 것은 특허사무소에서 일한 덕분이라고 주장했다. 정확한 시계를 만들었다는 특허 신청자들의 발명품을 일일이 검토하다보니 자연스럽게 완벽한 시간의 측정은 불가능하다고 생각했고, 마침내 뉴턴의 '절대성'을 '상대성'으로 뒤집어서 파악했다는 게 풀러의 생각이었다. 그런데 그의 이런 생각은 풀러의 책을 발간하기로 한 출판사 직원의 의심을 사게 되었다. 의심의 이유는 간단했다. 당시 아인슈타인은 세상에서 상대성이론을 이해하는 사람은 오직 열두 명밖에 없다고 얘기한 적이 있었다. 물론 비유였지만 출판사 직원은 곧이곧대로 이 말을 믿었고, 설상가상으로 다른 출판사에서 이 열두 명의 명단을 공개했다. 이 명단에 풀러의 이름이 없다는 걸 확인한 출판사 직원은 풀러의 책 발간을 취소했다. 황당한 풀러는 출판사 직원에게 그렇다면 아인슈타인에게 직접 원고를 보내 검토해 보게 하라고 지나가는 말처럼 제의했고, 출판사 직원은 정말 그렇게 했다. 그 결과 아인슈타인의 추천으로 책은 출간되었고 아인슈타인은 풀러를 만나 이렇게 얘기했다. "젊은이, 자네는 나를 놀라게 했다네. 내가 해낸 일 가운데 조금이라도 실용적으로 응용된 것은 하나도 없는데 자넨 달라. 사실 내가 그 모든 이론을 전개한 것은 우주를 크게 생각하려는 사람들, 우주론자와 천체물리학자들에게 실용적으로 이용될 수 있기를 바라서였지."

아인슈타인이 전개한 모든 이론은 드디어 한 건축가의 상상력을 자극했고, 벅민스터 풀러는 거대한 도시를 기둥 없이 통째로 덮을 수 있는 '지오데식 돔'(geodesic dome)을 완성했다. 삼각형의 유니트를 계속 반복하면서 돔 형태를 이루는 이 놀라운 발명품은 좀더 넓은 공간의 확보를 위해 끝없이 기둥을 줄여온 20세기 건축 구조의 최종 목적지였다. 지오데식 돔은 최대용적을 최소피복용적으로 덮어씌운 구면 내접 다면체로 오늘날 열대지방에서 극지에 이르기까지 거품 모양의 이 구조물은 실로 다양하게 쓰이고 있다. 지오데식 돔은 두 개의 가장 간단한 역설에서 출발했다. 그것은 피라미드와 같은 삼각형으로 이루어진 4면체가 지구상의 모든 형태 중 가장 표면적이 크지만 가장 작은 공간을 확보한다는 아이디어에서 출발하여 가장 작은 표면적으로 가장 큰 공간을 내포하는 구형을 이룬다는 데 있다. 이 두 가지 상반된 입체도형이 만나면서 표면적은 가장 크지만 가장 최소한의 공간을 가지는 4면체

지오데식 돔, 벅민스터 풀러, 몬트리올 엑스포 미국관, 1967년. 정이십면체를 응용한 기하학적 구조로 내부에 기둥이 하나도 없다. 지오데식 돔은 일반적인 건물보다 60%가량 적은 재료를 사용해서 훨씬 넓은 공간을 확보할 뿐더러 유지 관리 면에서도 탁월한 경제성을 자랑했다.

는 표면적은 가장 작지만 최대의 공간을 가지는 구형에 집중되는 힘을 분산시키며 지구라는 행성을 덮을 수 있을 정도의 거대 공간을 가능하게 만든다.◉

사람들은 풀러의 이론을 의심했다. 그러나 1952년 미 공군은 북극에 레이더 기지를 만들기 전에 일단 북미에서 가장 바람이 심한 뉴햄프셔 주 워싱턴 산의 꼭대기에 벅민스터 풀러의 지오데식 돔을 지어 시험해 보기로 했다. 시공에 참여한 엔지니어들은 그것이 얼마나 빨리 무너질지 내기를 걸 정도였지만 2년의 테스트 기간이 지나도 돔은 멀쩡했다. 그것은 튼튼했고 또 가벼웠으며 무엇보다도 엄청나게 빨리 만들 수 있었다. 1957년 호놀룰루에서 급히 강당을 지을 일이 생겼을 때는 부품이 도착한 지 22시간 뒤 벌써 돔이 완성되어 청중들은 음악회를 즐기고 있었다.

◉ **건축가의 상상력**
풀러의 첫 건축 설계는 강철 기둥에 연결된 케이블에 알루미늄과 유리를 매달아 만든 원형 건물이었다. 이 건물은 집이라기보다는 비행접시처럼 보였는데 비행선을 들고 다니며 이곳저곳 장소를 옮겨 거주할 수 있도록 설계되었다. '다이맥션'(Dimaxion)이라는 이름의 이 집은 태양열을 이용하고 텔레비전, 자동진공소제 장치, 에어컨 장치, 자동 개폐문을 설치하게끔 되어 있었는데 당시까지만 해도 어느 것 하나 발명 되지 않은 상태였다.

아인슈타인의 일반상대성이론이 공간기하학 이론인 것처럼 벅민스터 풀러의 지오데식 돔은 공간기하학을 통해 최초로 건축 구조를 해결한 예라고 볼 수 있다. 지오데식 돔 이전까지 건축에서는 재료에 미치는 물리적 힘을 지면까지 하나의 방향으로 유도하여 건물을 지탱하도록 하였다. 그 한 가지 외의 힘들은 어떻게 보면 불필요한 것으로까지 생각되어 왔다. 그러나 지오데식 돔은 그 힘들을 여러 방향으로 분산시키며 불필요하다고 여겨진 힘에 의도적으로 방향성을 부여하며 건축 구조의 새로운 장을 열었다.

아인슈타인의 특수상대성이론은 "관성계 속에서는 진공 중의 빛의 속도가 항상 일정하다"는 소위 '광속도 불변의 원리'를 전제로 한다. 그러나 일반상대성이론은 이 원리를 극복하여 시간과 거리의 관계를 상대적으로 취급하는

4차원의 세계를 구성했다. 그래서 뉴턴 역학의 상식으로는 이해되지 않는 다양한 상상들을 가능하게 했지만 우리가 피부로 느끼는 이 세계에서 그런 현상을 증명하는 것은 불가능하다. 마찬가지로 지오데식 돔 이후 건축은 아직도 공간기하학의 여러 이론들을 현실 가능한 것으로 제시하지 못하고 있다. 그러나 아인슈타인의 이론은 건축가들의 상상을 자유롭게 만들었고, 새로운 세대의 건축가들에게 공간을 보는 시각을 새롭게 할 것을 요구했다.

■■ 공간의 인식체계와 과학 패러다임의 변화

르네상스 이후 과학의 패러다임은 인간의 인식체계에 크게 영향을 미쳤다. 중세의 회화에서 볼 수 있듯 당시는 텅 빈 공간이란 존재하지 않았다. 인물과 인물 사이 그리고 물체와 물체 사이는 실재로 우리가 보는 대로 그려져 있지 않고 (지금의 우리가 보기에는) 전혀 맥락이 닿지 않는 풍경이나 정물로 채워져 있으며 심지어는 모호한 배경으로 메워져 있다. 그러다 원근법이 발견되면서 이 모호한 배경은 실제로 우리가 보는 것과 같은 텅 빈 공간으로 대체된다. 중세의 회화가 빈 공간을 허락하지 않은 이유는 간단하다. 그것은 신의 의지는 두루 편만(遍滿)해 있어야 하기 때문이다. 텅 빈 공간이 있다는 것은 신의 의지가 존재하지 않는 어떤 곳이 있다는 말과 같았다. 이것은 중세 사람들이 공간이란 개념을 어떻게 이해하고 있었는지를 잘 나타내준다. 당시를 지배하고 있던 아리스토텔레스의 사상에 따르면 공간이란 부피를 갖고 있지 않으며 깊이 또한 갖고 있지 않았다. 아리스토텔레스에 의하면 오직 구체적인 사물만이 깊이를 갖고 있었고 공간은 단지 사물의 표면일 뿐이었다.

그러나 중세의 공간관은 15세기 초 스페인의 스콜라 철학자인 하스다이

크레스카스(Hasdai Crescas, 1340~1410)에 의해 심각한 도전을 받는다. 이미 15세기에 오면 텅 빈 공간의 실재를 확신하는 사람들이 많았지만 크레스카스처럼 실증적으로 그것을 증명한 사람은 없었다. 그는 아리스토텔레스가 정의한 공간의 정의를 통해 그것을 증명했다. 즉 아리스토텔레스에 따르면 사물의 공간은 그것의 외부 경계선과 동일하다. 그렇다면 둥그런 원을 생각해 볼 때 원의 공간은 그것을 둘러싸고 있는 내부의 크기와 동일하다. 그렇다면 여기서 이 원의 어느 한 부분을 원점으로부터 일정한 각도로 떼어냈을 때 원의 경계선은 부분을 떼어내기 전보다 더 커지게 된다. 크레스카스는 이런 모순을 제기하며 아리스토텔레스의 공간을 반박했다. 전체의 공간이 부분의 공간보다 더 커진다는 것은 분명 모순이기 때문이었다. 그러고 나서 그는 물질 공간은 사물을 둘러싼 표면이 아니라, 사물이 차지하고 거주하는 부피라고 주장했다. 더 나아가 그는 무한 공간이 우주 전체에 펼쳐져 있다고 주장했다.

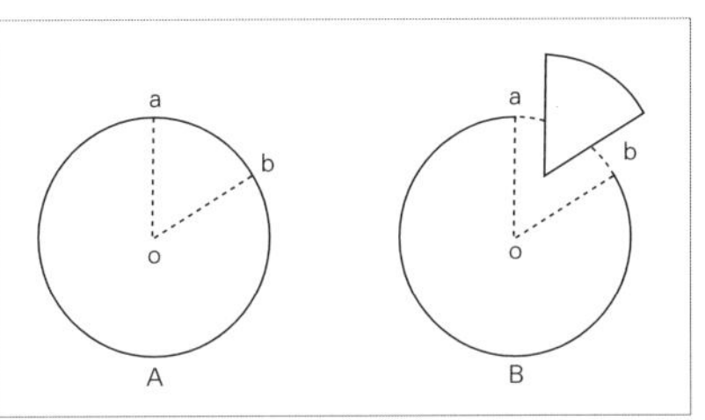

원 A의 공간은 선분 ab를 포함한 1이다. 이것을 전체로 보았을 때 원 B는 원 A에 대해서 삼각형 oab를 뺀 부분이다. 따라서 공간의 크기도 당연히 전체보다는 부분이 더 적다. 그러나 아리스토텔레스의 논리에 의하면 원 B의 공간의 크기는 그것을 둘러싼 외곽의 길이 oa, ob를 포함하여 전체인 원 A의 공간의 크기보다 더 커지는 모순이 발생한다.

르네상스 회화의 원근법은 이러한 공간의 개념을 통해 물체와 물체 사이를 새롭게 인식하기 시작하면서 출발했다. 그리고 그 전까지의 신학적 개념에 의해 지배받던 공간 인식은 이후 새로운 과학의 패러다임에 의해 급격하게 변모해 간다. 이제 자연과학은 제프리 버튼 러셀의 말처럼 “보다 위대한 신학적, 도덕적 그리고 종교적 진리의 증거로서 존재하는 열등한 진리”를 넘어서 인문학 위에서 그것들을 이끄는 위태로운 황금잣대가 되고 있었다. 그리

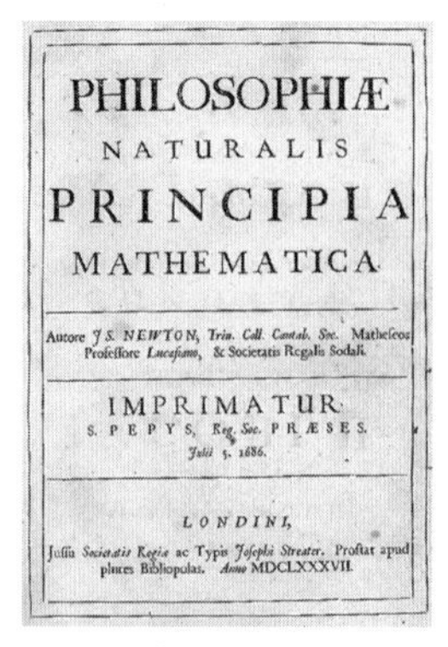
PHILOSOPHIÆ
NATURALIS
PRINCIPIA
MATHEMATICA

Autore J S. NEWTON, Trin. Coll. Cantab. Soc. Matheseos Professore Lucasiano, & Societatis Regalis Sodali.

IMPRIMATUR
S. PEPYS, Reg. Soc. PRÆSES.
Julii 5. 1686.

LONDINI,
Jussu Societatis Regiæ ac Typis Josephi Streater. Prostat apud plures Bibliopolas. Anno MDCLXXXVII.

뉴턴의 저작 『프린키피아』(1687)

고 데카르트의 기계론적인 세계관이 등장하면서 중세를 이끌었던 영혼 공간은 급격하게 쇠퇴한다. 그러나 데카르트는 우리가 알고 있는 것과 달리 완고한 합리론자가 아니라 오히려 신비주의적 계시에 근거하여 과학에 접근해 간 사람이었다. 그는 아리스토텔레스처럼 텅 빈 공간의 존재를 인정하지 않았다. 그러나 우주는 무한하다고 믿었고, 로마 가톨릭 신앙에 도움이 되었으면 하는 바람으로 기계론적 세계관에 몰두하였다. 데카르트의 합리론은 중세의 영혼 공간을 위해 만들어졌지만 결과적으로 그의 연구는 중세의 세계관을 무너뜨리는 결정적인 역할을 했다.

이러한 아이러니는 뉴턴의 경우도 마찬가지다. 17세기의 사람들은 비록 이 우주가 데카르트가 제시한 것처럼 기계를 닮았다고 할지라도 그 기계가 좀더 기독교적인 기계였으면 하고 바랐다. 뉴턴 역시 그랬다. 그는 기독교의 일원성이 분리될 수 없다고 생각한 기독교 이단 아리우스파를 지지했고, 무엇보다도 연금술에 푹 빠져 납을 금으로 만들기 위해 대부분의 시간을 바쳤던 엉뚱한 인물이었다. 『프린키피아』(*Principia*)는 연금술 실험 와중에 틈을 내 쓴 책이다. 그러나 뉴턴은 서구의 공간 개념을 통합해 공간에 다음과 같은 신학적 의미를 부여하는데 성공했다. 즉 "공간은 신의 감각기관"이라는 것이다. 또 신은 "영원히 존재하며 모든 곳에 있다. 항상 그리고 모든 곳에 존재함으로써 신은 지속성과 공간을 지속시킨다"는 것이 바로 그것이다. 그러나 이미 그 시대에 공간의 신성이란 필요 없는 광채였다. 후대의 과학자들은 뉴턴의 이론에서 신성을 벗겨냈고, 기계론적 세계관은 뉴턴의 의도와는 상관없이 유물론자들의 것이 되었다. 그런 시대에 뉴턴의 『프린키피아』는 마치 아직 발견되지 않았던 성서처럼 등장했고, 실제로 아인슈타인이 출현하기 전까지 그것은 신약 이후의 약속이 되었다.

■■ 기계미학과 새로운 건축의 공간

가장 오래된 건축의 정의는 '비와 바람과 햇빛으로부터의 피난처'다. 다시 말하면 자연 현상으로부터 인간을 지키기 위한 구조물로서, 건축은 자연과 인간의 관계를 원시사회 때부터 탐구해 온 가장 오래된 과학일지도 모른다. 흔히들 얘기하듯이 20세기의 사회적 변화가 전체 인류문명사의 변화와 비교해 '가장 짧은 시간에 이루어진 가장 급격한 변화'라면, 건축도 역시 그렇다. 농경사회 이후 건축의 변화는 사실상 19세기 말의 산업혁명과 같이 시작되었다고 해도 과언이 아니다. 그러나 그 이전에 육체에 대한 광적인 탐구를 보였던 르네상스가 있었고, 신에 대한 갈망으로 가득 찼던 중세의 공간이 있었음은 물론이다.

중세시대의 성직자가 신의 대리인이었듯이 중세의 성당은 신의 거처를 현현하고 있었다. 로마에서 기독교가 공인된 이후 초기 그리스도교 양식이 시장 건물의 평면을 변형하면서 교회건축의 공공성을 강조한 이래 교회건축의 신성이라는 이상은 고딕에 와서 절정을 이루었다. 이 절정을 넘기면서 건축은 인간의 문제로 넘어오게 되는데 이것은 동양에서도 마찬가지다. 그러니까 건축은 (이집트의 피라미드나 고구려의 고분에서 보이듯이) 죽음의 공간에서 신성의 공간으로 그리고 인간의 문제로 나아간다. 그리고 현대건축은 인간이 발명한 툴(Tool)의 문제를 해결하기 위해 도시로 확장된다. 이제 건축의 문제는 더 이상 인간의 문제가 아니다. 건축은 도시를 포함하며, 도시는 건

빌라 사보이에, 르 코르뷔지에, 파리 근교, 1930년대. 전형적인 박스형 건물에 1층은 공중에 떠 있고 옥상에는 건물이 덮고 있는 대지와 같은 면적의 인공 대지가 있다. 입면은 구조와 무관한 것처럼 가로로 긴 수평 띠창이 길게 나 있다. 20세기 모더니즘 건축가들은 이렇게 무미건조한 공간에서 미래를 보았다.

축을 포함한다. 결국 건축은 '인간을 보다 더 자유롭게' 라는 모토에서 '시스템을 좀더 원활하게' 로 변화해 나가지만, 여전히 이 두 가지가 일치한다는 변명을 일삼고 있다.

20세기 초 제국주의와 함께 전 세계를 휩쓴, 흔히 모더니즘(Modernism)이라고 불리는 건축 양식은 일찌감치 이러한 시스템의 문제에 주목하면서 그 이전과는 구별되는 새로운 양식을 낳았다. 산업혁명 이후 도시화가 진행되면서 도시는 이전에는 한 번도 고민해 본 적 없는 문제에 맞닥뜨리게 된다. 석탄 자원을 비롯한 막대한 물류가 증기기관차에 실려 대도시의 수요를 충당하기 위해서 밀려들기 시작한 것이다. 도시는 이 막대한 물류를 쌓아둘, 전에 없는 공간이 필요했다. 물론 이전에도 성당이나 공중목욕탕 같은 거대한 공간이 있었지만 이번에는 인간이 거주할 필요가 없다는 게 그 이전과는 처음부터 달랐다. 따라서 물류를 모아 쌓아두는 데 필요한 '창고' 라는 전에 없이 무미건조한 공간이 생겨났고 20세기의 건축가들은 여기에서 미래를 보았다.

이렇게 해서 생겨난 모더니즘 건축은 데카르트 이래로 계속된 합리성 추구와 뉴턴의 기계론적 세계관을 자신의 정신으로 삼았다. 그리고 페로(Charles Perrault, 1628~1703) 이후 베를라헤(Hendrik Berlage, 1856~1934)를 거쳐 전해온 기능주의의 추구라는 선배들의 절대명제를 과감히 떠안으며, 드디어 르 코르뷔지에(Le Corbusier, 1887~1965)는 "집은 살기 위한 기계다"라고 선언하기에 이른다. 그는 1923년 『새로운 건축을 향하여』(*Vers une architecture*)에서 건축은 유추를 통해 다시 시작해야 한다고 말하고 기선 · 비행기 · 자동차들이 가장 합리적 기계이므로 그것을 본받아야 한다고 했다. 그것처럼 건축도 '살기 위한 기계'로 되는 것이 가능하고, 당시 대량생산되어 나오는 자동차의 예를 들면서 표준화된 주택이 가능하다고 보았다. 이러한 르 코르뷔지에의 기능주의 건축은 17세기에 만들어진 기계론적 우주관이 당대의 기술력과 결합된 산물이며, 대량생산 · 표준화 등의 정량적 방법 역시 갈릴레오로부터 파생된 뉴턴식 패러다임의 결과라고 할 수 있다. 모더니즘 건축은 이러한 기계론적 세계관과 기계미학에 대한 열광으로 부르주아 문화의 허위의식에 찬물을 끼얹으며 새로운 사회주의 미학을 제시하면서 이후 세대를 이끌어간다.◉

■■ 휘어진 공간 휘어진 건축

모더니즘의 공간은 집을 살기 위한 기계로 만들어버리는 것에 그치지 않고 인간도 하나의 기계 부품으로 전락시켰다. 그 부품이라는 의미는 건축가에 의해서 예측되는 부품이었다. 모더니즘은 진정으로 새로운 시대가 왔다고 확신하며 새로운 시대에 걸맞은 새로운 인간을 요구했다. 도시는 정확한 기하학적인 도형에

◉ 모더니즘 건축의 아이러니
신의 합리성을 증명하기 위한 데카르트의 이론이 우주를 기계로 만든 결과처럼, 공간의 신성을 증명하기 위한 뉴턴의 이론이 무신론을 낳았던 것처럼, 모더니즘 건축은 새로운 사회주의 미학을 제시한 전위성에도 불구하고 사회주의의 이상을 위해서보다는 자본주의의 확대 재생산을 위해 복무하게 되는 아이러니를 낳는다.

의해 작도되었고, 건물은 표준화되고 대량생산에 맞게 정확히 상자(창고)의 모습을 하고, 똑같은 형태의 건물들이 전 세계에 기후와 지형에 상관없이 퍼져나갔다. 이 획일화 된 세계의 모습을 보며 사람들은 두루 편만한 신의 의지가 아닌 두루 편만한 자본의 의지에 경악했다. 무엇보다 새로운 공간이, 무엇보다도 인간의 자유를 위해 필요했다.

아인슈타인의 공간 개념은 새로운 세대의 건축가들을 흥분시켰다. 1905년 발표한 특수상대성이론과 1916년에 발표한 일반상대성이론이 건축의 도상으로 받아들여지기까지는 얼마간의 시간이 필요했지만 이미 그 생성은 예고되어 있었다. 그러나 상대성이론이 건축적으로 실용화되는 데는 이론을 적용하는 어려움보다, 우리가 살고 있는 이 공간이 굳이 상대성이론에 따르지 않아도 아무 지장이 없다는 데 어려움이 있었다. 그래서 르 코르뷔지에 같은 건축가는 건축에서 4차원은 필요하지 않다고 생각했고, 그 말은 어느 정도 타당했다.

그러나 중력이 별개의 힘이 아니라 공간의 모양 자체가 만들어낸 부산물일 뿐이라는 사실은 건축가들에게 충격적으로 다가왔다. 더구나 물질의 존재가 공간을 휘게 한다는 것은 공간을 일종의 캔버스처럼 생각했던 건축가들에게는 거의 파천황적인 전환이었다. 모더니즘의 공간은, 그 이전의 신성을 잃고 단지 기능에 적절한 용적을 갖는 것으로 여겨졌기 때문이었다. 그 전에 이미 공간에 대해서 느끼는 인간의 심리 연구가 있었지만 이제는 그것을 공간의 형태—이 얼마나 낯선 말인가—와 함께 생각해 볼 수 있는 가능성이 열린 것이다.

그래서 피터 아이젠만(Peter Eisenman, 1932~)이 모더니즘의 연장선에서 모더니즘을 재해석하기 시작했다면 자하 하디드(Zaha Hadid, 1950~)나 다

구겐하임 박물관, 프랑크 게리, 빌바오, 1990년대. 빛은 물결치는 듯한 건물의 표면을 타고 누구도(건축가 자신조차도) 예상하지 못한 공간의 경험을 이끌어 낸다. 건축에 있어서 구체적인 형상은 빛이 거기에 닿으면서 비로소 구체적인 공간의 경험으로 확장된다.

니엘 리베츠킨트(Daniel Liberskind, 1946~) 같은 건축가들은 공간의 정형성을 버리고 꺾어지고 휘어진 건축을 구현하고자 했다. 그러나 무엇보다도 20세기 건축의 충격은 프랑크 게리(Frank Gehry, 1929~)에 의해서 구현되었다. 프랑크 게리는 스페인의 폐광 지역인 빌바오에 지은 구겐하임 미술관에서 이제까지 정태적인 공간에 확고부동하게 자리하고 있던 건축을 살아 움직이는 것으로 표현했다. 자유롭게 휘어진 은색의 벽면은 서로 겹치고 포개져 움직이는 햇빛에 따라 살아 움직이는 것처럼 보인다. 그것은 건축이 점유하고 있는 공간을 의도적으로 휘어진 것으로 만들면서 시간의 진행에 따라 다른 모습을 보이고 있다.

이와 같이 건축은 일반상대성이론의 공간 개념을 생물학적인 것으로 재빨리 인식했다. 그러나 이러한 작업은 디지털 테크놀로지를 이용한 디자인을 주도해 온 OCEAN 그룹과 그레그 린(Greg Lynn, 1964~)의 작업에서 훨씬 자유롭게 펼쳐지고 있다. 이들은 영화나 비디오를 위해 개발된 소프트웨어들을 건축 디자인에 활용하며 전혀 이질적인 건축 실험을 전개해 나간다. 이

아인슈타인의 4차원과 새로운 세대의 건축가들

예술에서 4차원의 도입은 입체파 회화에서부터 시작된다. 입체파는 베르그송의 시간 개념과 4차원의 개념을 혼합하여 1912년 '동시성의 개념'을 4차원이라고 정의하였다. 그들은 관찰자와 오브제(대상)의 상대성을 주장했는데 오브제를 다각적인 각도에서 관찰하고 그것을 한 화면에 표현했다. 그것은 우주가 만들어진 것이 아니라 단순히 있는 것이라는 뉴턴의 견해를 전면적으로 부정한 것에서 비롯하였다.

추상미술 운동의 근원이자 전위예술 운동이었던 데 스틸(De Stijl)의 반 되스부르크(Van Doesburg, 1883~1931)도 1919년의 논문에서 공간 개념의 표현이 4차원 또는 n차원의 종합체로서 구체화되어야 한다고 주장하였다. 새로운 건축은 시간과 공간의 통일에 의해 건축의 외관 자체가 중력에 대항하는 4차원의 조형으로 이루어져야 한다는 내용이었다. 칼 가우스(Carl Friedrich Gauss, 1777~1855)는 1800년대에 이미 우리가 우리보다 낮은 차원의 공간에 살고 있는 존재를 상상할 수 있는 것과 마찬가지로 4차원 혹은 보다 높은 차원의 공간에 살고 있는 존재도 상상할 수 있다고 생각했다.

4차원에 가장 많은 관심을 보인 그룹들은 러시아 미래주의 화가들이었다. 말레비치(Kazimir Malevich, 1878~1935)는 기하학적 형태를 가지고 실험을 거듭한 결과 절대주의(Suprematism)라는 새로운 양식을 낳았고, 이는 1960년대의 미니멀리즘(Minimalism)으로 이어진다.

들이 자기 디자인의 초기값으로 활용하는 것은 일반상대성이론의 수학적 해석보다는 생물학적이고 지질학적인 물리적 수치들이다. 가령 강변의 오래된 도로 근처를 날아다니는 벌레 떼의 나선형 군무나 오랜 세월을 두고 변형되어 온 지각의 변동을 접힘이론(Folding Theory)을 통해 프로그램화하여 건축을 재해석해내는 것이다. 이러한 디지털 프로그램을 통한 건축 디자인 방법은 일단 건축을 현실의 공간에서 가상의 공간으로 이동시킨다. 이 가상의 공간에서 중력은 더 이상 건축가들에게 있어 운명적인 요소가 아니게 된다. 앞서도 말했듯이 중력은 그저 공간의 모양이 만들어낸 부산물일 뿐이며 사물의 형태에 의해서 결정되는 것이다.

건축은 모든 과학 중에서 가장 느리게 변한다. 그것은 건축이 가지는 예술성과 그것을 구체화하기 위해 어쩔 수 없이 껴안아야 할 물리적 속성의 이중성에서 기인한다. 건축에 있어서 아인슈타인의 이론은 아인슈타인의 선배들이 겪었던 것과 똑같은 아이러니를 갖고 있다. 즉 일반상대성이론은 아직까지는 현실 공간을 가장 잘 설명해 주는 이론이지만 르 코르뷔지에가 4차원을 거부했던 이유와 마찬가지로 유클리드 기하학보다는 덜 현실적인 것이 사실이다. 왜냐하면 아직도 우리는 거대한 풍선의 한 점에서 살고 있기 때문이다.

그러나 우리가 적어도 아인슈타인이 제시한 충격의 자장 안에 놓여있는 것만큼은 확실하다. 그 충격이 자연스러운 것이 될 때 아마 우리의 건축은 상상할 수도 없는 새로운 공간에 놓여 있을 것이다.

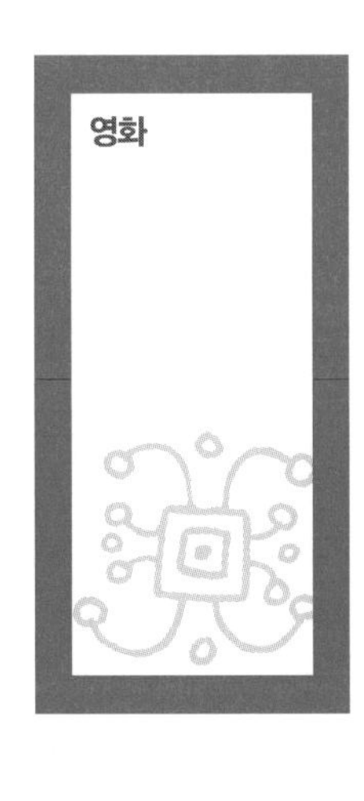

아인슈타인이라는 영화관

이상용

■■ 시간여행의 역설

시간이라는 테마로 여덟 명의 감독이 작업한 옴니버스 영화 〈텐 미니츠 첼로〉(Ten Minutes Older: The Cello)에는 '별에 중독 되어'(Addicted To The Stars)라는 마이클 레드포드 감독의 작품이 포함되어 있다. 이 작품은 시간여행에 관한 고전적인 이야기를 보여 준다. 서기 2146년, 우주비행사였던 주인공은 우주에서 겨우 10분을 머물렀지만(아마 광속을 넘어선 여행이었을 것이다), 지구는 그 사이 80년이나 흘렀다. 그가 바라본 지구의 경관은 낯설기만 하다. 우주비행사는 형식적인 귀환 절차를 마치고 난 후 숙소에 잠시 머물다 도시를 빠져나온다. 주변의 경관은 많이 변해 있지만 그는 과거에 걸어본 듯한 길을 되짚어 가고 있다. 비행사가 당도한 한 가옥에는 친절하게 그를 기다리고 있는 여인이 있다. 그녀는 "기다리고 있었다"는 말과 함께 비행사를 이층으로 안내한다. 이층의 침실에는 머리가 하얗게 센 노인이 누워 있다. 그 역시 오랫동안 비행사를 기다려 왔다는 듯 갈망의 눈동자로 그를 바라본다. 잠시 뒤 두 사람은 뜨거운 포옹을 한다.

두 사람은 도대체 무슨 사이일까. 그들에게는 무슨 사연이 숨어 있는 것일까. 마이클 레드포드 감독은 시간여행에 의해 바뀌어 버린 시간의 역설을 10분이라는 짧은 시간 동안 탁월하게 보여 주고 있다. 머리가 하얗게 센 노인이 나이가 많은 듯하지만 그는 비행사의 아들이었다. 10분간의 우주여행은 시간의 순서를 뒤바꾸어 놓았고, 그들은 비행사의 귀환을 지구에서 오랫동안 기다리고 있었던 것이다. 자신보다 늙어 버린 아들을 보고 젊은 비행사는 미안하다는 말을 건넨다. 생명이 얼마 남지 않은 듯한 늙은 아들은 기다렸다고, 당신을 사랑한다고 말한다. 한 사람의 10분이 어떤 사람의 일생이 되는 시간의 모순은 아인슈타인의 시간여행이 안겨다 준 놀라운 상상력의 결과다.

그런데 아인슈타인의 특수상대성이론에 따르면 시간여행의 문제는 그리 간단하게 해결될 수 있는 것은 아니다. 특수상대성이론으로 정리한 소위 '쌍둥이 패러독스'는 광속으로 떠난 우주여행이 관찰자의 위치에 따라 얼마나 달라질 수 있는가를 보여 준다. 지구에서 보았을 때 광속에 가까운 속도로 운행되고 있는 우주선 안의 시간은 지구 시간보다도 늦다. 예를 들어 쌍둥이 가운데 한 사람이 지구에 남고, 또 한 사람은 운동하는 우주선을 타고 광속에 가까운 속도로 운행을 하고 돌아오면 우주선에 탄 쪽이 지구에 남은 쌍둥이보다 젊을 것이다. 레드포드의 영화 역시 널리 알려진 특수상대성이론에 기대어 시간여행의 패러독스를 제시한다. 그러나 운동은 상대적인 것이므로 우주선에서 보면 지구가 운동했다고 생각되는 것은 아닐까? 즉 우주선에 탄 쌍둥이가 보면 지구의 시간이 천천히 가는 것처럼 보일 수 있는 것은 아닐까. 특수상대성이론에 의하면 모든 운동은 상대적이다. 따라서 이 우주여행에 대해서도 우주선 쪽이 정지해 있고, 지구 쪽이 운동을 했다고 볼 수도 있다. 도대체 나이를 먹지 않은 것은 지구에 남아 있는 쌍둥이와 우주로 떠난 쌍둥이 중 어느 쪽이란 말인가. 이것이 유명한 '쌍둥이 패러독스'다.

그러나 이러한 패러독스는 실제로 일어나기 어렵다. 왜냐하면 우주선이 이륙하고 착륙하는 과정에서 속도가 달라지기 때문이다. 우주선이 일정한 속도로 비행하고 있는 동안 지구와 우주선은 서로 완전히 동등한 관성계에 속한다. 이러한 때는 어느 쪽에서 봐도 상대방의 시계가 천천히 가고 있는 것처럼 보인다. 그러나 목적지에서 우주선이 방향을 바꿀 때에는 반드시 감속과 가속이라는 단계를 거치게 된다. 지구에서 출발할 때나 귀환할 때도 마찬가지다. 이러한 속도의 변화로 인해 우주선은 지구와 동등한 관성계가 되지 못한다. 가속(감속)하고 있는 우주선은 문자 그대로 등속직선운동을 하고 있는 관성계는 아니다. 결과적으로 우주선과 지구는 동등하지 않으며, 지구 시간보다도 선내 시간 쪽이 결과적으로 천천히 간다고 할 수 있다. 이러한 변화를 바탕으로 여러 가지 우주여행 방식에 따르는 모델을 제시할 수가 있다.

이러한 시간여행의 모델은 SF라고 불리는 장르를 통해 대중 문학이나 영화 속에서 즐겨 다루어져 왔다. 잠깐 동안의 우주여행이 수많은 것을 바꾸어 놓을 수 있기 때문이다. 아마 영화 속에서 흥미로운 시간여행의 예를 담은 것은 조디 포스터가 주연한 〈콘택트〉(Contact)가 아닐까 싶다. 이 작품에서 조디 포스터는 그리워하는 아버지를 만나게 되는 여행을 경험한다. 하지만 이를 지켜보는 사람들에게 그것은 잠깐 동안의 시간으로 묘사된다. 〈콘택트〉는 『코스모스』(*Cosmos*)의 저자로 알려진 칼 세이건이 쓴 소설을 바탕으로 만든 영화다. 알려진 바에 따르면 세이건은 우주여행과 시간여행의 역설을

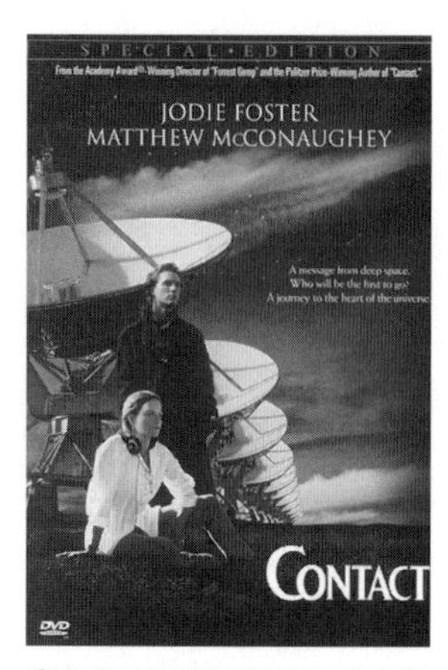

흥미로운 시간여행의 예를 담은 영화 〈콘택트〉. 이 영화에서 조디 포스터는 시간여행을 통해 그리워하는 아버지를 만나게 된다. 하지만 이를 지켜보는 사람들에게 그것은 아주 잠깐 동안의 시간이었다.

묘사하기 위해 NASA의 학자들에게 여러 가지를 자문했다고 한다. 시간여행의 역설과 다양한 가능성은 학자는 물론이고 대중에게 수많은 상상력을 불러일으켜 왔다고 해도 과언이 아니다.

상대성이론에 관한 정교한 배경이 제시되지는 않지만 시간의 역설을 통해 충격을 주는 대표적 영화로 〈혹성탈출〉(Planet of the Apes)을 꼽을 수 있다. 팀 버튼 감독에 의해 리메이크된 바 있는 〈혹성탈출〉은 지구를 떠난 우주비행사들이 낯선 행성에 불시착하면서 겪는 사건을 다루고 있다. 그들이 불시착한 곳은 원숭이들이 지배하는 행성이었다. 행성에 거주하는 인간들은 원숭이에 의해 노예나 짐승처럼 부려진다. 지구와는 달리 영장류의 위계질서가 달라져 있는 것이다. 주인공은 간신히 원숭이들의 지배를 벗어나 그들이 금지한 구역에 들어선다. 그런데 금지된 구역은 행성이 비밀을 간직한 곳이었다. 거대한 자유의 여신상이 반쯤 쓰러져 있는 모습을 보여주는 장면은 원숭이의 행성이라고 믿었던 이곳이 '지구'였음을 충격적으로 제시하는 대목이다. 팀 버튼의 리메이크 판의 결말을 달라져 있지만 1960년대에 만들어진 오리지널 판에는 '자유의 여신상'을 보며 주인공이 경악하는 장면이 등장한다. 개인적으로는 어린 시절에 〈혹성탈출〉의 결말을 보면서 공포에 떨었던 기억이 난다. 〈혹성탈출〉은 우주여행에 의해 시간의 질서가 바뀌며, 그것은 생물의 위계질서조차도 바뀔 수 있다는 끔찍한 공포로 기억되었다. 물론 이러한 영화가 등장하게 된 것은 소련과 미국이 핵을 보유하며 냉전시대를 만들었던 것과 무관하지 않다. 아인슈타인의 소망과는 달리 $E=mc^2$이라는 유명한 공식이 핵폭탄을 만들어내는 데 일조했으니 이래저래 이 영화는 아인슈타인의 이론과 무관하지 않다.

시간여행의 관점에서 보자면 1969년에 선을 보인 〈혹성탈출〉에는 비행사들이 가수면 상태로 우주여행을 하는 것으로 묘사되어 있다. 그것은 광속으로 우주를 여행한다는 밑바탕이 깔려 있는 셈이다. 그들은 우주선 항로의 프로그래밍에 의해 예정대로 지구로 귀환했던 것이지만, 몰락한 인류의 모습을 보고 착각을 일으키는 것이다. 결국 원숭이들이 지배하는 미래의 지구라는 사실이 밝혀졌을 때 느끼게 되는 전율은 인류가 광속의 우주여행에 대해 얼마나 공포를 느끼는가를, 시간여행이 가져올 결과물에 대해 얼마나 끔찍하게 생각하는가를 드러낸다. 흥미로운 것은 이 영화 속에서 인류가 몰락한 이유로 제시하는 것이 '핵' 전쟁이었다는 점이다.

■■ 과학과 신화를 넘나드는 두 편의 영화

시간여행을 통해 일어나는 역설은 수많은 상상력의 원천이 되었다. 그런데 시간여행에 따른 논리적 문제점을 어떻게 해결할지에 관해서는 영화마다 상반된 태도를 선보인다. 시간여행을 하는 작품 중 널리 알려진 것이 〈백 투 더 퓨처〉(Back to the Future)다. 이 영화는 한 줄짜리 시놉시스에서 출발했다. 과거로 돌아간 청년이 젊은 시절의 엄마와 사랑에 빠진다면 어떻게 될 것인가. 주인공인 고교생 마티는 괴짜 과학자 브라운이 만든 타임머신을 타고 과거로 여행을 떠난다.(여기에서 상세하게 논하기는 어렵지만 자동차 모양을 한 드로리언을 엄밀히 시간여행 장치라고 하기에는 몇 가지 무리가 있다. 드로리언이 시간여행을 위해 내야 하는 속도는 물리학적으로 엉터리에 가깝다.) 마티가 되돌아간 과거의 시간은 엄마와 아빠가 만나 사랑에 빠지기 직전인 1950년의 한 때다. 그런데 엄마는 어리숙한 아빠에게 매력을 느끼는 것이 아니라 미래에 태어날 자신의 아들인 마티를 좋아하게 된다. 이러한 과정 때문에 시간의 모순이 생겨난다. 영화는 이것을 해결하기 위해 논리적인 인과관계를 따지기 시작한다. 대표적인 예가 엄마가 마티를 사랑하게 되자 마티가 미래에서 가져온 가족사진 속에서 자신의 모습이 사라지는 현상을 보게 되는 것이다. 마티가 미래에 존재하기 위해서는 젊은 날의 아빠와 엄마를 반드시 맺어줘야 한다. 마티는 소심하고 여린 감정의 소유자인 아빠가 엄마에게 청혼할 수 있도록 백방으로 돕는다.

〈백 투 더 퓨처〉는 미래와 과거의 시간이 만났을 때 생기는 논리적 모순을 해결하기 위해 마티의 미래가 점점 사라진다는 식으로 얼버무린다. 과거와 미래의 시간은 정말 만날 수가 없는 것일까. 시간여행을 다룬 또 다른 영화에서는 미래와 과거가 아주 자연스럽게 만난다. 〈터미네이터〉(Terminator)는 1984년과 2029년의 가까운 미래가 만나는 이야기다. 기계가 세상을 점령한 2029년, 미래의 지배자 스카이넷이 인간 반군의 지도자인 존 코너의 어머니를 죽이기 위해 1984년으로 터미네이터를 보낸다. 그리고 존 코너는 과거의 어머니를 보호하기 위해 전사 카일을 보낸다.

1984년은 존 코너가 태어나기 전이고, 어머니 사라 코너는 애인도 없는 평범한 처녀다. 모든 미래는 여기에서 출발한다. 흥미로운 것은 2029년의 카일이 사랑을 품게 된 동기다. 터미네이터와 함께 미래에서 온 그는 존 코너의 품속에 있는 한 장의 사진을 보았다고 고백한다.(여기서도 〈백 투 더 퓨쳐〉처럼 사진이 모티프가 된다.) 그것은 사라 코너의 모습을 담은 사진이었는데, 그 사진을 보고 카일은 과거여행 임무를 자청한다. 1984년에 만난 두 사람

인과율적인 그리고 하나의 직선으로 그려진 시간관을 갖고 있는 〈백 투 더 퓨처〉(◀)와 중층적인 그리고 여러 개의 타원들로 이루어진 시간관을 갖고 있는 〈터미네이터〉(▶)

은 터미네이터의 공격을 피하면서 급격히 사랑에 빠지고, 두 사람이 보낸 하룻밤은 새로운 역사를 창조한다. 바로 사라 코너가 아들 존 코너를 임신한 것이다. 2029년의 존 코너가 자신의 부하 카일을 보내는데(그것도 자신보다 나이가 어린), 그가 바로 존 코너의 아버지가 되어 버린 것이다. 자신보다 나이 어린 부하가 아버지가 되는 것이야말로 '시간여행'이 제공하는 최고의 판타지다.

그것은 시간에 대한 개념의 차이 때문에 생겨나는 일이기도 하다. 인과율적인 그리고 하나의 직선으로 그려진 시간관을 갖고 있는 〈백 투 더 퓨처〉와 중층적인 그리고 여러 개의 타원들로 이루어진 시간관을 갖고 있는 〈터미네이터〉의 이야기 틀을 비교해 보면 시간여행을 다룬 SF 영화라고 해서 모두 일률적이지 않다는 것을 알 수 있다. 그것은 새로운 과학과 이론의 세례 속에서 변해가는 이행 축이다. 아인슈타인의 시간여행이 인류에게 알려준 비밀은 하나의 시간만이 아니라 인류가 미처 알지 못하는 우주의 시간이 있다는 것이며, 그것은 아들이 아버지가 될 수 있는 묘한 역설을 가능케 만든다.

물론 이러한 시간의 개념은 온전히 아인슈타인만의 것은 아니었다. 그것은 20세기 인류의 과학과 문화가 새로운 패러다임을 만들어내며 창조한 새로운 시공간의 창조였다.

과학사적인 의미를 짚어 보기에 앞서, 여기서 시간여행을 다룬 소재들의 공통점을 하나 더 언급하기로 하자. 이들 영화는 한결같이 '아버지 살해'라는 오이디푸스 콤플렉스가 얽혀 있다. 일종의 과학과 신화의 만남이라고 할 수 있는데, 〈백 투 더 퓨처〉나 〈터미네이터〉에서 발생하는 시간의 모순은 아버지 세대와 후손과의 만남이 벌이는 패러독스로 정리할 수 있을 것이다. 이들 영화가 과학적 상상력을 기반으로 하고 있기는 하지만 아버지와 아들이라는 고전적인 설정 위에 아버지를 능가해야 하는 아들의 운명, 시간을 초월해야 하는 후손의 운명이라는 것이 드라마틱한 분위기를 자아낸다. 수많은 SF 영화가 시간의 패러독스를 다루고 있는 것은 이러한 상상력이 단순히 과학적 기이함을 불러일으키기 때문만은 아니다. 그것은 인류의 보편적이고 오래된 신화적 상상력을 현대적으로 재해석하고 있기 때문이다.

■■ 시간과 공간의 상상력

결국 아인슈타인의 상대성이론이 우리에게 안겨 준 것은 시간과 공간을 어떻게 이해할 것인가 하는 문제다. 시간과 공간의 구조가 근본적이라는 생각은 뉴턴의 『프린키피아』, 칸트의 『순수이성비판』과 같이 근대의 인식에 관한 과학적 · 철학적 이론이 성립한 이후 21세기까지 유효한 것처럼 보인다. 그러나 아인슈타인의 상대성이론을 물려받은 초끈이론에 따르면 시간과 공간은 근본적 개념이 아닌 2차적(혹은 부차적이라고 번역할 수도 있겠다) 개념이다. 이론적인 가정이기는 하지만 시공간의 크기가 10^{-33}cm 정도의 플랑크길이[●]가 되는 경우에는 일반적으로 말하는 시공간이란 존재하지 않게 된다. 이때에는 양자중력[●]의 효과가 매우 커서 시공간의 구조가 매우 빠르게 요동치는 상태가 된다. 따라서 시공간은 요동을 치면서 일종의 거품 모양을 띠게 된다. 카푸치노의 우유 거품처럼 부글거리는 시간과 공간이라는 모양을 상상이나 할 수 있을까. 아인슈타인의 극장에서는 이러한 모형을 볼 수 있을지도 모르겠다.

물론 아인슈타인이 초끈이론을 확립한 인물은 아니지만, 그의 상대성이론이 우리가 일반적으로 알고 있는 시간과 공간에 대한 개념을 바꾸어 놓았다는 것을 이해하는 것이 중요하다. 아주 작은 시공간이 경험적인 영역이 아니라 이론에 속한 것처럼, 앞 장에서 언급한 '별에 중독 되어' 에서와 같이 우주비행사가 늙어 버린 아들과 만나는 일이 실제로 일어날지는 경험의 영역에 속한 것은 아니다. 이론물리학의 가설에 따라 물리적인 현상들이 관측된다고 하더라도, 오늘날 과학기술의 수준으로는 광속으로 비행하는 우주선을 만드는 것은 힘든 일이다. 따라서 이론은 곧 상상으로 무장된다.

그러나 이 짧은 영화의 상상은 단순한 상상이 아니라 이론적 상상이다. 그것은 경험 가능한 미래의 것들을 가정하며, 마치 아인슈타인의 상대성이론처럼 언젠가는 증명된 현실과 마주할지도 모를 일이다. '이론적 상상' 은 영화적 상상을 구성하는 아주 중요한 요건이다. 물리학적 이론이 영화의 이론을 설명하기 위한 것은 아니지만 상상 · 가정 · 추론은 동세대적인 문화의 토양 안에서 자라나게 마련이다. 미국 산업화의 물결 없이 팝아트를 생각하기 어려운 것처럼 예술의 역사는 동세대의 사회와 경제 그리고 과학과 함께 하게 마련인 것이다.

◉ **플랑크길이**
양자 역학으로 따지는 최소 길이로서, 초끈의 최소 길이를 일컫는다.

◉ **양자중력**
양자 역학과 일반상대성이론을 통합한 중력이론의 통칭으로서, 양자 효과가 작용하는 아주 미세한 크기에서의 중력을 일컫는다.

■■ 과학과 예술의 만남

물리학(혹은 과학)과 인문학(혹은 예술)의 만남이라는 주제는 과학의 역사는 물론이고 인류의 역사에서 가장 흥미로운 주제 가운데 하나라고 할 수 있다. 스노우(C. P. Snow, 1905~1980)의 유명한 글인 『두 문화』(*Two Cultures*)는 바로 과학과 문학의 만남에 관한 이야기들로 가득 채워진다. 스노우는 청중들을 향해 진지하게 물음을 던진다. 셰익스피어를 모르는 것은 열역학 제2법칙을 모르는 것과 맞먹는 것이라며 과학적인 무지함을 꼬집는다. 스노우의 핀잔을 걱정할 필요 없이 엔트로피의 법칙을 예술사의 법칙에 적용한 아른하임의 작업처럼 과학의 이론들은 새로운 문화의 밑거름이 되어 왔다.

아인슈타인의 생애인 1879년에서 1955년은 한마디로 현대예술이 꽃을 피운 시기라고 할 수 있다. 그의 생애 동안 초기 영화가 발명되었고 현대 영화가 발전하기 시작했다. 영화는 철학자들과 과학자들의 놀이거리를 벗어나 사유의 대상이 되곤 했다. 아인슈타인보다 앞선 시대의 인물인 베르그송은 『창조적 진화』(*L'evolution Creatrice*)의 4장을 '사유의 영화적 기작과 기계론적 환상'이라는 제목으로 풀어 놓았다. 베르그송이 영화를 통해 무엇을 설명하려고 했는지 좀 길지만 잠시 들여다보기로 하자.

> 가령 사람들이 스크린 위에서, 움직이는 어떤 장면, 예를 들어 일개연대의 분열행진을 재생시키려고 한다고 해 보자. 할 수 있는 첫 번째 방식이 있을 텐데, 그것은 군인들을 나타내는 뚜렷한 형태들을 분리하여 그 각각에 보행 운동을, 즉 인간 종에는 공통적이지만 개별적으로 변화 가능한 운동을 새겨놓고, 그 전체를 화면 위에 투사하는 것이다. 이러한 작은 유희에도 놀라운 양의 작업을 바쳐야 할 것이고, 게다가 보잘것없는 결과를 얻을 뿐이

엔트로피를 모르고, 예술을 논하지 말라.

루돌프 아른하임(Rudolf Arnheim, 1904~)은 독일의 미술비평가이자 예술심리학자로서, 형태심리학(Gestalt Psychology)의 원리들을 활용하여 예술작품을 설명하고 예술교육을 발전시키는 데 크게 공헌하였다. 예술작품에 담긴 주제가 과연 '무엇' 인가에 주목하는 분석심리학적 접근과는 달리, 형태심리학적인 접근은 예술작품에서 주제가 '어떻게' 재현되는가라는 구성형식에 주목하여 작품을 미학적으로 분석하는 데 관심을 기울인다.

『엔트로피와 예술』(*Entropy and Art*, 1971)에서 아른하임은 엔트로피의 법칙을 예술작품의 의미구조와 연관시켜 예술현상에 대해 분석하였다. 열역학 제2법칙인 엔트로피 법칙에 따르면 자연 현상의 변화는 물질계의 엔트로피가 증가하는 방향으로 진행하는데, 이는 우주가 질서 있는 상태로부터 무질서한 상태로 이동해 간다는 뜻이다. 아른하임은 이러한 질서화와 무질서화 사이의 긴장이 예술에서는 어떻게 드러나는가를 탐구하여, 현대미술의 극단적인 단순화와 추상성을 이 모순적인 두 힘 사이의 작용으로 설명하였다. 과학 이론과 예술 이론을 접목한 실험적인 이 시도는 예술심리학의 새로운 지평을 열었다고 평가받고 있다.

다. 생명의 유연성과 다양성을 어떻게 재생할 수 있겠는가?

이제 훨씬 더 효과적이고 용이한 두 번째 방식이 있다. 그것은 행진하는 군대를 일련의 스냅 사진으로 찍어 스크린에 투사하여 그 사진들이 서로를 '잇달아' 재빨리 대치하게 하는 것이다. 각각의 사진은 군대를 부동자세로 재현하는데, 그것들을 가지고 영화는 행진하는 군대의 운동성을 재구성한다. 사실 우리가 사진들과만 관계하고 있을 뿐이라면 우리가 그것들을 보고 있어도 소용이 없다. 그것들이 움직이는 것은 결코 볼 수 없을 것이다. 부동성이 아무리 자신에게 무한히 병렬되어 있다 할지라도 그것으로는 결코 운동을 만들어낼 수 없다. 이미지들이 움직이기 위해서는 어딘가에 운동이 있어야만 한다. 실제로 여기에 운동이 존재하는데, 그것은 카메라 속에 있다. 그것은 필름이 풀리면서 다양한 장면의 사진들이 순서대로 연속적인 과정이 되어, 배우들의 운동성을 재정복하기 때문이다. 이 과정은 모든 형태들에 고유한 운동으로부터 비개인적이고 추상적이며 단순한 운동, 말하자면 운동 일반을 추출하고, 그것을 영사기 속에 넣어 익명의 운동들을 개인적인 태도로 구성하여 특별한 각 운동의 개별성을 재구성하는 것이다. 이것이 바로 영화의 기법이다. 우리의 인식 기법 또한 그러하다.

베르그송이 영화를 들먹이며 인식 기법을 논하는 이유는 이렇다. 오늘날 일반적인 영화는 1초에 24프레임의 스틸 사진으로 구성되어 있다.(초기 영화에서는 18프레임 이하가 보편적이었다. 그래서 고전 무성영화들을 보면 오늘날의 영화를 보는 것과는 달리 동작이 부자연스럽게 느껴진다.) 각각의 사진에는 조금씩 변화하는 동작들이 영상으로 찍혀져 있다. 그리고 각각의 스틸 사이에는 분명 사라진 운동의 사진들이 존재한다. 그러나 필름을 영사기에 넣고 돌리면 사라진 운동들이 복원되어 마치 연속된 장면들처럼 보인다. 베르그송은 이러한 영화의 원리(운동)를 설명하면서, 인간의 인식 과정도 마치 연속적인 스틸 사진과 같으며 내적인 영화를 작동시키는 것과 같다고 설명한다.

만일 아인슈타인이 베르그송의 운동과 사유의 관점을 취해 영화를 보았다면 좀더 현대적인 영화들을 통해 다양한 설명이 가능했을 듯하다. 베르그송은 주로 영화가 상영되는 원리(프레임의 연속)에 주목했지만, 아인슈타인은 영화가 기존 예술의 한계를 벗어나는 다양한 관점을 제시할 수 있다는 사실에 주목했을 것이다. 오늘날 항공 촬영과 같은 거시적인 관점은 물론이고 마이크로 촬영을 통한 아주 작은 것까지도 보여 주는 카메라 기술은 놀라울 정도다. 속도에 있어서도 마찬가지다. 1초에 1,000장을 촬영할 수 있는 초고속 촬영을 통해 인간이 미처 지각할 수 없는 영역을 잡아낸다. 얼마 전에 필자는 핸드폰이 땅에 떨어졌을 때 탄성에 의해 휘어버리는 장면을 잡아내 재현한 장면을 텔레비전에서 보았다. 이런 특수 카메라가 있었다면 아인슈타인의 상대성이론은 수학이 아니라 실제 촬영에 의해 증명되었을지도 모를 일이다.

상대성이론이라는 개념을 통해 영화를 보는 것은 일반적인 영화에 고루 적용될 수 있는 것은 분명 아니다. SF와 같은 장르 영화나 영화의 기술적인 개념에 한정하여 생각해 보는 것이 합당하다. 상대성이론과 영화는 각 분야의 특수성만큼이나 서로 이질적인 것으로 보인다. 더구나 아인슈타인이 영화에 관한 특별한 글이나 관심을 표명한 것도 아니고, 상대성이론이라는 것이 영화에 적용되는 것이라 해봤자 대부분 소재적 관심에 불과하다. 시간여행 · 4차원 · 블랙홀 등 이들이 아인슈타인과 밀접하면서도 느슨한 연관성을 갖고 있는 것처럼, SF 영화들은 흥미의 자극을 위해 이들 소재를 즐겨 사용해 왔다. 그러나 상대성이론과 영화 모두가 20세기의 중요한 상상력을 제공한 것은 무엇보다 시간과 공간에 대한 새로운 개념들을 창조해냈다는 점이다.

■■ 과학과 문화의 접종

아인슈타인은 1916년에 발표한 일반상대성이론에서 다음과 같이 말하였다.

이제 우리는 '공간' 이라는 애매한 용어를 전적으로 피해야 하며, 공간으로부터는 어떠한 사소한 개념조차 구성할 수 없음을 시인해야 한다.

아인슈타인이 든 설명을 하나 예로 들어 보자. 똑같은 두 개의 시계가 하나는 북극에, 하나는 적도에 있다. 북극에 있는 시계로 12시를 측정할 때 적도에 있는 시계는 지구의 회전 운동 때문에 1퍼센트의 1퍼센트에도 훨씬 못 미치는 비율로 늦어진다. 다시 말해 12시에 아주 조금 못 미치게 되는 것이다. 북극과 적도의 거리가 가까운 탓에 그렇기는 하지만 이것은 현상적으로도 관찰되고 있는 사실이라고 과학자들은 말한다.

흥미로운 것은 이러한 시간과 공간의 사고방식이 20세기 초 예술과 문화에 아주 널리 퍼졌다는 것이다. 세잔의 정물화는 오늘날의 시각에서 보아도 아주 독특하다. 그는 비슷한 정물화를 여러 번 그리기로 유명한데, 2차원 공간과 3차원 공간이 아주 교묘하게 뒤섞여 있다. 미술 시간에 배웠던 원근법이라는 하나의 소실점을 상정한 것이 아니라 각각의 사물에 각각의 시점을 대입한 결과다. 다시 말해 하나의 캔버스 위에 다양한 소실점들이 놓여진 꼴로 정물화가 펼쳐진다.

'아인슈타인과 피카소' 를 대비하며 이야기를 풀어가는 상당수 저작을 보면 입체파의 대부 피카소의 그림이야말로 다양한 관점의 소산이라 할 수 있다. 눈과 코와 입이 마음대로 붙은 것은 얼굴을 바라보는 다양한 각도를 하나의 캔버스 위에 적용한 때문이다. 캔버스를 거대한 우주(혹은 지구)라고 생각해본다면 아인슈타인의 그림은 분명 세잔이나 피카소처럼 각각의 시간과 공간이 집합되어 있는 것에 가깝다. 우주가 피카소의 그림처럼 생겼다니 그다지 보기에 좋지는 않겠지만 이것이야말로 자연스러운 시간과 공간의 조화다.

그런데 이러한 시간과 공간에 대해 특별한 재능을 보인 영역이 바로 영화였다. 초기의 영화는 하나의 연속된 장면으로만 이루어져 있었다. 〈열차의 도착〉(L' Arrive d' un train la Ciotat, 1895)이라는 뤼미에르 형제(Auguste Lumière, 1862~1954 & Louis Lumière, 1864~1948)의 영화는 기차가 도착하는 모습을 줄곧 보여주는 것에 불과하다. 그런데 여기에 편집이라는 것이 생겨난다. 처음에는 10분짜리 '기차의 도착'을 온전히 구경해야 볼 수 있었다면 편집을 통해 이제는 단 1분짜리 '기차의 도착'을 볼 수 있게 된 것이다. 편집 기술은 긴 장면을 잘라내어 처음에는 멀리서 잡은 모습, 다음은 중간 정도에서 잡은 모습, 끝으로 기차가 도착하는 모습의 세 단계만 거쳐도 관객들로 하여금 기차가 도착하는 상황을 인지하도록 만들어 주었다. 편집 기술이 발달하면서 공간을 좀더 다양하게 보여줄 여유도 생겼다. 초기의 영화는 무대가 고정된 연극과 별반 다를 게 없었지만 편집이 생기면서 달나라에도 마음껏 갈 수 있는 재주를 부린다. 〈달세계의 여행〉(Le Voyage dans la Lune, 1902)은 마술사였던 멜리에스(Georges Melies, 1861~1938)가 다양한 마술

◀ 〈달세계의 여행〉은 영화의 무대를 우주로까지 확대했다. 배경이 고정된 연극과 다를 게 없었던 영화는 편집이 생기면서 공간을 좀 더 다양하게 보여줄 여유가 생긴다. ▶ 〈편협〉은 하나의 관점을 통해 각기 다른 시대를 연결하는 교차편집의 절정을 보여주는 영화다. 영화에 의해 이야기의 공간은 단수가 아니라 복수가 되었다.

트릭을 편집에 응용하여 만든 초기 SF 영화다.

이런 편집술의 절정은 교차편집이라는 기술이었다. 미국 영화의 아버지라 불리는 그리피스(David Wark Griffith, 1875~1948)의 영화 〈편협〉(Intolerance, 1916)은 하나의 관점을 통해 각기 다른 시대를 연결하는 교차편집의 절정을 보여주는 영화다. 네 가지 시대와 공간을 평행 몽타주로 전개하는 복잡한 이 작품은 각 시대의 '편협함'을 다루고 있다. 20세기 초 미국의 한 젊은 연인들의 고난(영화가 만들어진 현재 시점), 1572년에 일어난 위그노 학살 사건, 그리스도의 삶을 다룬 기원전 후의 세기 그리고 더욱 아래로 내려가 페르시아 왕에 의해 함락되는 바빌론이 동시에 다루어진다. 네 시대는 다양한 세트와 공간적 양식을 자랑하면서 무성영화의 절정을 보여준다. 프랑스 고몽(Gaumon) 사(社)의 양식, 이탈리아의 스펙터클, 미국식 로망스가 어우러져 〈편협〉은 전혀 편협하지 않은 이야기의 상상력을 과시한다. 두 가지 이상의 상황을 동시에 보여 주는 교차편집이라는 것이 오늘날의 관점에서 보면 아주 흔한 것이 되었지만 초기 시절에는 영화라는 매체만이 가능한 표현의 수단이었고, 오늘날에도 이러한 교차편집의 유용성은 대중영화에서 놀랍게 활용된다. 이제 영화에 의한 이야기의 공간은 단수가 아니라 복수가 되었고, 자유로운 시점과 시공간을 옮겨 다니는 영화라는 이야기체를 즐기는 시대에 살고 있는 것이다.

1916년은 일반상대성이론이 나온 시기이기도 했지만 예술과 철학에서 '관점주의'가 등장한 시기이기도 하다. 이 분야의 고전적 기초를 확립한 오르테가 이 가세트(José Ortega Y Gasset, 1883~1955)는 관점주의와 일반상대성이론을 연관지으며 단일한 절대공간에 단일한 현실만이 존재한다는 낡은 관념의 붕괴를 선포한다.

> 절대적인 시점이 없으므로 당연히 절대공간이란 있을 수 없다. 절대적이려면 공간은 현실이기를 그치고 하나의 추상물이 되어야만 한다. 아인슈타인의 이론은 가능한 모든 관점들이 조화롭게 이루어내는 복수성을 놀라운 방식으로 증명하였다. 만일 그러한 생각이 도덕과 미학에까지 확장된다면 우리는 삶과 역사를 아주 새로운 방식으로 경험하게 될 것이다.

초기의 영화인 〈안달루시아의 개〉(Un Chien Andalou, 1928)는 화가 살바도르 달리와 루이스 부뉴엘(Luis Bunuel, 1900~1983)이라는 감독이 만든 영화다. 이 작품에서 현실과 꿈의 경계는 허물어져 있다. 시간과 공간의 자유로운 파괴는 초현실주의자들에게 날개를 달아 주었다고 할 수 있는지도 모른다. 카메라의 기술을 통해 시간과 공간의 간섭과 변화는 점점 더 다양해진다. 〈킬빌〉과 같은 영화에서 볼 수 있는 와이프(wipe)◉, 360도 패닝(panning)◉하는 화면 등은 다양한 시점을 마련해 준다. 영화이론가들은 영화를 자유간접화법이라고 자주 일컫는다. 영화는 주관적인 시점도 객관적인 시점도 아닌 애매하게 섞여 있는 시점이라는 것이다. 이른바 사물과 사물, 사람과 사물, 사람과 사람 사이에 새로운 거리가 형성된 셈이다.

아주 흥미롭게도 영화의 시조라 불리는 뤼미에르는 종종 자신이 만든 영화를 보여준 후 필름을 거꾸로 돌려 상영한 것으로 유명하다. 집을 짓는 영화 한 편을 보여주고 난 후 필름을 거꾸로 돌리면 마치 집을 부수는 영화처럼 보이는 효과를 내었고, 이것을 매우 즐겼

◉ 와이프
자동차 와이퍼처럼 한쪽에서 화면이 들어와서 반대편으로 아예 쓸고나가는 편집기술. 〈공동경비구역 JSA〉의 앞부분에 보고서 책장을 넘기면 넘어가는 책장에 따라서 앞 화면이 쓸려나가고 다음 화면으로 전환되는 것이 이 기법이다.

◉ 패닝
움직이는 물체의 속도와 진행 방향에 맞춰 카메라를 이동시키면서 촬영하는 기법. 〈디 아더스〉에서 주변을 둘러보기 위해 주인공의 시점으로 카메라를 회전시키는 기법도 이와 같다. 장면에 따라 90도, 180도, 360도 패닝을 사용한다.

영화의 개척자 뤼미에르 형제. 영화는 시간과 공간에 대해 특별한 재능을 보인 영역이다. 뤼미에르는 상대성이론의 원리를 알고 있었던 것일까?

다고 한다. 한 영화비평가는 이 경이로운 효과에 대해 다음과 같은 기록을 남겼다. "소년들은 물 속에서 다리부터 솟구쳐 올라 다이빙 보드까지 날아오르고, 소방대원은 희생자들을 불타는 건물 속으로 도로 데려가며, 풀어진 계란은 저절로 원상태로 돌아간다." 이것은 시간의 역행이라는 것이 현상적으로 가능하다는 것을 보여주는 뤼미에르의 장난이었다. 하지만 놀랍게도 이것은 시간은 다른 방향으로 흐를 수 있다는 아인슈타인의 가설을 물리적인 개념으로 설명해 준 것이기도 하다. 영화사에서 시조로 기록되고 있는 뤼미에르는 상대성이론의 원리를 알고 있었던 것일까. 아니면 양자론까지?

필름에 담긴 공간은 시간의 흐름과 함께 앞으로도, 뒤로도 흐를 수 있다. 〈터미네이터〉에서 미래에서 온 전사가 현재의 여인 사라 코너를 만나 미래의 지도자 존 코너를 낳는다는 시간의 역설을 따져 보지 않아도, 영화는 처음부터 시간의 역치(閾値)를 알고 있었으며 그것을 즐거움 삼아 발전해 온 대중문화였다. 만일 아인슈타인이 파리의 그랑카페(Grand Cafe)에서 뤼미에르가 개최한 시사회 장에 참석하여 거꾸로 돌린 필름을 보고 있었다면, 뉴턴이 사과를 보고 만유인력의 법칙을 발견했다는 풍문처럼, 자신의 이론을 보다 정교하게 다듬을 아이디어를 영화를 통해 좀더 쉽게 발견했을지도 모를 일이다. 어디까지나 믿거나 말거나 식의 상상적 관점이지만, 문화의 상상력은 결국 물리학의 상상력과 평행하게 달리는 법이다. 아인슈타인이라는 이름은 오늘날까지도 그 점에 대한 질문과 상상하는 법을 우리에게 알려주고 있다.

물론 아인슈타인이 상대성이론을 발표한 시기는 세계대전이 벌어지던 때와 맞물려 사람들의 관심을 끌기가 어려웠다. 설령 알았다고 해도 이해할 수 없었다. 아인슈타인의 상대성이론의 개가는 절대적인 동시성이란 개념이 어떤 식으로도 정확한 의미 부여가 불가능하다는 사실을 보여준 것이다. 특수상대성이론에 따르면 공간적 좌표와 시간적 좌표는 상관적 운동에 따라 다르고, 멀리 떨어져 있는 곳의 사건이 동시적인지 아닌지를 결정하는 것은 그 사건들과 상관적으로 운동하는 관찰자에게는 불가능하다. 그러므로 우리는 동시성의 개념에 절대적인 지위를 부여해서는 안 된다. 이러한 상대성의 관찰은 포스트모던이라고 불리는 현대사회의 본성에 더 잘 어울리는 것처럼 보인다. 오늘날의 영화는 글로벌 시스템을 통해 전세계에서 동시에 개봉하는 것이 가능하지만 그것에 대한 반응과 태도는 지역, 문화, 언어 따라 상이하다. 심지어 일본에서는 호평을 받는 영화가 한국에서는 흥행 참패를 겪는 경우를 종종 볼 수 있다. 아인슈타인이 물리학을 통해 이러한 상대성을 증명해내었다면, 오늘날의 동시대 문화성은 상대적인 관점을 노골적으로 드러내면서 문화의 상대성을 증명해낸다. 그것은 너와 내가 다르다는 폭력의 인식이 아니라 차이를 인정하는 관용의 태도를 만들어낸다. 그런 점에서 아인슈타인은 단순한 물리학자가 아니라 세상을 바라보는 중요한 철학적 관점을 만들어낸 셈이다.

무한 공간에 움직임을 만들어내는 시간의 발전소

한창완

■■ 애니메이션, 그려진 움직임의 예술

애니메이션은 시간(time)의 공간(space)을 재단하는 예술이다. 우리에게 인식되지 못하는 시간부터 인식되는 시간에 이르기까지 시간은 많은 공간을 내재하고 있으며, 항상 새로운 공간을 만들어내고 있다. 즉 시간은 공간이며 이러한 공간을 끊임없이 만들어내고 있는 역동성 자체가 시간을 의미한다. 이러한 시간적 개념을 영상언어로 만들어내는 창의적 힘이 애니메이션의 역동성이다. 애니메이션의 이론적 힘은 시간의 공간을 어떠한 방식으로 재현해내는가 하는 개념적 구성에서 출발한다.

실제 애니메이션에 대한 개념적 정의는 다양하다. 대개가 실사영화와 구별되는 제작방식에 대한 논의부터 철학적인 인식론에 이르기까지 다양하다. 그러나 이러한 개념에 대한 논의들은 이론을 정립하는 과정이 생략된 채 인

노먼 맥라렌. 애니메이션에 대해 각각의 프레임들에 무엇이 존재하느냐보다 각 프레임 사이에 무엇이 발생했는가가 중요하다고 정의 내린다.

상비평적인 논의나 주관적인 논리로만 전개되거나 정리되고 있는 실정이다.

애니메이션에 대한 가장 유명한 정의로는 캐나다 국립영화위원회(NFBC) 애니메이션 스투디오를 설립한 노먼 맥라렌(Norman McLaren, 1914~1987)이 다음과 같이 정리한 것을 꼽는다.

> 애니메이션은 움직이는 그림의 예술이 아니라 그려진 움직임의 예술이다. 각 프레임 사이에 무엇이 발생했는가는 각각의 프레임들에 무엇이 존재하느냐보다 중요하다. 그러므로 애니메이션은 프레임들 사이 눈에 보이지 않는 틈새를 속임수로 교묘하게 조작하는 예술이다.

맥라렌의 논점처럼 그려진 움직임의 예술로서 조작된 미학은 다양한 개념을 낳고, 이는 영상화되면서 더욱 다양한 개념들을 창출한다. 이처럼 대체로 애니메이션을 '움직임의 예술'이라고 넓은 의미로 정의 내리고 있다.

러시아의 유리 놀슈테인(Yuri Norstein, 1941~)은 애니메이션 작업이 다른 영상작업보다 상대적으로 많은 시간과 많은 노력을 요구하므로, 작가주의적 양식이 본질적으로 발달할 수 있으며 그 과정 속에서 수많은 제작기법들이 개발될 수 있다고 말한다.

애니메이션은 실사영화와 비교할 때 다양한 애니메이션 제작자가 사물과 생물 그리고 그것의 형태나 운동의 의미에 대해 품은 생각에 따라 재료를 구체화하여 앞으로 만들 작품의 요소를 이끌어낸다. 제작자들은 자신들이 손

수 만든 이미지를 통해 이러한 생각들을 표현해낸다. 이러한 이미지들의 우연한 연관, 즉 그들 자체의 움직임만으로는 만들어지지 않는다. 그러므로 애니메이션의 작업과정에는 실사영화와는 비교할 수 없을 정도로 많은 시간이 필요하다. 그리고 인간이 생각할 수 있는 이야기의 종류는 끝이 없다.

애니메이션의 이야기가 다양한 구성과 형태를 포용해낼 수 있는 것은 이야기를 배열하는 방식의 실험성과 시간의 개념이 전제되기 때문이다. 애니메이션의 시간은 다층화된 공간의 배열에서 출발하며, 그러한 각 공간의 이미지들은 시간의 힘으로 움직임의 역동성을 채워 나가게 된다.

애니메이션의 움직임은 다양한 수준에서 동시에 일어나면서 여러 방식으로 한꺼번에 이야기하는 특별한 무엇이다. 움직임을 통해 이야기와 캐릭터와 주제가 전달된다. 움직임은 기대감을 고양시켜 긴장을 조성하고, 호기심을 자극하고 해결함으로써 긴장을 해소한다. 시간이 흘러가는 방식도 움직임으로 표현된다. 음악과 대사, 음향요소도 움직임과 긴밀히 연결되어 있다. 이처럼 움직임은 애니메이션의 마법을 이루는 핵심이다.

■■ 상대성이론을 통해 본 애니메이션의 시간 개념

시간은 절대적인 것이 될 수 없었다. 아인슈타인에게 시간은 단지 사건의 순서일 뿐이었다. 사건의 순서를 어떠한 방식으로 나열하느냐에 따라 시간의 배열이 다양하게 논의될 수 있다는 것이 아인슈타인의 아이디어였다.

아인슈타인은 한 시스템(우주)의 시간을 다른 시스템의 시간과 연관시키는 방법이 필요하다는 사실을 깨달았다. 더욱이 이런 관계는 공간 측정을 포함해야만 했다. 즉 시간의 흐름은 다양한 공간을 우주에 탄생시키고 그러한 공간은 또 다른 시간으로의 축을 형성해낸다는 것인데, 이 부분에서 시간에 대한 논의가 공간의 배치 및 배열과 연동된다. 아인슈타인은 논문「움직이는 물체의 전기역학에 대하여」의 두 번째 문단에서 다음과 같이 말했다.

> 이제부터는 공간 자체와 시간 자체가 단순한 그림자로 사라질 운명에 처해, 이 둘의 통합체만이 독립된 실재를 유지할 것입니다.

아인슈타인이 뉴턴의 기존 논의를 반박하며 동일한 수준에서의 시간과 공간의 합체를 주장한 것은 '시간이 공간의 주체' 이며 '공간이 시간의 또 다른 주체' 임을 이해한 것에서 출발한다. 시간은 공간 개념의 중심에 있으며 공간

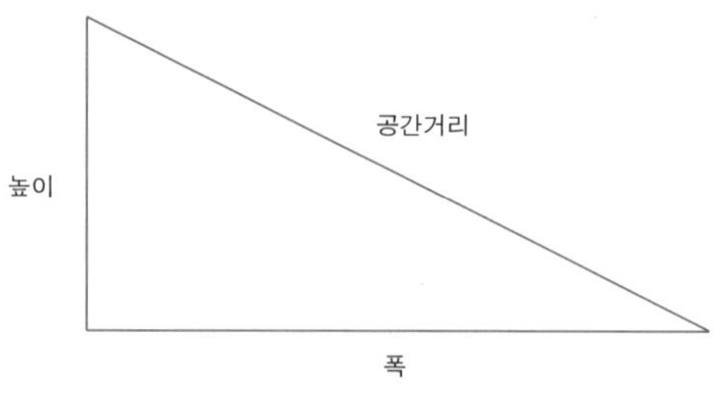

1_ '공간거리' 를 보여주는 도표

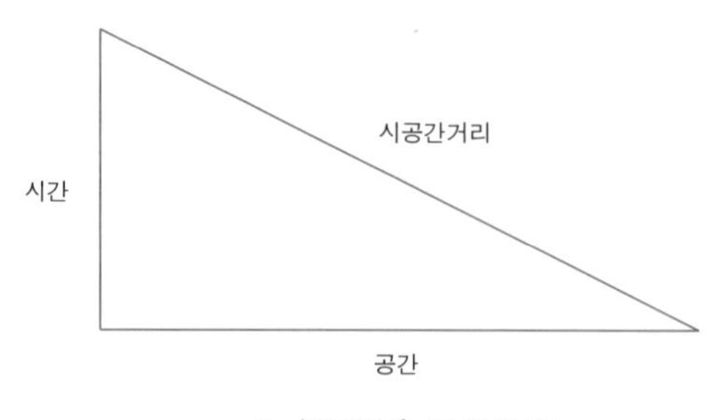

2_ '시공간거리' 를 보여주는 도표

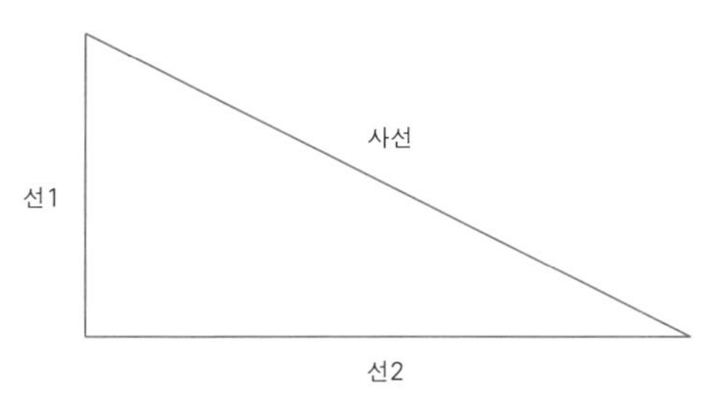

3_ 직각삼각형

은 끊임없이 시간 개념을 재해석하고 만들어내는 원재료 역할을 하기 때문이다.

수직선을 따라 한 점을, 수평선을 따라 한 점을 표시하고 두 점을 잇는다고 가정하자. 그러면 '공간거리'(space distance)를 얻을 수 있다.

그림[1]에서의 방식으로 시공간 도표에서 수직축을 따라 시간을 표시하면 그림[2]에서와 같이 '시공간거리(시공간간격)'를 얻게 된다.

시공간 도표의 각 변을 직각삼각형의 공식에 대입해 보면 다음과 같은 공식이 나온다. 시공간 도표에서 공식을 완성해 보면, (공간)^2+(시간)^2=(시공간거리)^{2}이 된다.

이 공식이 정당화되기 위해서는 공간과 시간이 똑같은 차원을 가져야 한다. 그런데 시간에 속도를 곱함으로써 시간을 공간거리로 바꿀 수 있다. 공

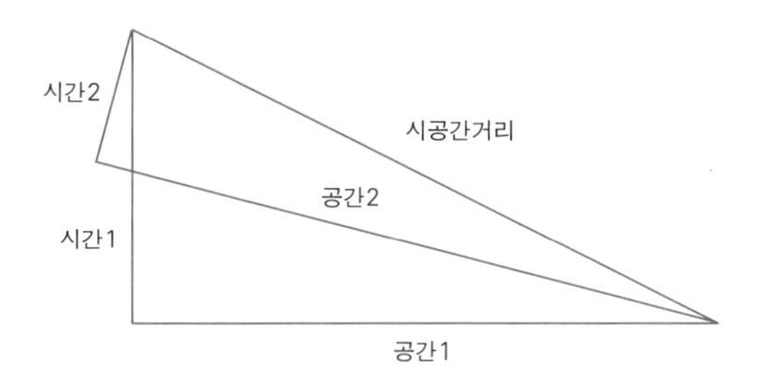

4_ 시공간거리가 동일하면서 다양한 시간과 공간의 구성을 보여줄 수 있는 모델링

식을 변형하면 (시공간거리)^2 = (공간거리)^2 + (빛의 속도×시간)^2 으로 정리된다.

그림4에 의하면, 공통의 시공간을 갖는 두 개의 다른 공간과 시간에 의해 형성되는 사선 즉 시공간거리가 양쪽 직각삼각형에서 공통이라는 사실에 주목해야 한다. 또한 두 직각삼각형이 다른 차원으로 존재할 뿐 동일한 면적임을 기억해야 한다.

이는 결국, 동일한 시공간거리에서도 다양한 시간적 배열과 공간적 나열이 가능하다는 것이다. 마치 여러 개의 다양한 모습으로 잘려진 치즈 조각이 동일한 질량과 부피를 보여 주듯이 애니메이션의 각 장면들은 다양한 시간과 공간의 재구성만으로 무한한 영상언어를 만들어낼 수 있다는 것이다.

애니메이션에서 정지된 이미지의 연속된 장면은 작가의 의도에 의해 다양한 시간과 공간으로 재배열되고 연출되지만 전체적인 시공간은 항상 동일하다. 동일한 시공간 내에서도 항상 다양한 변화 가능성이 역동적으로 실존하는 것이다. 즉 이러한 논의는 애니메이션의 시간과 공간이 통합되어 각각의 논리대로 새로운 구성 방식을 역동적으로 재해석할 수 있음을 보여 준다.

■■ 애니매틱스, 시간과 공간의 미학

애니메이션은 잔상(殘像)의 원리를 이용하여 정지된 영상들을 움직이는 영상으로 인식할 수 있도록 프레임 바이 프레임(frame by frame)으로 분리 촬영하여 만든다. 이렇게 분리 촬영된 정지영상들이 동영상으로 바뀌는 과정에서 정지 순간과 연속 동작 사이에는 시간적인 공간이 생긴다. 이러한 물리적인 시간을 통해 관객은 잔상을 감지하고 실제로는 움직임이 존재하지 않지만 의식 속에서 움직임을 만들어내는 것이다.

'애니매틱스'(Animatics)는 바로 이러한 물리적인 시간의 공간을 연구하는 학문이다. 즉 정지영상에 어떠한 시간적 미학이 작동하여 새로운 움직임의 미학이 파생되는지를 연구하는 학문이다. 애니메이션을 올바르게 이해하기 위해서는 이러한 이론에 대한 정교한 설정과 응용이 실제로 가장 필요하며, 애니매틱스를 이해하기 위해서는 움직임과 정지영상의 관계에 대한 논리적 설명을 찾아야 한다.

이렇게 시간의 현상과 과거 · 현재 · 미래를 통찰하는 여러 시간이론들이 있는데, 그 가운데 제노와 베르그송의 시간이론이 가장 대표적이다. 애니매틱스의 기본적인 원리는 '운동은 환각'이라는 제노의 기본 이론에 바탕을 둔다. 제노는 그리스 철학자들처럼 운동을 분석하여 시간이라는 과제를 풀려고 하였다. 제노는 운동이 공간에 놓여 있는 무한정한 정적인 상태라고 보았다. 그는 여덟 가지 운동의 역설(paradox of motion)을 발전시켰는데, 이는 본질적으로 어떤 사물이 움직일 때 그 사물은 존재하는 곳에서 혹은 존재하지 않는 곳에서 움직인다는 주장이다. 그러나 사물은 사실상 사물 자신이 존재하

분리 촬영된 정지영상들이 동영상으로 바뀌는 과정에서 정지 순간과 연속 동작 사이에는 시간적인 공간이 생긴다. 애니메이션은 이러한 잔상의 원리를 이용하여 정지된 영상들을 움직이는 영상으로 인식하도록 만든 것이다.

는 곳에서는 정지상태에 있으므로 움직일 수 없는 것이다. 사물이 어떤 방향으로 움직이는 순간 그 사물은 이미 그 곳에 존재하지 않는다. 사물이 아닌 곳에 사물이 존재할 수 없기 때문에 사물은 감히 움직일 수 없는 것이다. 그래서 그는 운동이란 일어나지 않는다고 결론지었다. 애니매틱스에 대한 이론적인 설명은 영화의 기본 구조와 관련하여 제노의 역설에서 찾아볼 수 있다.

제노는 어떤 사물이 형체를 유지한 채 공간에 존재할 때 그 사물은 정지상태에 있게 된다고 주장한다. 공간에서 날고 있는 화살은 매순간 형태가 변하는 것이 아니므로 전체 비행시간 동안 화살의 동작은 변함이 없으며 나는 화살은 정지상태에 있다는 것이 그의 주장이다. 제노는 동작을 '공간 속에 존재하는 무한한 수의 정지상태' 라고 주장했다.

애니메이션 필름도 제노의 화살 운동 원리와 마찬가지로 역설적이다. 애니메이션 필름은 정지영상의 연속인데도 보는 사람의 환상 속에서만 그 정지영상이 연결되어 움직임을 만들어내는 것이다. 애니메이션에서 실질적 운동은 영사기가 개개의 화면을 광원 앞에 잡아당길 때에만 발생한다. 그러나 애니메이션 필름의 각 장면이 스크린에 영사되기 위하여 영사기 앞에 도착하자마자 그 운동은 정지된다. 따라서 영사된 영상은 정지된 상태에 있게 된다.

애니메이션은 시간적인 미분이다. 미분은 애니메이션 필름과 같이 변화가 적고 비연속적이며 정지된 영상으로 세분된다. 그래서 개개의 변화된 장면들은 분리되어 있고 관찰할 수 있는 시간 동안 정지되어 있다. 이런 방법으로 애니메이션의 시공간은 개별적인 정지화면을 활용하여 변화를 조작하게 된다.

■■ 디즈니메이션, 세계를 겨냥하다

흔히 월트디즈니사가 제작한 애니메이션을 '디즈니메이션'이라 부른다. 이들이 공통된 장르영화로서 고정된 담론미학을 지니고 있기 때문이다. 디즈니메이션은 1930년대 후반부터 이미 풀 애니메이션(full animation)이라는 제작방식을 고수하고 있다.

▲ 유럽의 신화를 바탕으로 만든 디즈니메이션 〈미녀와 야수〉 ▼ 중국의 설화를 바탕으로 만든 디즈니메이션 〈뮬란〉. 디즈니메이션은 세계시장 배급을 목표로 탈국적 캐릭터를 만들어내지만 결국 미국적 사고방식을 주입한다.

풀 애니메이션(full animation)은 1초에 24프레임을 모두 그림 24장으로 완전히 그려내는 방식으로서, 월트 디즈니의 완벽주의가 만들어낸 제작방식이다. 이는 셀 애니메이션에서 제작자본이 가장 많이 드는 제작원리인데, 이러한 완벽한 제작방식은 미국 내 안티 디즈니메이션 스튜디오들과 다른 국가의 중소규모 스튜디오들이 대형 프로덕션으로 발전할 수 있는 가능성을 제한하는 조건으로 작용해 왔다.

월트디즈니사에서는 이러한 풀 애니메이션을 더욱 완벽하게 질적으로 통제하기 위하여 원화 작업 이전에 이미 두 차례 촬영을 거친다고 한다. 우선 애니메이션에서 실제로 기획한 장면을 실제 캐릭터를 사용하여 실사영화로 촬영한다. 이러한 작업은 애니메이션에서 풀 애니메이션으로 그릴 각 프레임의 동작 변화를 세밀하고 면밀히 검토하기 위함이다. 두 번째로는 흑백(monochrome)으로 촬영하여 실제 캐릭터의 움직임 말고 채도와 명도의 변화와 유지를 조율한다.

즉 첫 번째 촬영으로는 색과 조명과의 비례를 살펴보기 어려우므로 두 번째 촬영에서 일정한 광원을 비출 때 나타나는 그림자의 위치와 색의 변화 정도를 흑백 기준으로 측정하는 것이다

디즈니메이션은 '문화제국주의적인 경제적 관점'과 '팍스 아메리카라는 정치적 관점' 그리고 '콤플렉스와 신드롬의 심리적 조건에 기반을 둔 문화산업적 관점' 등으로 그 내용을 분석해 볼 수 있다. 이러한 세 가지 관점을 중심으로 디즈니메이션의 담론을 좀더 구체적으로 분석해 보자.

우선 문화제국주의적인 경제적 관점이란, 항상 세계시장에 배급하는 것을 목표로 탈국적 캐릭터를 만들어내지만 결국 미국적 사고방식을 주입한다는 것이다. 디즈니메이션은 최초로 동물 캐릭터를 내세운 것에서 시작하여 신화 · 동화 · 민담 등을 바탕 삼아 이야기를 구성하는 등 항상 전 세계 관객을 대상으로 삼아 왔다. 초기 작품들은 주로 미국과 유럽의 동화를 바탕으로 했으나 최근에는 소수 민족의 설화 등을 수집하는 데에도 열중하고 있다. 하지만 겉보기는 세계 지향이지만, 사실 그 안에 담는 내용은 미국식 사고방식을 내면화하고 재현하는 경향을 띤다. 특히 항상 할리우드 장르영화처럼 해피엔딩으로 마무리되는 결말은 잠재의식 속에 미국에 대한 막연한 환상이나 아메리칸 드림을 심기에 충분하다. 이는 정치적 관점에서 미국에 대한 비판의식을 희석하는 팍스 아메리카로 이어지며 보수 우익의 캠페인 프로그램으로 평가받을 수도 있다. 어려서부터 디즈니메이션을 보고 자란 아이들은 알게 모르게 미국의 가상 외교관 역할을 하게 되는 것이다!

또한 '신데렐라 콤플렉스'와 '피터 팬 신드롬'은 디즈니메이션의 중요한 두 축인데, 이는 막대한 상품 이데올로기를 퍼뜨리며 부대산업과 연계되어 문화산업의 자본화를 이끌어낸다. 백마 탄 왕자님을 파트너로 삼고픈 신데

렐라의 꿈을 부추겨서 그러한 소망이 사행심으로 이어져 다양한 상품을 사고 싶도록 만드는 것이다. 이는 연령층과 세대층에 관계없이 지속적인 이데올로기로서 영향을 미치고 있으며, 디즈니 여성 캐릭터들은 여성의 사회적 지위가 상승함에 따라 시대적 분위기를 그대로 반영하는 순발력과 탄력성까지 보여준다.

다음으로 디즈니메이션의 작품 세계를 보자. 우선 시적인 대사를 추구하는 걸 볼 수 있다. 마치 셰익스피어를 패러디한 느낌도 든다. 그리고 이렇게 시적인 대사를 바탕으로 배경음악을 이야기와 연계한다. 대사를 대부분 뮤지컬 노래로 처리하는 것이다. 또한 디즈니메이션 고유의 색채 미학을 추구한다. 작업 과정에서 실사촬영과 흑백촬영 두 단계를 거치는데, 이를 통해 자연스런 동작과 표현을 연구하는 것뿐만 아니라 색채의 채도와 명도를 분석하여 다른 애니메이션에서 사용하는 원색보다 원래(실사영화)의 고유한 느낌을 살린 색을 표현해내는 것이다. 이렇듯 대사와 의상, 색채의 철저한 기획은 일관된 조명 계획과 병행되어 심도 깊은 입체감을 형성한다. 그리고 이는 최종적으로 멀티플레인 카메라로 대표되는 디즈니메이션의 테크놀로지로 완성된다.

■■ 재패니메이션, 한계를 활용하다

일본 애니메이션을 통칭하는 '재패니메이션'은 데스카 오사무(手塚治箢)의 초기 시절부터 리미티드 기법을 고수해 오고 있으며, 특히 TV 시리즈물은 거의 대부분을 리미티드 방식으로 그려낸다. 1초당 24프레임에 해당되는 모든 동작을 각 프레임별로 그려내는 풀 애니메이션에 비해 리미티드 애니메이션(limited animation)은 움직임에 절대적으로 필요한 캐릭터의 일부 동작

데스카 오사무의 대표작이자 재패니메이션의 효시인 〈철완 아톰〉. 재패니메이션은 제작자본의 한계와 전문인력의 부족을 리미티드 기법으로 해결하였다.

과 키 포즈(key pose)에 해당하는 움직임만을 골라 그려 1초당 1~12장 정도로 셀을 그려내는 제작방식이다. 예를 들어 30분용 TV 프로그램에서 풀 애니메이션은 대략 2만 매 이상의 그림이 필요한 데 반해, 리미티드는 1만 4,000매 이하이거나 특별한 경우 5,000~6,000매 정도를 사용하기도 한다.

이러한 리미티드 애니메이션은 풀 애니메이션보다 빠르고 경제적으로 제작할 수 있어서 전 세계의 애니메이션 제작 스튜디오가 TV 시리즈 애니메이션에 적극 활용하고 있다. 이러한 리미티드 기법은 초기 제작방식이 개발되던 당시만 하더라도 제작경비를 감소하려는 월트디즈니 스튜디오의 전략으로 개발되었으나, 오늘날은 디즈니와 같은 대형 스튜디오에 대항하기 위한 중소 스튜디오의 연합전략으로 활용된다.

이러한 중소 스튜디오의 연합인 UPA 그룹은 디즈니메이션이 그려내던 장편 애니메이션에 대항하여 차별적인 CF 애니메이션과 캠페인용 애니메이션을 대량으로 제작하여 새롭고 신선한 메시지의 전달을 담당했으며, 후에 일본의 데스카 오사무에게 큰 영향을 주게 된다.

일본의 데스카 오사무는 〈철완 아톰〉으로 널리 알려진 재패니메이션의 전설적 대부다. 그는 십대 때부터 연재만화 즉 코믹스(comics)를 그리기 시작했고, 의과대학을 중퇴하고 본격적으로 시작한 만화작업에서 애니메이션화의 신기원을 이룩한 작가다. 그는 월트디즈니사의 작품을 보면서, 자신의 코믹스들도 애니메이션으로 전환해 볼 것을 희망하게 되었고, 결국 제작자

본의 한계와 전문인력의 부족을 리미티드라는 기법으로 해결한 것이다. 데스카 오사무가 확립한 리미티드 기법의 노하우를 들여다보도록 하자.

데즈카 오사무는 〈철완 아톰〉 이후 〈밀림의 왕자 레오〉, 〈사파이어 왕자〉 등을 제작하면서 리미티드 기법의 공식화를 모색해 왔고, 이러한 방식은 현재까지도 재패니메이션 TV시리즈에 거의 대부분 활용되고 있다.

국내에 수입된 〈피구왕 통키〉의 경우, 주인공 통키가 깜짝 놀라는 장면이 자주 등장하는데, 2~3초가량을 정지 화면으로 처리하는 편집력을 볼 수 있다. 이러한 정지 장면은 홀드 셀◉의 개념으로서, 촬영 당시 24콤마촬영◉으로 진행되므로 사실 화면이 갑자기 멈춘 듯한 정지 현상은 발생하지 않는다. 이러한 캐릭터의 멈춰진 표정 뒤로 보이지 않는 음향효과와 주인공의 독백이 흐르면 4초 정도까지도 보는 수용자의 의식을 집중시킬 수 있다. 셀 애니메이션에서 4초라면 96프레임 즉 96장의 그림을 그려야 하는데, 이를 1장의 그림으로 해결할 수 있는 전략을 활용한 것이다.

이러한 전략은 필요한 동작만을 최소화하거나 후녹음 작업으로 일정한 입 동작만을 반복하는 등 작품의 질적 측면에 문제가 제기되기도 하지만, 다양한 카메라워크를 이용하여 1장의 셀로 다양한 앵글을 촬영해 내는 연출력은 이미 세계적으로 공인받은 노하우다.

또한 간단히 그린 배경 안으로 캐릭터를 입장시킨 다음, 보이지 않는 캐릭터들끼리 말다툼하는 음성만을 들려주는 방식으로 5초 이상을 편집하여 수용자의 시선을 끌어들이는 방식은 재패니메이션뿐만 아니라 유럽과 캐나다의 단편 애니메이션에도 자주 사용되는

◉ 홀드 셀
셀 애니메이션을 제작할 때 보통 움직이는 부분만 셀을 교차 촬영하여 움직임을 연출하는데, 움직임이 없어서 다른 셀 밑에 고정적으로 놓이는 움직임 없는 동작의 셀을 '홀드 셀'이라고 한다.

◉ 24콤마촬영
리미티드 방식의 최고 수준으로서, 그림 1장 즉 셀 1장을 24번 반복 촬영하여 1초 분량의 움직임을 만드는 방식이다. 이렇게 촬영하면 표현의 대상이 마치 갑자기 멈춰 서 있는 듯한 효과가 나타난다.

해체와 결합을 통해 다양한 모습으로 바뀌는 재패니메이션 〈건담〉

리미티드 방식이다. NFBC의 〈시민 헤롤드〉(*Citizen Harold*)는 무력한 소시민이 관료체제에 대항하여 좌절하는 내용을 담은 단편인데, 억제된 캐릭터의 동작과 제한된 음향 및 효과들의 배합을 통해 이야기를 더욱 극대화하여 효과적으로 전달하고 있다. 리미티드 기법은 애니메이터의 시나리오 구성과 편집에 의해 훨씬 더 자극적인 미학적 효과까지도 나타낼 수 있는 것이다.

재패니메이션의 리미티드 기법은 1980년에 들어서면서, 로봇메커닉물이 본격적으로 등장하고 순정물과 판타지물 장르가 분화되면서 새로운 제작방식을 보여 주게 된다. 선라이즈사의 〈건담〉 시리즈와 〈세일러문〉으로 대표되는 리미티드의 전략적 기법은 다음과 같다.

로봇메커닉물은 〈철인 28호〉와 〈마징가Z〉로 시작되는데, 이후 선라이즈사의 〈건담〉 시리즈가 본격적으로 개발되면서, 일체형 로봇 시대는 지나가고 해체와 결합을 통해 다양한 모습으로 바뀌는 로봇이 그 자리를 대신하게 된다. 이때부터 매회 시리즈마다 로봇이 직접 해체되고 결합되는 장면이 반복해서 등장하게 된다. 이것은 정해진 시간대의 셀 수를 최소화할 수 있는 시나리오 구성이 가능하다는 의미다. 또한 시리즈를 오래 이어가면서 이러한 주요 캐릭터 수를 계속 늘린다. 〈세일러문〉의 경우 1명에서 5명으로, 최근에는 13명에 이르는 여전사 군단이 형성되었다. 그럴 경우 13명의 변신을 모두 지켜봐야 하는 상황을 연출하여 변신 시간만으로도 거의 수백 프레임을 절약하는 전략이다. 하지만 이러한 장르의 주요 관객층인 어린이와 청소년들은 대부분 '해체' '결합' '변신' 상황을 자신과 동일시하여 승리를 위한 필수적인 과정으로 받아들이므로, 어느 수용자도 매번 반복되는 장면에 항의하지 않는다. 오히려 이를 무의식적으로 받아들이고 적극적으로 동화하여 캐릭터 상품을 구매하는 효과로 이어지기까지 한다.

■■ 애니메이션의 시간 설계, 공간으로서의 시간과 시간으로서의 공간

애니메이션에서 가장 중요한 것은 '타이밍'(timing)이다. 실재하지 않는 캐릭터와 동작들에 새로운 실재감을 부여하며 수용자들이 실제인 듯 느끼도록 하기 위해 애니메이션의 시간은 다양한 공간을 과장되게 만들어내고 재배치한다. 그래서 애니메이션의 시간 설계는 '초사실주의'(hyper-reality)에 기반을 둔다. 대개의 수용자들은 실제보다 더 실제 같은 애니메이션의 왜곡된 움직임에 익숙해지면서, 애니메이션이라는 영상문법이 기존 실사영화의 움직임과는 본질적으로 다른 특성을 갖는다는 걸 인식하게 된다. 애니메이션이 끊임없이 재생산하는 시간의 공간은 수용자의 적극적인 참여를 통해 작가의 무한한 상상력으로 재현된다. 애니메이션에서 시간은 다양한 층위의 공간을 끊임없이 재생산하며, 입체적인 시간의 매트릭스는 애니메이션의 심층적 공간을 극대화하는 것이다. 애니메이션의 타이밍은 각각 독립적으로 전개되는 각 시간과 공간의 역동적 힘이 다양한 영상을 연출해내고 형성해낼 수 있는 가능성으로 재현됨을 의미한다.

공간으로서의 시간 그리고 시간으로서의 공간은 애니메이션이 표현해낼 수 있는 가능성의 무한함을 상징적으로 보여주는 논리적 명제다. 애니메이션은 무한한 공간에 움직임을 만들어내는 시간의 발전소이며, 그러한 발전소의 열쇠는 작가가 꿈꾸는 다양한 이야기의 문과 맞닿아 있다.

아인슈타인, 과학자에서 상업적 아이콘으로

고장원

■■ 대중문화의 아이돌로 떠오른 아인슈타인

알베르트 아인슈타인은 1879년에 태어나 1955년 죽었다. 생전에 정력적으로 활동한 시기를 고려하면 그는 가히 한 세기 전 인물이라 해도 과언이 아닐 것이다. 그렇다면 단지 천재적 과학자에 그치지 않고 정치사회적으로 적극적인 평화주의 노선을 걸음으로서 역사에 뚜렷한 족적을 남긴 아인슈타인이 21세기를 넘어선 현재 사람들의 뇌리에 얼마나 깊이 각인되어 있을까? 구구절절 대답하기 전에 사진[1]을 보자. 사진에서 맨 앞에 보이는 건물에 투영된 영상은 누구의 얼굴이겠는가?

2002년 9월 25일 밤 파리 시내 강변, 어슴푸레한 저녁놀마저 밤의 장막에 서서히 자리를 내줄 무렵 프랑스 국립도서관 건물은 온통 한 벽면이 아인슈타인 얼굴로 가득 찼다. 혀를 내밀고 있는 장난기 가득한 유명한 사진이었다. 이것은 파리에서 열리는 뉘 블랑슈(Nuit Blanche) 아트 페스티벌의 열기

1_ 2002년 프랑스 국립도서관 건물 벽면을 장식한 아인슈타인의 얼굴. 아인슈타인은 어쩌면 인류 문화유산을 상징하는 아이콘의 하나로 이미 자리잡은 건지도 모르겠다.

를 고조시키기 위해 카오스 컴퓨터 클럽이란 유럽의 유명한 해커 집단이 의뢰를 받아 행사 광고용으로 만든 일종의 대대적인 퍼포먼스였다. 520개의 창문 하나하나마다에 별도의 램프를 배치하여 마치 컴퓨터 화면 픽셀처럼 전면(前面)투사(Blinkenlight) 방식으로 발광시켰으니, 그 면적이 무려 3,370제곱미터에 달했다. 10월 6일까지 11일간 진행된 이 PR 퍼포먼스를 위해 디스플레이 화면으로 쓰인 건물 벽면에는 역사적인 가치가 있는 문화유산을 담은 이미지들과 팝아트 스타일의 애니메이션 영상이 한데 뒤섞였다. 이를테면 모나리자 그림 다음에 아인슈타인 사진이 나오는 식이다. 이를 두고 비교적 최근 인물임에도 불구하고 아인슈타인이 우리 인류의 문화유산을 상징하는 아이콘의 하나로 이미 자리잡았다고 해석해도 좋을까?

이러한 해석이 선부른 속단이라 생각된다면 바로 이어 사진2를 보자. 위와 같은 거창한 규모의 PR 퍼포먼스는 예외로 치더라도 오래 전부터 아인슈타인은 신문 광고와 방송 광고의 인기 있는 모델이었다. 이에 대해서는 뒤에서 자세한 예를 들겠지만, 비단 해외에서뿐만 아니라 우리나라 광고물에서도 아인슈타인의 광고 모델 노릇은 드문 일이 아니었다. 그러나 그러고도 부족했는지 아인슈타인은 티셔츠와 모자 나아가서는 머그잔에까지 벼락 맞은 듯한 그만의 독창적인 헤어스타일을 뽐내고 있지 않은가. 실제로 구미의 대학가에서는 아인슈타인의 얼굴이나 그가 도출해낸 유명한 공식 $E=mc^2$이 새겨진 티셔츠를 입고 있는 학생들을 흔히 볼 수 있다고 한다. 과학자가 할리우드의 유명 애니메이션 캐릭터 못지않은 아이콘으로 활동 무대를 확장할 줄이야 누가 상상이나 했을까. 하긴 아예 한술 더 떠서 상표명을 '알베르트 아인슈타인'으로 등록하는 사업자까지 생겨나는 판이니……. 사진[3]의 TV 광고를 제작한 애러다임 커뮤니케이션즈(Airadigm Communications)가 바로 그러한 예 가운데 하나다. 이 회사는 자사가 제공하는 모바일 PCS 서비스의 브랜드명을 '아인슈타인'이라 붙였다. 애니메이션 형식으로 제작된 이 TV 광고에 아인슈타인의 모습이 직접 등장하는 건 아니지만 광고 문구와 마지막에 등장하는 로고를 통해 광고가 전달하고자 하는 메시지와 브랜드명 사이의 상관관계를 쉽게 연상할 수 있다. 광고에서 주인공은 어리바리해 보이는 잡종견을 가리키며 이렇게 말하고 있다.

2_ 티셔츠, 머그잔, 모자를 장식한 인기 광고 모델로서의 아인슈타인.

"전 개가 좋아요. 이 녀석은 짖고 냄새 맡고 꼬리 흔드는 게 하루 일과의 전부죠. 잠잘 때도 짖고 냄새 맡고 꼬리를 흔드는 꿈만 꾸거든요.

단순하잖아요? 복잡할 게 없어요. 똑같은 이유로 '아인슈타인'(모바일 PCS 서비스를 가리킴)도 좋아해요. 아인슈타인의 무선통화 요금제는 얼마를 쓰든 월정액이라 번거롭지가 않지요. 이처럼 우리가 머리를 쓰지 않게 해주니 (아인슈타인이) 총명하달 수밖에요.(Simple is smart.)"

뉴욕에 있는 광고회사 린제이 스톤 앤 브릭스(Lindsay, Stone & Briggs)가 제작한 이 광고는 광고주의 모바일 서비스가 얼마나 스마트한가를 유머러스한 메시지와 아인슈타인이란 브랜드명을 결합하여 친근감 있게 전달한다. 다시 말해서 '아인슈타인'이란 브랜드는 소비자 고객을 위해 텔레컴 사업자가 얼마나 지혜를 짜내고 있는가를 쉽게 연상하도록 만든다.

애초에 아인슈타인이 세계적인 지식인으로 주목을 받은 건 처음 발표할 당시만 해도 온 세상에서 이해할 수 있는 사람의 수가 불과 한 손가락에 꼽힌다던 상대성이론과 노벨상을 받은 광량자 이론 덕분이었다. 하지만 정작 세인들이 아인슈타인에게서 떠올리는 일반적인 이미지는 아이러니하게도 과학자로서의 연구 성과가 아니라 보통 인간이 꿈꾸지 못하는 세계의 원리를 규명해낸 천재성에 대한 신비화된 매력에 가까웠다. 하긴 어찌 보면 이는 당연한 결과인지도 모른다. 요즘 과학잡지나 과학교양서에서 다양한 일러스트를 곁들여 상대성이론을 설명하고 있어 얼핏 누구나 이해할 수 있어 보인다.

3_ 브랜드 이름을 '알베르트 아인슈타인'이라고 붙인 모바일 PCS 서비스 광고.

하지만 그것은 어디까지나 상대성이론이 빚어내는 기이한 효과들에 대해 일반인이 알아들을 수 있게 되었다뿐이지 그러한 결과를 내놓게 된 과정에 대해 수학적·물리학적으로 이해할 수 있다는 뜻은 전혀 아니지 않은가. 흔히 대중문화가 저지르는 스테레오타입화 경향은 사안의 본질보다는 본말이 전도된 이미지만을 쫓아다니게 만들기 쉬운데, 아인슈타인의 경우 또한 별반 다르지 않다. 일례로 아마추어 음악가이자 반전평화운동가로서의 정력적인 활동 그리고 바람 잘 날 없는 여성 편력 등, 그를 바라보는 시각은 다양하게 존재할 수 있다. 하지만 대중문화 아이콘으로서의 그의 이미지는 대개 '천재적인 두뇌' 라는 컨셉트에만 초점이 맞춰지기 일쑤다.

한편으로 보면 아인슈타인에 대한 일반 대중의 이 같은 관심은 일찍이 어떠한 과학자도 누려보지 못한 인기이기에 일견 과분해 보일 수도 있다. 아인슈타인의 과학적 업적을 뉴턴이나 그 밖의 대과학자들과 비견하여 반드시 월등하다고 단언하기는 어렵다. 그렇다면 어떻게 해서 역사상 눈부신 업적을 쌓은 과학자들 중에서 유달리 아인슈타인만 대중문화의 스포트라이트를 받는 것일까?

답은 의외로 명쾌하다. 아인슈타인이 태어나서 정열적으로 활동한 시기가 바로 대중사회의 완숙기였기 때문이다. 산업혁명 이후 일거리를 찾아 삼삼오오 도시로 모여들기 시작한 사람들이 몇 백 년에 걸쳐 오늘날과 같은 대중사회를 이루기에 이르렀고 20세기 초엽 비약적으로 발전한 다양한 매스미디어는 만민 공통의 인기 스타를 만들어내는 데 일조했다. 이러한 인기 스타 그룹에는 비단 연예인들만 해당되지 않았다. 정치인이든 경제인이든 그리고 과학자든 간에 그 출신성분(?)을 막론하고 세계인의 이목을 끈 사람이라면 누구나 만신전(萬神殿)에 오를 자격을 부여하는 것이 바로 매스미디어를 기반으로 한 대중사회의 속성이니 말이다. 1999년 미국 시사잡지 《타임》이 아인슈타인을 '20세기의 인물' 로 지명한 것도 이러한 맥락에서 충분히 이해가 된다. 일반 대중문화에서의 인기가 이러할진대 학계에서 화학 원소에 '아인슈타니움' 이란 명칭을 붙인다든가 광화학 분야에서 쓰이는 측정단위에 '아인슈타인' 이란 용어가 쓰인다든가 최근 2001년 발견된 소행성에 그의 이름이 붙여졌다는 사실 따위는 그다지 새삼스러울 것도 없는 현상이라 하겠다. 오히려 이보다는 영국에서 명망 있는 램버트 무용단(Rambert Dance Company)이 $E=mc^2$을 소재로 한 발레 〈광속〉(光速, Constant Speed)을 올해 5월 선보인다는 외신 기사 정도에나 고개를 돌린다면 모를까. 런던 새들러스 웰즈(Sadler's Wells) 극장에서 초연될 이 발레는 단순히 아인슈타인의 유명세에만 기대는 센세이셔널리즘에서 벗어나 상대성이론에 대해 예술적 재해석을 하고 있다는 점에서 시사하는 바가 남다르다 하겠다. 사정이 이러한데 대중문화의 첨단을 발 빠르게 반영하는 거울이라 할 수 있는 광고가 아인슈타인 같은 불세출의 모델을 그냥 지나칠 리 있겠는가?

▪▪ 2차원 크리에이티브 : 아인슈타인에 대해 평면적이고 속물적으로 접근한 광고들

앞서 언급했듯이 아인슈타인만큼 과학자들 가운데 연예인 못지않게 국내외 광고에서 인기를 끄는 모델도 드물지만, 정작 그 접근 방식을 보면 십중팔구 천편일률적으로 그의 '천재 두뇌' 와 연결짓는 데에만 급급하기 일쑤다. 이처럼 대부분의 광고들이 아인슈타인의 실상보다는 필요 이상으로 신격화된 천재성에만 매달리는 형국이니 상대성이론을 비롯한 그의 학문과 사상 체계가 광고 텍스트에 어떻게 스며들어 있는가를 직접적으로 감지해내기란 쉬운 일이 아니다. 솔직히 광고에다 아인슈타인을 끌어들이는 까닭은 그가 생전에 했던 주장이나 생각을 곱씹어 보려는 의도와는 상관이 없다. 오로지 소비자 대중에게 살아 숨쉬는 인기 연예인 못지않게 그의 인지도가 높기 때문일 뿐이다. 광고에서 중요한 것은 모델의 출신성분이 아니라 그가 얼마나 사람들에게 널리 알려져 있느냐인 것이다.

이러한 단편적 접근 방식으로는 많은 아쉬움을 남길 수밖에 없다. 부러움을 받는 천재인 동시에 차별 받는 유대인으로서, 미국 정부가 핵폭탄 개발을 결정하는 데 방아쇠를 당긴 장본인이자 열렬한 평화주의자로서, 아마추어치고는 예사롭지 않은 솜씨를 지닌 바이올린 연주자이자 여성 편력이 다채로웠던 한량으로서, 모순 되고 굴곡 심한 인생 역정을 걸었던 아인슈타인은 실제로 인간적인 매력이 많은 인물이었다고 전해진다. 그러므로 광고에서의 아인슈타인 이미지가 다 거기서 거기인 까닭은 캐스팅한 모델에 대한 연구가 부족한 광고 크리에이터들의 책임이 크다고 생각된다. 광고에서 역할 모델을 피상적으로 제시하는 건 소비자에게 감흥을 주지 못하는 쓰레기 정보가 될 우려가 크니까 말이다. 따라서 상대성이론과 광고의 연관 관계를 논하기에 앞서, 우선 아인슈타인의 캐릭터가 단순화되고 스테레오타입화되어 광고에 쓰인 사례들을 살펴봄으로서 광고가 감동을 주려면 모델에 대한 깊이 있는 해석이 얼마나 중요한가를 알아보기로 하자.

사진[4]는 할리우드 영화 〈I.Q.〉(1994)의 광고 포스터다. 영화 제목에서 벌써 감을 잡을 수 있을 것이다. 팀 로빈스와 맥 라이언 같은 유명 배우들이 출연하는 이 영화에서 아인슈타인은 주요 조연으로 등장한다. 그러나 여기서 아인슈타인의 역할은 고작해야 두 남녀를 엮어 주는 중매쟁이 노릇에 국한되어 있을 뿐이다. 즉 아인슈타인은 조카를 사랑하는 한 여인의 부탁

4_ 1994년 개봉된 영화 〈I.Q.〉 광고 포스터.

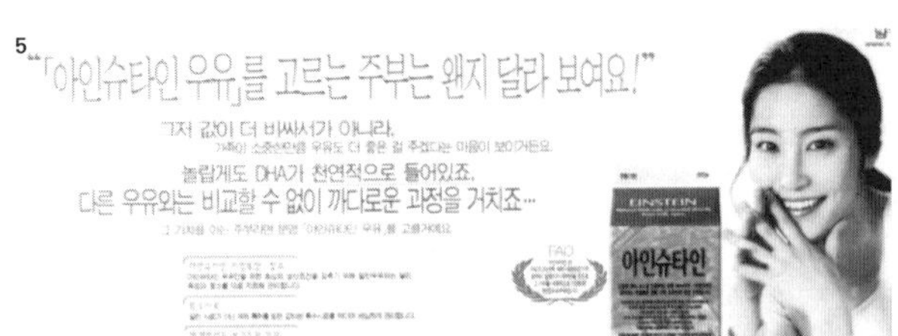

5~7_ 아인슈타인 우유를 마시면 아인슈타인처럼 머리가 좋아질까?
8_ E.Q.의 대표모델은 모차르트, I.Q.의 대표모델은 아인슈타인?
9_ 교육 출판물 회사 이름이 '아인슈타인'이다.

을 받고 그녀가 조카의 관심을 끌기 위해 사이비 물리학자 행세를 하는 데에 조언을 아끼지 않는다. 따라서 이 영화에서 I.Q.는 학문연구를 위해서가 아니라 연애 전술에 필요할 따름이다.

이러한 사정은 제품 광고의 경우에도 그다지 다를 바가 없다. 남양유업은 앞에서 언급한 모바일 서비스 사업자와 마찬가지로 아예 제품에다 아인슈타인의 이름을 붙여버렸으니, 이름하여 '아인슈타인 우유'와 '아인슈타인 베이비 우유'다.(사진[5~7]) 이러한 광고들의 주장이 담고 있는 논리는 아주 단순하다. 우유 속에 DHA 성분이 함유되어 있어 아인슈타인처럼 머리가 좋아진다는 것이다. 특히 어려서부터 아인슈타인 베이비 우유를 먹이면 그 효과가 더 크다나. 이러한 논리는 단지 우유 같은 식음료에만 적용되는 것이 아니다. 대웅제약의 빈혈치료제인 '헤모큐' TV 광고가 좋은 예다.(사진[8]) LGAD가 기획한 이 광고는 임신부들을 대상으로 하여 아기의 E.Q.와 I.Q.를 고려한다면 산모 건강을 위해 헤모큐를 복용할 것을 권유하고 있다. 메시지의 친화력을 높이기 위해 여기에 E.Q.의 대표 모델로는 모차르트, I.Q.의 대표 모델로는 다름 아닌 아인슈타인이 등장한다. 그러나 뭐니뭐니해도 아인슈타인이란 이름을 팔아먹기 가장 좋은 사업 분야는 바로 교육 관련 비즈니스일 것이다. 학습지 전문 회사에서 교육 관련 종합회사로 성장해 온 대교는 자사의 출판물 판매를 위한 영업 조직을 아예 '대교 아인슈타인'이라 이름 지어 분사시켰다.(사진[9])

사진[10·11]은 국내외를 막론하고 첨단 정보처리 기기의 이름에도 '아인슈타인'이란 이름이 위력을 발휘할 수 있음을 상기시켜 준다. 국내 제품은 에이원 프로(AONE PRO)에서 개발한 전자사전이고 해외 제품은 타텅(Tatung)사(社)에서 1984년 개발한 초창기 컬러 마이크로컴퓨터다. 둘 다 제품군과

10 · 11_ 첨단 정보처리 기기의 이름에도 '아인슈타인' 이란 이름은 위력을 발휘한다.

기능이 다르지만 주장하는 맥락은 대동소이하다. 에이원 프로의 '아인슈타인' 은 전자사전이란 기본 기능 외에도 다수 부가기능이 첨가되었음을 강조하기 위해, 그리고 타텅의 '아인슈타인' 은 고성능 컴퓨터의 제품력을 부각하기 위해 위대한 천재 과학자의 이름을 브랜드로 등록했다.

이번에는 아인슈타인의 명민한 두뇌라는 소재를 이용했다는 점에서는 앞의 광고들과 별반 다를 바 없지만 유머를 동원해서 맛을 더한 광고 두 편을 소개하겠다. 사진12는 1970년대 이탈리아의 인쇄 매체에 게재된 칼스버그 맥주의 광고다. 원숭이와 아인슈타인이 각기 맥주를 즐기고 있는 장면에 다음과 같은 헤드라인 카피가 붙어 있다.

> "본능으로 마시는 맥주와 이성으로 마시는 맥주
>
> (Instinct says beer, Reason says Carlsberg)"

이 카피는 의도적으로 차별적인 뉘앙스를 강하게 풍기고 있다. 생각 없이

12_ 아인슈타인처럼 지적인 엘리트라면 아무 맥주나 마시지 않는다! 13_ 천재 과학자도 못 푸는 수수께끼가 담긴 초콜릿의 독특한 맛!

하루하루를 때우다시피 보내 버리는 별 볼일 없는 사람들은 아무 맥주나 마시지만, 아인슈타인처럼 지적인 사고를 하는 엘리트라면 칼스버그를 선택한다는 얘기 아닌가. 또는 그냥 손가는 대로 마시는 맥주와 곰곰이 따져서 골라 마시는 칼스버그는 격이 다르다는 뜻으로 해석할 수도 있다. 다음으로 롯데제과가 올해 출시한 초콜릿 신제품 에어셀의 광고를 살펴보자. 사진[13]은 인쇄 광고용 사진이지만 이보다는 TV 광고가 좀더 주목을 끈다. TV 광고에서 아인슈타인은 서재에서 온갖 학술서적을 뒤적여보지만 결국 에어셀 초콜릿의 거품 구조가 자아내는 맛의 비밀을 풀지 못해 머리를 쥐어뜯는다. 천재적인 과학자도 풀지 못하는 수수께끼가 담긴 에어셀의 독특한 맛…… 이 광고는 타인의 막연한 명성만 빌려오는 데서 그치지 않고 그나마 제품과의 친근한 상호작용을 유도했다는 점에서 약간 더 점수를 줄 만하다.

▪▪ 3차원 크리에이티브 : 아인슈타인에 대해 입체적으로 접근한 광고들

앞에서 예로 든 광고 유형보다 비록 절대적인 수는 많지 않으나 아인슈타인

14_ "남다른 발상을 하라!" 아인슈타인을 창조적인 영혼으로 부각하여 입체적으로 접근한 대표적인 광고.

을 그저 I.Q.라는 기계적인 기준으로만 재단하지 않고 깊은 통찰을 바탕으로 남다른 개념을 도출해내는 진정한 크리에이터 즉 창조적인 (또는 가치 있는) 영혼으로 부각시킨 광고들이 다른 한 편에 존재한다. 이러한 부류의 광고들은 상대성이론 같은 아인슈타인의 학문적 성과를 구체적으로 언급하고 있지는 않으나 단지 학계뿐만 아니라 뉴턴식 절대시간 개념에 익숙해 있던 보통 사람들을 소스라치게 만든 그의 업적에 대해 나름대로 존중과 경의를 표시하고 있다.

가장 먼저 소개할 애플 컴퓨터의 "남다른 발상을 하라! (Think Different!)" 캠페인이 이런 유형의 모범적 예에 속한다(사진[14]). 일찍이 애플은 개인용 컴퓨터(PC) 이용자의 편의를 최대한 반영한 인터페이스와 그래픽 디자인의 잠재력이 최대한 발현되는 기술적 기반 환경을 선보임으로서 오늘날과 같은 인터넷 혁명과 비주얼 텔리커뮤니케이션에 지대한 기여를 했다 해도 과언이 아니다. 솔직히 마이크로소프트의 최근 윈도우 OS 버전들은 독창적이라기보다는 이미 1980년대 후반 애플이 구현했던 인터페이스 환경의 재현에 불과하며, 그나마 아직 애플 수준을 따라잡지 못한 상황이다. 다시 말해서 IBM을 위시한 메인 프레임 컴퓨터 위주의 시장에서 애플과 그 창업자 스티브 잡스의 혁명적인 발상의 전환이 없었다면 오늘날 개인용 컴퓨터의 보급 그리고 프로그래머가 아닌 일반 이용자들을 대상으로 한 편리한 OS의 탄생은 한참 늦춰졌을지도 모를 일이다.

따라서 애플은 "남다른 발상을 하라"고 주장할 만한 자격이 분명히 있다. 그러나 애플은 이 광고 캠페인에서 자사의 자랑거리를 역사적으로 하나씩 들춰내는 상투적인 방식을 동원하지 않는다. 대신 이 광고 캠페인의 TV 광고는 역사상 창조적인 정신으로 세상에 감동을 주었던 위대한 인물들을 하나씩 끌어들여 소개하면서 애플은 예나 지금이나 바로 이러한 사람들의 정신을 계승하고 있다는 우회적인 (그러나 훨씬 더 감성적으로 공감할 수 있는) 메시지를 전달하며 여운을 남긴다. 이러한 위인들이 살아있을 당시 모습을 담은 다큐멘터리 영상을 짜깁기 편집한 이 TV 광고에서 유달리 강조하는 인물이 두 사람이 있는데, 한 사람은 피카소이고 다른 한 사람은 바로 아인슈타인이다. 애플은 화가이든 과학자이든 간에 그들에게서 창조적인 영혼이라는 공통분모를 찾아냈던 것이다. 이 광고는 해외 유수 광고영화제에서 수상했을 뿐만 아니라 소비자 대중에게도 큰 반향을 미쳤다. 사진[14]가 좋은 증거다. 미국 온라인 쇼핑 사이트에서 판매되고 있는 이 티셔츠에는 아인슈타인을 모델로 한 애플 광고 캠페인 비주얼이 고스란히 담겨 있다.

아인슈타인 같은 국제적 유명 인사를 일반 기업은 물론이요, 국제연합(UN)이라고 그냥 지나칠 리 없다. 사진[15]는 국제연합 난민기구(UNHCR)의 광고다. 국제연합 난민기구는 1950년 12월 14일 국제연합 총회 결의로 설립되어 전 세계 각지에서 발생하는 난민의 보호 및 문제 해결을 위한 국제 사회의 노력을 이끌어내는 임무를 맡고 있다. 이 기관의 일차적인 목표는 난민의 권리와

15_ "아인슈타인도 난민이었다." 난민의 잠재력을 강조한 국제연합 난민기구 광고.

복지의 보장이며 나아가 난민이 다른 나라에서 안전한 피난처를 찾도록 돕는다. 50여 년이 넘도록 국제연합 난민기구는 5,000만여 명의 사람들이 새 삶을 시작하도록 도왔으며, 지금도 120개국에 파견되어 있는 5,000명가량의 직원들이 1,980만 명의 난민을 돕고 있다. 이 기관이 맡은 임무의 성격을 고려할 때 당면한 가장 중요한 과제는 이주 대상 국가들이 난민 수용을 무조건 부담스러워만 할 것이 아니라 이들을 새로운 사회 구성원으로 기꺼이 받아들이도록 설득하는 일이다. 그런데 말이 쉽지 명분과 도덕률만 갖고 이러한 설득이 먹힐 리 만무하다. 나라마다 인종이나 종교 또는 그 밖의 정치경제적인 이유로 골치 아픈 국내 사정이 있기 마련인 데다 특히 실업자 증가에 대한 우려는 어느 정부나 신경이 곤두서는 사안이지 않은가. 따라서 여기에 소개하는 국제연합 난민기구의 광고는 나름대로의 합리적 이유를 제시하려는 고육지책으로 보인다.

> 난민이 새로 정착할 국가에 가져가는 것은 단지 물질적인 재산만이 아닙니다. 알고 보면 아인슈타인도 난민이지 않았습니까.

사실 그렇다. 난민이 날 때부터 난민이었던 것도 아니고 그들 모두 나름대로 무한한 잠재력을 지니고 있지 않은가. 다만 상황이 급속히 열악해져 그러한 역량을 드러낼 기회가 없었을 뿐이다. 꾸준히 난민을 받아들이다 보면 그 중에서 아인슈타인 같은 인재가 나오지 말란 법이 어디 있는가. 무조건 배척하기보다는 옥석을 가릴 줄 아는 혜안이 필요하지 않은가. 따지고 보면 이러한 주장을 펴는 데 유대인으로서 나치의 공포 정치를 피해 미국으로 건너온 세계적인 석학 아인슈타인보다 더 적합한 역할 모델이 어디 있겠는가? 실제로 히틀러는 유대인들이 독일에서 이룬 업적을 전혀 인정하지 않았다. 문학과 예술은 물론이거니와 논리와 실험을 중시하는 과학에서조차 예외가 아니었다. 단적인 예가 1933년 히틀러가 자행한 현대판 분서갱유 사건이다. 당시 그는 도서관과 대학 연구실에서 유대인 저자들이 쓴 만여 권에 달하는 책들을 압수하여 베를린 오페라 광장에서 보란 듯이 불살랐다. 불쏘시개가 된 책들 가운데에는 아인슈타인의 저서도 포함되어 있었다. 유대인이라면 20세기 최고의 과학자인 아인슈타인이라도 용납될 수 없었기 때문이었다.

다음은 미국의 네트워크 방송사인 NBC가 청소년을 대상으로 운영하는 방송채널 TNBC를 홍보하는 데 아인슈타인을 끌어들인 광고다.(사진[16])

> TNBC 프로그램을 평가하기 위해 굳이 아인슈타인까지 모셔올 필요는 없습니다. 청소년 프로그램들 가운데 Top 3는 바로 NBC 것이니까요. 청소년들에게 권장할 만한 지적이면서도 재미있는 프로그램, 바로 Teen NBC 아니겠습니까.

16 · 17_ 교육 방식이 어떠한가에 따라 누구나 얼마든지 아인슈타인 같은 영재로 클 수 있다는 주장을 담았다.

이 광고에 아인슈타인을 캐스팅(!)한 까닭은 이 위대한 과학자도 고개를 끄덕일 만큼 지적인 교양 프로그램을 TNBC가 제작한다는 인상을 풍기기 위함이다. 앞의 두 광고에 비해 다소 진지함이나 감정이입 수준이 떨어지기는 하지만 지적인 평가를 위한 기준으로 아인슈타인을 골랐다는 데 의의를 둘 수 있다. 국내의 '아인슈타인 과학영재원'의 신입회원 유치 광고 캠페인 또한 같은 맥락에서 이해할 수 있다.(사진[17]) 후자의 광고는 "난 특별한 재능은 없다. 단지 열정적인 호기심만 있었을 뿐이다"라는 아인슈타인의 유명한 말을 인용하면서 교육 방식이 어떠한가에 따라 누구나 얼마든지 아인슈타인 같은 영재로 클 수 있다는 주장을 펼친다.

■■ 4차원 크리에이티브: 상대론적 관점에서 접근한 광고들

아인슈타인의 상대성이론은 이제까지의 시간과 공간에 대한 생각을 근본적으로 뒤바꿔 놓았다. 그는 뉴턴 역학이 수백 년 간 지배해 온 절대시간이란 개념을 일거에 무용지물로 만들어 버렸다. 상대성이론에서 도출되는 신기하고 불가해한 현상과 효과에 대해서는 이미 앞에서 기본적으로 설명했을 터이므로 구구절절 부연할 필요는 없을 것이다. 따라서 여기에서는 상대성이론이 사회문화사 또는 대중문화 차원에서 어떤 의의를 지니고 있는가에 논의의 초점을 맞춰 그와 연관되는 광고들을 살펴보고자 한다.

상대성이론의 핵심은 운동하는 관찰자의 입장에서 경과하는 시간이 정지해 있는 또 다른 관찰자의 입장에서 경과하는 시간보다 느리게 흐른다는 데 있다. 이러한 현상은 일상생활에서 거의 느끼기 어렵지만, 그 운동 속도가 광속에 가까워질수록 이러한 상대론적 왜곡 효과가 두드러지게 된다. 왜곡되는 것은 시간만이 아니다. 예를 들어 관찰자가 우주선을 타고 광속에 가깝게 가속한다고 가정해 보자. 우주선이 광속에 가까워지게 되면 밖에 보이는 물체의 길이가 수축된 것처럼 보인다.(예컨대 우주선이 길이 100m인 우주정거장을 광속의 90%로 지나칠 경우 우주선에 타고 있는 관찰자의 눈에 그 우주정거장은 길이가 50m인 것처럼 보인다.) 이러한 결론이 사회문화적으로 시사하는 바는 무엇일까? 이를 두고 우리를 에워싼 우주와 세상을 이해하는 데 절대불변의 진리는 없다는 의미로 해석할 여지는 없을까? 관찰자가 어느 사회, 어느 시대에 어떤 정보를 받아들이느냐에 따라 진리는 끊임없이 다시 해석되고 재규정된다는 뜻이 아닐까? 그렇기에 인류 역사상 국가 · 종파 · 인종 사이의 분쟁이 빈발했던 것이 아니겠는가. 물론 인문과학적 또는 사회과학적 입장에 입각한 상대론적 주장은 새삼스러운 것이 아니다. 그러나 아인슈타인의 경우는 사정이 다르다. 그는 우리를 에워싼 물리 세계 자체가 상대론적인 효과를 통해 인식될 수밖에 없다는 사실을 수학적으로 증명해낸 것이다. 운동하는 관찰자는 단지 정지해 있는 관찰자하고만 다른 시공간에 위치하는 것이 아니라 운동하는 관찰자들 사이에서도 운동 속도에 따라 다양한 차이를 경험하게 된다. 세상을 보는 풍경과 체감하는 시간 경과가 운동 속도에 따라 제각각이라는 물리학상의 기본적인 전제는 그간 인간학적 눈높이로만 해석해 온 상대론에 일종의 과학적인 해석의 여지를 열어 놓았다고 볼 수 있지 않을까…….

하지만 이러한 논리를 실생활과 가치 체계에 적용하는 것은 그리 간단한 일이 아니다. 이를테면 자신이 속한 문화의 정당성과 기준을 감히 의심하고 부정한다는 것이 과연 만만한 일일까? 이보다 한 발 더 나아가서 서로 상이한 환경과 문화에서 발생한 다양한 관점이나 세계관을 두고 우열의 시시비비를 가린다는 것이 현실성이 있는 일일까? 일례로 나의 가치관과 세계 인식이 존중되길 바란다면 아메리카 인디언이나 오스트레일리아 원주민의 사상 체계도 그에 못지않게 존중되어야 하는 것 아닐까? 상대성이론에서는 과거로의 시간축과 미래로의 시간축에 아무런 질적 차이가 없다. 다만 방향만 다를 뿐이다. 그렇다면 우리가 발을 딛고 있는 현실 세계도 아인슈타인이 지적하는 바와 같은 맥락에서 바라볼 수는 없는 것일까?

아쉽지만 광고라는 '짧은 텍스트' 안에다 상대성이론에 대한 아인슈타인적 해석을 곧이곧대로 넣을 형편도 안 되거니와 광고주와 광고회사 입장에서 굳이 그럴 이유 또한 없다. 광고는 학문이 아니라 상업적 메시지를 담는 그릇이므로 그 목적에 부응하는 것으로 충분하다. 그러니 전 세계 광고 크리에이터들 가운데 상대성이론을 의식해서 광고물에 반영하는 사례가 있을지 지극히 의심스럽다. 마케팅과 광고학에 정통한 전문가들이 물리학과 수학의 심오하고 난해한 명제에 귀를 기울여야 할 까닭이 어디 있겠는가. 하지만 상대성이론을 물리학적 기준에만 얽매여서 볼 것이 아니라 앞에서 가정했다시피 우리 인간 사회의 상대론적 입장을 다시 되짚어 보게 해주는 잣대로 쓰고자 한다면 이야기가 좀 달라질 것 같다. 생물학에서의 진화론과 물리학에서의 엔트로피 이론(열역학 제2법칙)이 사회과학에 영향을 주고 현실 사회를 살아가는 방향을 세우는 데 일조했듯이 상대성이론 또한 그러한 역할을 수행하지 못하란 법이 어디 있겠는가.

이에 필자는 상대론적 관점에서 볼 필요가 있음을 역설하는 일련의 광고들을 여기에 소개하고자 한다. 예로 들 광고 하나하나가 아인슈타인의 과학적 이론과 얼마나 직접적인 연관 관계를 맺고 있는지 시시비비를 가리기는 어렵다. 하지만 이러한 광고들 전반에 공통되게 배어 있는 '상대론적 입장에 대한 옹호' 라는 사고방식은 아인슈타인의 상대성이론에 대한 핵심적인 통찰과 맞물려서 다시 한 번 음미해 볼 가치가 있지 않을까? 상대성이론이 광고 크리에이터들의 사고에 얼마나 직간접적인 영향을 의식적으로 또 무의식적으로 미쳤는지 알 도리는 없다. 하지만 한 가지 분명한 것은 상대성이론이 아인슈타인을 통해 세상에 빛을 발하기 훨씬 이전부터, 상대론적 입장에 대한 인문사회과학적 고민이 누적되어 왔다는 점이다. 이제 양자가 서로 어깨동무하면서 세상과 우주를 바라본다면 궁극적으로 인간을 둘러싼 환경과 인간 자체에 대해 보다 깊은 이해를 하게 될 것으로 믿는다.

일단 시작은 그래도 상대적으로(!) 과학적인 또는 적어도 SF적인 냄새가 나는 광고부터 소개하기로 하자. 사진[18]의 XXXX 맥주 광고는 타임머신이란 소재를 이용하여 관찰자들이 처한 입장마다 달라지는 시간의 상대성 개념을 희극적으로 보여준다. 일반적으로 상대성이론에 의하면 광속에 가깝게 가속하는 여행자의 우주선은 그렇지 않은 경우보다 시간이 더디 흐르다보니 그 여행자가 다시 지구로 귀환했을 때 실제 나이보다 젊어 보일 것이다. 이러한 현상을 '쌍둥이 패러독스'라고도 하는데, 한 날 한 시에 태어난 쌍둥이라도 어느 한 쪽이 광속에 가깝게 비행하는 우주선을 일정 기간 타고 난 뒤 돌아오면 지구에서 기다리던 다른 한 쪽보다 젊어 보일 것이라 하여 붙은 이름이다. 이렇게 되면 결과적으로 광속에 가깝게 여행하는 사람은 미래로 가는 일종의 시간여행을 경험하는 셈이다. 상대성이론은 과학적으로 미래를 향한 시간여행이 가능함을 입증한 것이다. 하지만 이와 반대로 과거로 가는 시간여행도 가능할까? 과거로의 여행은 인과율(우주 질서)의 파괴를 동반할 가능성이 높기에 아무리 과학기술이 발달해도 그 현실성을 의심하는 이들이 많다. 그러나 1988년 캘리포니아 공과대학의 킵 손(Kip S. Thorne) 교수팀은 바로 이 상대성이론을 토대로 하여 과거로 가는 시간여행이 가능하다는 주장을 편 바 있다. 만약 광속에 가깝게 달리는 우주선이 광속에 가깝게 이동하는 웜홀을 통해 정상 속도로 움직이는 또 다른 웜홀로 돌아올 경우 과거로 돌아갈 수 있다는 것이다.

그렇다고 해서 XXXX 맥주 광고에 광속 우주선이나 웜홀이 등장하지는 않는다. 짧은 시간 안에 상품 메시지를 정확히 전달해야 하므로, 이 광고는 우주선이나 웜홀 같은 거대한 수단을 끌어들이는 대신 버튼 한 번만 누르면 되는 방식의 단순명쾌한 타임머신을 선보인다. 사막 오지에 몰래 숨어 있는 타임머신 연구소, 젊은 연구원이 노 과학자를 향해 뛰어오며 소리 지른다.

연구원: 박사님, 성공입니다. 마침내 우리가 타임머신을 발명했습니다. 이것만 있으면 살아 있는 공룡도 만날 수 있고, 호주를 발견한 제임스 쿡 선장도 만날 수 있습……(맛있게 맥주를 들이키던 박사, 연구원이 흥분하거나 말거나 이미 비어 버린 잔을 아쉬운 듯 바라보더니 맥주 잔 옆의 버튼을 누른다.)

연구원: 박사님 성공입니다. 마침내 우리가 타임머신을 발명했습니다. 이것만 있으면 살아 있는 공룡도……(다시 그 연구원이 연구실 저편에서 탄성을 지르며 달려온다. 박사, 다시 잔이 비자 입맛을 다시며 버튼을 또 누른다.)

연구원: 박사님 성공입니다. 마침내 우리가 타임머신을 발명했습……(다시 그 연구원이 복도 저편에서 탄성을 지르며 달려온다. 박사, 다시 잔이 비자 입맛을 다시며 버튼을 또 누른다.)

… (상황의 반복) …

(박사, 흐뭇한 표정으로 다시 가득 찬 맥주잔을 들이킨다.)

내레이션: 언제나 끝내주는 맛, 〈XXXX〉를 맛보신 분이라면 다른 어떤 맥주와도 바꾸지 않으실 겁니다.

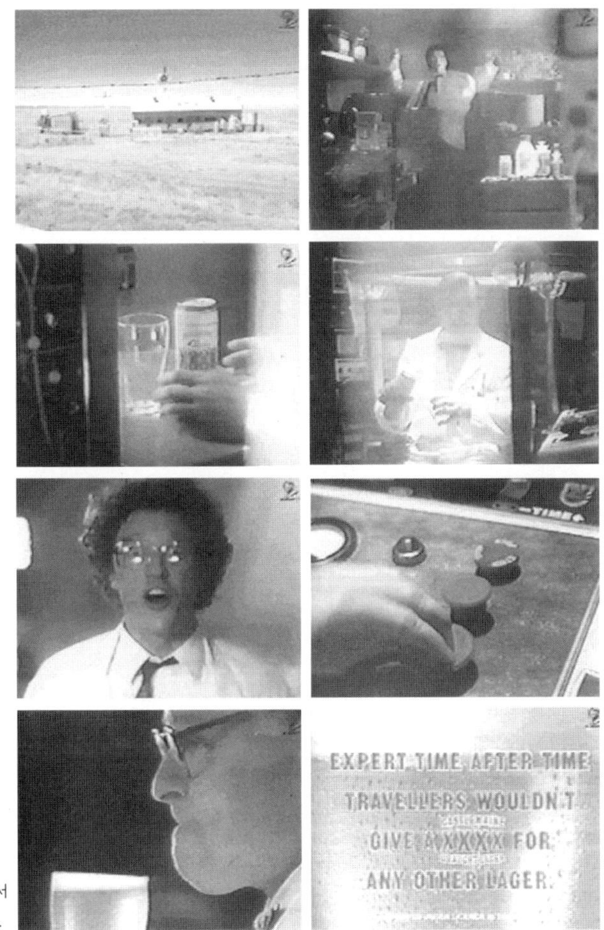

18_ 아인슈타인의 상대성이론에서 유추된 시간여행을 광고에 활용했다.

이 광고에서 노 과학자는 이미 마셔버린 XXXX맥주 맛을 잊을 수 없어 계속해서 타임머신 작동 스위치를 누른다. 다 마시면 또 누르고 다 마시면 또 누르고…… 덕분에 같은 시공간에 있는 젊은 연구원은 타임머신 완성을 기뻐한 시점으로 되돌아가 끊임없이 환호성을 외쳐야 한다. 물론 시간여행을 희극적으로 풀어낸 이 광고의 논리는 현실적으로 말이 되지 않는다. 현재 시점의 노 과학자와 연구원이 타임머신 효과를 통해 되돌아간 과거에는 엄연히 그 시공간의 노 과학자와 연구원이 떡하니 버티고 있을 것이기 때문이다. 따라서 과거로 되돌아간 노 과학자가 XXXX맥주를 굳이 마시고 싶다면 또 다른 과거의 자기 자신과 승강이를 벌이지 않을 수 없을 테고, 맥주잔이 비워질 때마다 계속해서 과거로 가는 타임머신 버튼을 누른다면 연구실은 노 과학자와 그 연구원의 분신들로 가득 차 발 디딜 틈이 없을 것이다. 또 과거로 돌아간 사람들이 현재의 기억을 잃어버린다는 것도 모순이다. 과거로 돌아간다 해서 시간여행자의 두뇌 속에 수록된 기억마저 과거로 회귀하지는 않으니까 말이다. 요컨대 이 광고를 상대성이론이 빚어내는 구체적인 효과와 일대일 맞비교하는 것은 무리가 있다. 다만 이 광고는 상대론적 효과에 따른 시간여행의 가능성을 순전히 대중적인 상상력으로 재창조해냈을 따름이다. 덕분에 맥주를 음미하는 객관적 시간을 주관적으로 무한정 늘린다는 유쾌한 발상이 탄생한 것이다.

사진19는 일본에서 방영된 산토리 위스키의 TV 광고다. 이 광고가 주는 묘미는 상대성이론에서 유추된 시간여행이라는 과학적 아이디어를 부자(父子) 간의 심금을 울리는 찐한(!) 스토리로 탈바꿈시켜 놓았다는 데 있다.

(나이 지긋한 초로의 신사가 퇴근길 우연히 어떤 바에 들어선다.)

주인공의 독백: 그 이상한 바를 발견한 것은 내 나이 쉰이 되는 생일날이었다.

(향수를 불러일으키는 오래된 일본 대중가요가 바 안을 질척하게 휘감고 있다. 주인공 노신사는 자리에 앉으면서 바텐더에게 인사말을 건넨다.)

주인공: 안녕하세요, 오랜만에 듣는 노래군요.

바텐더: 신곡인걸요.

(어처구니없는 대답을 지극히 자연스럽게 내놓는 바텐더 앞에서 노신사는 약간 갸우뚱한 표정을 짓는다. 그 때 한 사내가 헐레벌떡 들어오며 외친다.)

젊은 날의 아버지: 드디어 낳았어요. 사냅니다.

(카메라는 새로 등장한 남자의 얼굴 대신 오히려 화들짝 놀라는 노신사의 얼굴을 클로즈업 한다.)

주인공의 독백: 아버지다! 젊은 시절의 아버지잖아!

(뭔가 확실히 이상하게 돌아가는 걸 깨달은 노신사는 벽에 걸린 달력을 훑어본다.)

주인공의 독백: 오늘이 내가 태어난 날인가?

(달력에는 큼직하게 1950년이라고 씌어 있다. 주인공 노신사는 어찌된 영문인지는 모르지만 지금 이 순간 오십 년을 거슬러 올라간 시점의 일본 도쿄의 한 바에 있는 것이다.)

젊은 날의 아버지: 같이 한 잔 합시다.

(득남턱을 내겠다는 젊은 청년의 권유에 노신사는 얼떨결에 합석하게 된다. 믿기지 않을 만큼 새파랗게 젊은 아버지의 얼굴을 노신사는 호기심 어린 눈초리로 슬금슬금 훔쳐본다.)

젊은 날의 아버지: 내 아들은 반드시 큰 인물이 될 겁니다.

(오십 줄에 막 들어선 노신사는 젊은 시절의 아버지가 던지는 기대에 곤혹스러운 표정을 감추지 못한다. 오십 줄이면 이미 인생의 결과가 판가름 난 나이…… 그는 과연 아버지의 기대에 얼마나 부응하는 사람이 되었을까?)

젊은 날의 아버지: 하지만 그건 희망사항이고, 실은 뭐가 되든 상관없어요. 단지……

주인공 노신사 : (기대에 목마른 표정으로) 단지……?

19_ 상대적으로 다른 시간대에 살고 있어도 서로를 이해하는 마음만은 하나로 통하는 순간을 그려냄으로써, 상대론적 입장에 있다고 해서 반드시 상충되라는 법은 없다는 또 하나의 진리를 잔잔하게 들춰내고 있다.

젊은 날의 아버지: 언젠가 둘이서 한 잔 하고 싶습니다. 남자 대 남자로.

(그럼 그렇지. 젊은 아버지의 분에 넘치는 기대감에 주눅 들었던 늙은 아들은 아버지의 본심을 알아차리고 목이 멘다. 그 때 등장하는 산토리 올드 위스키.)

바텐더: 제가 한턱내겠습니다. 이 술도 올해 태어났지요.

(산토리 올드가 잔에 따라지는 클로즈업 화면)

젊은 날의 아버지: 자, 아들을 위해 건배!

주인공 노신사: (목이 멘 목소리로) 아버지를 위해서도!

주인공 노신사의 독백: 오십 년 역사, 아버지와 나의 산토리 올드.

성우 내레이션: 쉰 살이 되었습니다. 산토리 올드.

이 광고는 서로 다른 시간대에 살고 있던 새파랗게 젊은 아버지와 초로의 신사가 된 아들이 타임슬립(Time slip) 현상 덕분에 뜻하지 않게 한 공간에서 만나는 광경으로 시작한다. 광고의 전반부 동안 이 두 사람은 원래 살던 시간대만 다른 것이 아니라 서로 상대방에 대해 기대하는 바도 달라 보인다. 아버지는 아들이 사회적으로 성공하길 바라고 아들은 아버지가 조건 없이 자신을 감싸 주길 바란다. 그러나 호흡을 멎게 하는 마지막 반전, 아버지는 이내 고개를 가로저으며 사실 진짜 바람은 아들 녀석이 빨리 커서 자신과 위스키 한 잔하며 심금을 터놓고 이야기해 보는 것이라고 고백한다. 순간 감동에 겨워 말문이 막히는 중년의 아들. 상대적으로 다른 시간대에 살고 있어도 서로를 이해하는 마음만은 하나로 통하는 순간, 바로 그 순간을 위해 산토리 위스키가 있는 것 아니냐는 은근한 속삭임과 함께 이 광고는 마무리된다. 상대성이라 하면 흔히 대립하는 구도만을 떠올리기 쉽다. 하지만 산토리 위스키 광고는 상대론적 입장에 있다고 해서 반드시 상충되라는 법은 없다는 또 하나의 진리를 잔잔하게 들춰내고 있다.

그러나 이처럼 상대성이론과 직접적인 연관 관계가 있는 (설사 그 논리 전개에 무리가 있다손 쳐도) 광고들만 고지식하게 나열해서는 앞서 언급했듯이 아인슈타인의 상대성이론을 사회문화사 내지 대중문화 차원에서 해석할 때 어떤 잠재력을 갖고 있는지 논하기에는 한계가 따를 수밖에 없다. 여기서 좀 더 나아가서 상대성이론이 사회문화 전반에 상대성이라는 개념을 보편화하는 데에 직간접적인 영향을 미쳤다는 전제 아래, 사회와 문화를 반영하는 또 하나의 거울인 광고 텍스트에서 그 흔적을 찾아보기로 하자. 따라서 이것은 광고 크리에이터들이 아인슈타인의 상대성이론을 얼마나 의식하고 해당 광고를 제작했느냐를 검증하는 데 목적이 있지 않다. 그러한 의도 아래 의식적으로 만들어진 광고물은 아마 지구상에서 찾아보기 힘들 것이다. 그보다는 오히려 사회 · 문화 · 정치 · 경제가 아인슈타인의 혁명적인 우주관에 본의 아니게 영향을 받지 않을 수 없었으며, 그 영향이 크든 작든 간에 다양한 영

20_ 흑인과 백인 여성 레즈비언 커플이, 입양한 동양인 아기와 함께 담요를 두르고 있는 광고 비주얼이 시사하는 바는 명쾌하다. 인종과 성역할, 혈족에 대한 고정관념을 버리고 상대론적인 입장에서 바라보라는 것이다.

역에까지 배어들게 됨으로서 광고 또한 그 예외가 될 수 없다는 열린 사고가 이 글의 취지와 예로 든 광고들을 이해하는 데 더 도움이 될 것이다.

사진[20]은 활발한 광고 프로모션 활동 덕분에 대개의 소비자들에게 익숙한 베네통 캠페인 가운데 한 광고물이다. 흑인 여성과 백인 여성으로 맺어진 레즈비언 커플이, 입양한 동양인 아기와 함께 담요를 두르고 있는 광고 비주얼이 시사하는 바는 명쾌하다. 사람 위에 사람 없고 사람 밑에 사람 없으니, 인종과 성역할(또는 결혼 제도나 부부 관계) 그리고 혈족 관계에 대한 고정관념을 버리고 상대론적인 입장에서 바라보라는 것이다. 구질구질한 헤드라인이나 바디 카피 없이 단 한 컷의 비주얼로만 핵심을 짚어 가감 없이 보여주는 방식은 베네통 캠페인의 전형이라 할 만하다. 이밖에 인종 문제에만 초점을 맞춰 좀더 강력하고 노골적인 메시지를 전달하려 한 광고로는 사진[21]을 예로 들 수 있다. 이것은 미국 민권운동연합(American Civil Liberties Union)의 주의·주장 광고로서, 왼쪽에는 마틴 루터 킹의 사진 그리고 오른쪽에는 백인 남성의 사진을 나란히 배열하고서 다음과 같은 헤드라인을 달아 놓았다. "왼편의 사람이 오른편 사람보다 경찰의 제지를 받을 가능성이 75배 이상 높다." 한 마디로 인종 편견에 대한 상대적이고 유연한 사고가 필요함을 역설하는 광고다.

일찍이 아인슈타인은 1917년 발표한 논문 「일반상대성이론의 우주론적 고찰」에서 '우주 원리' 라는 것을 제창한 바 있다. 이 원리의 핵심은 우주의 특성으로 볼 때 특정 장소나 방향을 선호해야 할 이유나 원인이 없다는 것이며, 결과적으로 우주 어디서나 똑같은 물리법칙이 통용된다는 것이다.〔굳이 전문용어를 쓰면 우주가 '등방성' (isotropic)과 '균질성' (homogeneous)을 띠고 있다고 표현된다.〕 우주를 만들어내고 유지시키는 물리법칙과 질서가 그러하다면 그 티끌에 불과한 지구에서 중력에 붙들려 살아가는 개미나 다름없는 인간들 사이에 히틀러 같은 상대론적 편견에 사로잡힌 에고이스트가 끊임없이 재생산된다는 것은 아이러니라 아니 할 수 없다. 베네통 광고 텍스트의 논리는 아인슈타인의 우주 원리가 거시 우주 차원에서만이 아니라 바로 우리 곁의 현실에도 그대로 적용되어야 함을 묵시론적으로 시사한다.

21_ "왼편의 사람이 오른편 사람보다 경찰의 제지를 받을 가능성이 75배 이상 높다." 한마디로 인종 편견에 대한 상대적이고 유연한 사고가 필요함을 역설하는 광고다.

유사한 맥락에서 GAP 광고(사진22)와 여성주간지 《우먼》(Woman) 광고 캠페인(사진23~25)은 서로 상반된 입장에서 성별 차이에 대한 상대론적 입장을 보여준다. 먼저 사진22를 보자. 이 광고는 GAP 매장에 들어와 바지 한 벌을 사기까지 남녀가 백화점 안에서 그리는 동선의 길이가 얼마나 차이가 나는가를 비교해 보여 준다. 쇼핑할 때 남자보다는 여자가 훨씬 더 많은 시간을 들인다는 세간의 통념을 고스란히 반영한 이 광고는 페미니스트 입장에서 볼 때 비판을 받을 여지가 많다. 다시 말해서 3분 안에 필요한 바지만 33달러에 지불하고 구입하는 남성과 백화점 매장이란 매장은 다 돌아다니느라

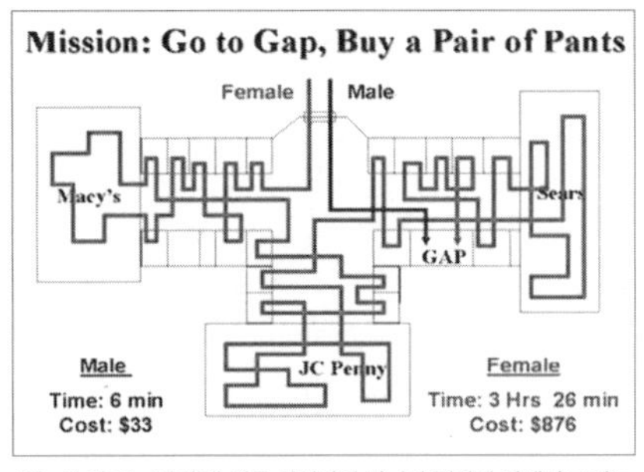

22_ 이 광고는 바지 한 벌을 사기까지 남녀가 백화점 안에서 그리는 동선의 길이가 얼마나 차이가 나는지를 비교해 보여 준다.

3시간 26분이 걸리고 예정에도 없던 충동구매까지 곁들이는 바람에 876달러나 써버리는 여성을 비교한 이 광고를 두고 아인슈타인식 우주 원리를 대입하여 동등한 인격에 대한 상대론적인 묘사일 뿐이라고 주장한다면 여성들의 기분이 그다지 개운치 않을 것이다. 반면 사진[23~25]를 보자. 이 광고 캠페인의 단순명쾌한 일러스트레이션들은 하나같이 주간지 《우먼》이 타성에 젖은 보통 여성지와는 달리 여성 본연의 정체성을 재확립하는 데 목적을 두고 있음을 설명적인 카피 한 줄 없이도 효과적으로 전달하고 있다. 이 광고 캠페인에 등장하는 일러스트레이션들은 한결같이 우리들이 너무나도 당연시하는 통념들을 뿌리부터 뒤흔드는 충격적인 도발성을 담고 있다. 그래서 천지창조와 더불어 처음 태어난 인간은 아담이 아니라 하와이며 그녀를 창조한 조물주는 당연히 여성성을 드러내고 있다(사진[23]). 세계 각지의 고대신화를 보더라도 만물의 창조주는 정체성이 여성 쪽에 기운 경우가 적지 않다. 창조주가 여성이라면 신을 따라 빚어낸 최초의 인간이 여성인 것은 당연하지 않은가! 2,000년 남짓 성경이 구사해 온 세뇌 공작에 대한 정면 도전이라 해도 과언이 아닌 이 광고 캠페인은 여기서 그치지 않고 백설 공주 동화의 기초를 다시 세우고(사진[24]) 프랑스 인상주의 화가 마네의 유명한 그림 〈풀밭 위의 점심〉의 캐스팅을 바꾸어 놓는다(사진[25]). 이 정도면 아인슈타인의 상대성이론에 대한 페미니즘적 확대 해석이라 볼 수 있지 않을까. 이처럼 상대론적 입장의 보편화는 비단 물리학의 세계만이 아니라 우리 현실 세계의 삶, 특히

23_ 천지창조와 더불어 처음 태어난 인간은 아담이 아니라 하와이며 그녀를 창조한 조물주는 당연히 여성성을 드러내고 있다.
24_ 백설공주의 주인공은 공주가 아니라 왕자? 25_ 마네의 유명한 그림 〈풀밭 위의 점심〉의 캐스팅을 바꾸었다.
이 정도면 아인슈타인의 상대성이론에 대한 페미니즘적 확대 해석이라 볼 수 있지 않을까.

그 중에서도 성적 정체성(gender)에 대한 고정관념을 근본적으로 교정하려는 노력으로 이어지고 있다.

말이 나온 김에 성적 정체성하면 가장 민감해질 수 있는 이슈가 또 하나 있으니 바로 동성애 문제다. 이에 비하면 남녀 성별 차이에 대한 인권 투쟁은 지극히 온건해 보일 정도다. 1998년 11월 25일 개봉 예정이었던 〈스타 트랙〉(*Star Trek*) 극장판 시리즈 '봉기' (Insurrection) 편에 대해 미국의 게이랙시언(the Gaylaxians)들이 보이콧을 벌였다.〔'게이랙시언' 이란 SF를 즐기는 게이와 레즈비언을 지칭하는데, 은하(Galaxy)에 빗대 만들어진 조어다.〕 당시 집회에 나선 동성애자들이 열렬한 SF 매니아라면서 왜 그런 일을 벌였을까? 〈스타 트랙〉은 1960년대 TV 시리즈를 거쳐 1970년대 후반부터는 꾸준히 극장판 시리즈로 제작되어 오늘에 이르고 있다. 그 대중적 인기로 인해 이 영화를 추종하는 오타쿠 그룹인 일명 '트레키' (Trekkie)들이 미국 전역에 생겨났고 최근에는 할리우드가 〈갤럭시 퀘스트〉(*Galaxy Quest*)라는 패러디 영화까지 제작했을 정도다. 그러나 미국의 동성애자들이 〈스타 트랙〉에 주목한 것은 단지 지명도 때문만은 아니었다. 〈스타 트랙〉은 단순히 외계를 탐험하는 신비한 모험담에 그치지 않는다. 이 작품에는 스토리 전개상 유전적으로 특이한 인간들과 각양각색의 외계인들이 무수히 등장한다. 문제는 아무리 괴상망칙한 외계인이 설치고 돌아다니는 설정이어도 정작 인간 동성애자는 단 한 명도 눈에 띄지 않는다는 점에 게이와 레즈비언들이 불만을 품었던 것이다. 따라서 동성애자들은 SF 내러티브에서 흔히 쓰이는 우주 원리(인간과 외계인 간의 상대론적 이해가 담긴 입장)를 확장시켜 미래에도 게이와 레즈비언이 존재할 것이며, 나아가 지금보다 더 사사회적으로 받아들여질 것이란 주장을 담고 싶었던 것이다.

26_ 게이 채널 프로모션 광고로서, 킹콩의 손에 사로잡힌 요염한 남성의 포즈를 통해 남성에 대한 고정관념을 버리라고 촉구한다.

당시 그들의 노력이 구체적인 결실을 거두지는 못했지만 이러한 수요는 다국적 방송 거대기업 비아컴(Viacom)이 위성과 케이블에 제공하는 유료 채널 중 하나로 게이 전용 채널을 개국하도록 이끌었다. 사진[26]은 이 게이 채널의 프로모션 광고로서, 킹콩의 손에 사로잡힌 요염한 남성의 포즈를 통해 남성에 대한 고정관념을 버리라고 촉구한다. 이렇다 할 설명적인 카피가 없음에도 불구하고 이 인쇄 광고는 강렬한 비주얼 하나로 두 가지의 의미심장한 메시지를 던진다. 하나는 남성의 상대가 반드시 여성이어야 할 필요는 없다는 것이고, 다른 하나는 그렇기 때문에 남성이 반드시 이른바 남성다워야 할 이유가 없다는 것이다. 이 광고는 시장 수요를 반영해 철저히 상업적인 맥락에서 제작되었지만 그 광고물 자체가 지닌 파급 효과는 단순히 그러한 목적에만 그치지 않고 더 깊은 파급 효과를 유발하지 않을 수 없다. 왜냐하면 이 광고는 결과적으로 이제 남성을 바라보는 시각에도 개개인에 소망에 따라 상대론적인 입장을 적용해야 한다는 논리로 귀결될 수 있기 때문이다.

한편 사진[27~30]의 광고 캠페인은 똑같이 게이 문화의 자리잡기를 주장하지

27_ 심층 심리학의 대가인 프로이트 박사의 머리에다 벌거벗은 남성의 농염한 포즈를 새겨 넣음으로써 이 광고는 남성의 기호가 반드시 이성에게만 끌리란 법은 없음을 시사한다.
28_ 제인은 어디가고 존이 타잔을 안고 있다. 우리의 마초 영웅을 사랑하는 이가 비단 여성들만은 아니라는 뜻일까.

만 비아컴의 광고와는 달리 상업적 목적보다는 게이 커뮤니티의 활성화라는 순수한 이념적 동기에서 비롯되었기에 좀더 대중사회학적인 의미를 부여할 가치가 있다. 노르웨이 수도 오슬로에서 열린 게이 문화축제를 홍보하기 위한 일련의 이 광고 캠페인을 보면 메시지를 전달하기 위한 주 대상으로 게이들만이 아니라 일반인들도 고려하고 있음을 알 수 있다. 따라서 게이 취향의 소비자들이 선호할 만한 육체적인 욕망을 직설적으로 그려내기보다는 누가 보더라도 공감할 수 있는 보편적인 메시지를 염두에 두고 제작된 듯하다. 그 결과 널리 알려진 소재나 인물을 사용해서 패러디하거나 유머를 가미하는 재치가 돋보이는 몇 편의 광고물이 탄생하게 되었다. 먼저 사진[27]을 보자. 지그문트 프로이트 박사의 옆얼굴과 심리학에서 착시 현상을 유발하는 예로 유명한 그림을 한데 조합한 일러스트레이션에 짓궂은 카피가 붙었다.

"남성의 머리 속에는 무슨 생각이 들었나?"

29_ 게이 영화제의 홍보 포스터, 영화 〈졸업〉에서 주인공 더스틴 호프먼이 로빈슨 부인의 유혹을 받는 장면의 패러디.
30_ 게이 영화제의 홍보 포스터, 미국 대중문화의 아이콘인 슈퍼맨에 대한 게이식 애정표현.

심층 심리학의 대가인 프로이트 박사의 머리에다 벌거벗은 남성의 농염한 포즈를 새겨 넣음으로서 이 광고는 남성의 기호가 반드시 타성에게만 끌리란 법은 없음을 시사하고 있다. 사진[28]은 한 술 더 뜬다. 에드가 라이스 버로우즈의 유명한 소설이자 동명 영화와 드라마로도 유명한 〈타잔〉의 명장면을 고스란히 가져오긴 했는데 어딘가 이상하다. 제인은 어디가고 존이 타잔을 안고 설치고 있으니 말이다. 우리의 마초 영웅을 사랑하는 이가 비단 여성들만이 아니란 주장을 하고 싶은 걸까. 게이 문화에 거부감을 느끼는 일반 대중이 보기에도 실소를 금치 않을 수 없는 상황 설정이다. 이 문화축제에는 게이 영화제까지 함께 열렸으니 사진[29]와[30]이 그와 관련된 홍보 포스터였다. 전자는 할리우드 흥행영화 〈졸업〉에서 주인공 더스틴 호프먼이 로빈슨 부인의 유혹을 받는 장면의 패러디고 후자는 두말 할 나위 없이 미국 대중문화의 대표적 아이콘이라 할 슈퍼맨에 대한 게이식 애정 표현이다.

저마다 처한 입장의 상대론적 가치를 옹호하며 세상을 균형 있게 봐 줄 것을 촉구하는 광고들의 대열은 여기서 그치지 않는다. 정치적 관점에서의 상

31_ 인트레피드 박물관의 옥외광고 캠페인. 2차대전 종전 후 55년 만에 참전했던 다양한 국적의 사람들이 박물관에 모여 악수를 나누었다고 설파하고 있다. 이처럼 상대론적인 입장의 필요성을 주장하는 광고들은 삶과 세상을 종합적으로 바라보는 안목을 갖도록 돕기 위해 끊임없이 등장할 것이다.

대성 논란이 좋은 예다. 미국 '인트레피드 박물관'(Intrepid Museum)의 옥외광고 캠페인(사진[31])에서는 2차 대전 종전 후 55년 만에 참전했던 다양한 국적의 사람들이 이 박물관에 모여 악수를 나누었다고 설파한다. 즉 증오와 폐허를 묻어 두고 재건을 거쳐 다시 풍요를 만끽하게 된 시대에 과거 이들의 행적에 대해 어느 쪽이 선이고 악인가를 따지는 절대적인 이분법이 가능하겠느냐고 되묻는 것이다. 같은 맥락에서 독일의 일간지 《디 벨트》(Die Welt)는 감동적인 TV 광고 '휠체어' 편을 선보인 적 있다. 이 광고는 휠체어를 탄 사나이가 갓 완공된 현대식 대형 빌딩의 곳곳을 돌아보는 상황으로 시작한다. 다행히 그는 휠체어를 타고 있지만 장애인을 위해 미리 잘 갖춰진 편의시설 덕분에 어디서든 별 어려움이 없이 돌아다닌다. 시청자들의 정신이 번쩍 들게 하는 것은 바로 마지막 순간이다. 그 사나이는 돌연 휠체어에서 벌떡 일어나더니 앞으로 성큼성큼 걸어 나간다. 그리고 함께 화면에 뜨는 자막 "건축가"(Uwe Grahl). 그렇다. 이 사내는 다름 아닌 이 첨단 빌딩의 설계자였다. 그는 일반인은 물론 장애인들까지 아무 불편 없이 거주할 수 있도록 설계한 의도가 실제 시공 결과와 부합하는지 직접 검사하기 위해 눈높이를 장애인 처지에 맞췄던 것이다. 하긴 상대방이 되어 보지 않고 어찌 그 입장을 진정으로 이해할 수 있을까. 세계적인 정론지 중 하나인 독일의 《디 벨트》는 이러한 광고를 통해 자신들이 보도할 때 어느 한 편의 시선에만 고정되지 않고 상대론적인 균형 감각을 잃지 않겠노라고 천명한 셈이다. 이처럼 상대론적인 입장의 필요성을 주장하는 광고들은 상업적인 광고든 특정한 주의 · 주장을 앞세운 의견 광고든 간에 우리가 삶과 세상을 종합적으로 바라보는 안목을 갖도록 돕기 위해 끊임없이 등장할 것이다.

■■ 아인슈타인:
과학자이자 사상가 그리고 상업적 아이콘으로서의 복합적 캐릭터

아인슈타인이 대중의 뇌리에서 사라지지 않고 인생을 살아가는 데 영향을 미치는 주요한 인물로 남아 있는 한, 앞으로도 광고계는 그를 두고두고 캐스팅 할 것이 분명하다. 그러나 이를 두고 무조건 부정적인 시각으로만 볼 필요는 없다고 생각한다. 어차피 광고는 해당 사회와 문화를 비추는 다양한 거울 가운데 하나에 불과할 뿐이다. 그보다 중요한 것은 광고가 아인슈타인을 어떠한 의도로 어떠한 맥락에서 이용하느냐에 따라 그에 대한 평가는 부정적이 될 수도 있고 반대로 긍정적이 될 수도 있다. 맨 처음 밝혔다시피 사실 그 동안 아인슈타인의 광고에서의 이미지는 '천재 두뇌'라는 스테레오타입에서 크게 벗어나지 못하는 경우가 대부분이었다. 이는 좁은 의미에서 보면, 광고인들이 아인슈타인의 사상을 제대로 이해하지 못하고 있기 때문이라 해석할 수 있다. 하지만 약간만 사고의 폭을 넓혀 보면, 그에 못지않게 일반 대중 또한 아인슈타인의 풍요로운 정신세계에 대해 무지한 탓도 있다고 생각된다.

대개 광고는 새로운 것을 소비자에게 던져 주면서 학습하라고 하기보다는 이미 익숙한 것을 흥미롭게 다듬어 다시 되던질 뿐이다. 광고가 제시해야 하는 새로운 지식은 바로 팔고자 하는 제품 관련 정보이기에, 소비자의 이해력을 헷갈리게 할 다른 복잡한 정보가 들어가는 것을 광고주가 달가워할 리 없다. 다른 문화 컨텐츠와는 달리 광고가 아인슈타인을 끌어들이는 이유는 상품을 팔기 위해서다. 설사 상업적 상품이 아닌 주의 · 주장을 전달하고자 하는 광고라 해도 광고 주체의 의견을 효과적으로 전하는 도구로서 아인슈타인을 써먹으려 한다는 점에서 다를 바 없다.

따라서 광고계가 앞장서서 아인슈타인에 대한 인식을 대대적으로 바꿔 놓으리라고 기대하기는 어렵다. 그렇다고 실망할 필요는 없다. 아인슈타인에 대한 세간의 인식 변화에 광고가 무심한 것도 아니기 때문이다. 단지 광고는 오늘날 대중이 아인슈타인에 대해 품고 있는 이미지와 환상을 그려내는 데 충실할 뿐이다. 문제는 사회문화 전반적으로 아인슈타인과 그의 연구 성과를 어떻게 받아들이고 소화하느냐에 달려 있다. 상대성이론이 처음 발표되었을 때 전 세계에서 그의 논리 체계를 이해할 수 있는 학자는 손으로 꼽았고 그 때문에 아인슈타인은 광량자 이론이라는 전혀 다른 공적으로 노벨상을 받을 수 있었다.

하지만 지금은 어떤가. 청소년용 과학잡지만 보더라도 걸핏하면 아인슈타인의 상대성이론에 관한 기획기사가 친절한 일러스트레이션과 함께 실린다. 특히 대중적인 파급력이 큰 SF는 상대성이론이 빚어내는 다양하고 기이한 현상들을 그럴 듯하게 (때로는 상상력을 너무 보탠 나머지 정확성이 떨어지긴 하지만 그런대로 봐줄 만하게) 재현해낸다. 소설과 영화, 만화 그리고 컴퓨터 게임 중에 어떤 매체 형식을 빌리든 간에 상관없이 말이다. 현대음악 쪽에서는 미니멀리즘 계열의 거장 필립 글라스(Philip Glass)가 이미 1976년에 〈해변의 아인슈타인〉(*Einstein on the Beach*)이라는 곡을 일찌감치 발표한 바 있다. 이제는 올해 안으로 발레 공연에마저 상대성이론을 끌어들일 판이다. 누가 알겠는가, 상대성이론이 서태지의 곡 안에서 재탄생하는 날이 올지? 그러나 광고가 아인슈타인을 본격적으로 깊이 있게 다루자면 아무래도 그 속성상 전위 예술이 앞장서고 대중문화 예술이 그 뒤를 따라 나선 다음이어야 할 듯싶다. 아인슈타인을 다루는 광고들의 대다수가 그의 내면세계 및 상대성이론에 숨어 있는 사회문화적 통찰을 자연스레 끄집어내는 날이 온다면, 그것은 우리 같은 보통 사람 모두가 아인슈타인을 진정으로 이해하게 되었음을 반영하는 것이다.

일상생활 곳곳에 숨은 아인슈타인의 흔적

김상연

미국 시사잡지 《타임》은 20세기 최고 인물로 아인슈타인을 선정했다. 20세기 최고 인물이라는 무게답게 아인슈타인은 과학책에만 갇혀 있지 않다. 그의 흔적은 일상생활 곳곳에서 살펴볼 수 있다. 아인슈타인의 후계자를 자처하는 '아인슈타인 2세'의 하루를 통해 생활 속에 숨어 있는 아인슈타인을 찾아보자.

■■ 아인슈타인 도움 받은 GPS

아인슈타인 2세는 어느 주말에 자가용을 타고 시외에 있는 수목원을 찾았다. 길눈이 어두운 아인슈타인 2세. 아니나 다를까. 도로 중간에서 길을 잃었다. 그러나 아인슈타인 2세는 걱정하지 않았다. 차에 달린 차량항법장치(Car Navigation)를 켜자 부근 지도와 자신의 위치가 바로 떴다. 수목원 가는 지름길까지 나왔다. 아인슈타인 2세는 이렇게 외쳤다. "고마워, 아인슈타인."

GPS를 이용한 차량항법장치. 빛에 가까운 속도로 움직일수록 시간은 천천히 움직인다는 아인슈타인의 상대성이론을 적용하여 GPS 위성의 시간 차이를 보정해야 제대로 된 위치를 파악할 수 있다.

갑자기 웬 아인슈타인? 차량항법장치는 위성위치확인 시스템(GPS)을 이용한 것이다. 이 장치를 아인슈타인이 만들었단 말인가. 물론 그렇지 않다. 지구를 돌고 있는 24개의 GPS 위성에 아인슈타인의 이름이라도 붙어 있다는 말인가. 갈릴레오 갈릴레이라면 몰라도 아인슈타인이라면 천만의 말씀이다. 그렇다면 어디에?

GPS 인공위성이 지구를 돌고 지상 관제국과 시간을 맞출 때 아인슈타인의 상대성이론이 이용된다. 시간하면 아인슈타인 아니던가. 이처럼 생활 곳곳에는 우리가 미처 알지 못했던 아인슈타인의 업적이 스며들어 있다.

GPS를 이용한 제품은 셀 수 없이 많다. 휴대전화의 인기 서비스인 '친구찾기'나 '위치 추적' 서비스 모두 GPS를 이용한다. 노트북 PC와 개인휴대단말기(PDA)도 마찬가지다. 요즘 많은 차량에 GPS를 이용한 차량항법장치가 달려 있다. GPS를 이용해 과속 탐지기의 위치를 알려주는 시스템도 운전자들에게 인기다. 자동차가 있는 지점을 위성이 추적해 가까이 있는 과속 탐지기를 알려준다.

자동차뿐만이 아니다. 비행기, 선박 등은 GPS를 이용해 항로를 정하고 목적지를 찾아간다. 미국이 이라크를 상대로 벌인 전쟁에서 보았듯 미사일이 목표 건물에 정확히 명중하는 것도 GPS를 이용해 미사일을 원격조정하기 때문이다. 심지어 다리를 건설할 때도 GPS를 이용한다. 양쪽 끝에서 오는 다리가 서로 어긋나지 않고 정확히 맞으려면 GPS를 이용해 강 건너편 다리가 연결될 지점에 맞춰 정확히 공사를 해야 하기 때문이다. 큰 강을 건너고 바다를 넘고 산맥을 오가는 긴 다리일수록 GPS는 꼭 필요하다.

GPS에 들어 있는 아인슈타인을 찾아보자. GPS 정보는 지구 주위를 돌고 있는 24개의 GPS 위성이 알려준다. GPS 위성은 원래 27개인데 3개는 다른 위성이 고장날 때를 대비해 띄워놓은 예비 위성이다. GPS 위성은 미국이 쏘아 올린 위성이어서 유럽이 최근 갈릴레오라는 이름으로 독자적인 GPS 위성을 발사할 계획을 추진하고 있다.

GPS 위성은 세계에서 가장 정확하다는 원자시계를 갖고 있다. 위성의 위치나 지상에 있는 이용자의 위치를 정확히 알기 위해서는 이 시계가 지구 측 관제국에 있는 시계와 정확히 일치해야 한다. 그러나 위성이 너무 빨리 움직이고 높이 떠 있다는 것이 문제다. 속도가 빠르기 때문에 상대성이론의 영향을 받는 것이다.

상대성이론에 따르면 빠른 속도로 움직일수록 시간은 천천히 움직이지 않던가. 일상생활에서는 상대성이론에 따른 '천천히 가는 시간'을 경험하기가 무척 힘들지만 빛의 속도에 가깝게 지구를 도는 인공위성이라면 상대성이론에서 예외가 아니다. 위성은 시속 1만 4000km의 속도로 지구 주위를 돈다. 미국 워싱턴 대학 클리포드 윌 교수에 따르면 위성에서는 하루에 7밀리 초(1ms=1000분의 1초)씩 시간이 느려진다.

더 큰 문제는 중력이다. 위성은 지표면에서 2만km 높이로 떨어져 있다. 이 때문에 중력이 지구 표면의 1/4에 불과하다. 중력이 약한 곳에서는 시간이 빨리 간다.(정확히는 외부 관찰자가 볼 때 시간이 빨리 가는 것처럼 보인다.) 이 때문에 이번에는 위성 시계가 지표면보다 더 빨리 가서 하루에 45ms나 더 빨라진다. 빠르게 움직이기 때문에 느려진 시간과 중력이 약하기 때문에 빨라진 시간, 두 효과를 모두 고려하면 위성에 있는 원자시계는 지구 표면보다 38ms나 빨리 가게 된다. GPS 위성은 매일매일 이 정도의 오차를 보정해야 지구 위에 있는 시계와 똑같은 시간을 가질 수 있다.

미국 콜로라도 대학의 닐 애쉬비 교수는 "1970년대 군사용 GPS 위성을 처음 띄웠을 때 상대성이론 효과가 나타난다는 쪽과 그렇지 않다는 쪽이 첨예하게 나뉘었다"며 미국 과학잡지 《사이언티픽 아메리칸》 인터뷰에서 밝혔다. 그는 "위성을 띄운 지 얼마 안돼 시간이 바뀐다는 것이 밝혀졌고 결국 아인슈타인이 옳은 것으로 판명이 됐다"고 덧붙였다.

■■ 광전 효과 이용한 디지털 카메라

차량항법장치 덕분에 길을 찾은 아인슈타인 2세는 무사히 수목원에 도착했다. 수목원을 가득 채운 푸른 나무와 알록달록한 꽃들에 정신을 빼앗겼다. 세상에 이렇게 아름다운 곳이 있을까. 아인슈타인 2세는 이런 멋진 곳을 영원히 남기기 위해 디지털 카메라와 캠코더를 꺼냈다. 그는 문득 생각하더니 다시 한번 외쳤다. "고마워, 아인슈타인."

광전 효과를 이용해 만든 디지털 카메라. 광자(빛 알갱이)가 금속판을 때리면 전자가 튕겨 나가는 광전 효과는 아인슈타인이 발견한 현상이다.

디지털 카메라 안에도 아인슈타인이 들어 있을까. 그렇다. 아인슈타인은 1905년 '광전 효과'를 발견해 1921년 노벨물리학상을 받았다. 많은 사람들은 아인슈타인이 상대성이론으로 노벨상을 받았다고 생각하지만 실제로 노벨상을 받은 업적은 광전 효과다. 당시 상대성이론은 이론을 증명할 만한 실험 근거들

광량자 가설, 1905년 기적의 해를 열다

아인슈타인은 특수상대성이론을 발표(6월)한 1905년, 앞서 광량자 가설에 대한 논문(3월)과 브라운 운동에 대한 논문(5월)을 잇달아 발표하여 당시 물리학계에서 논란이 되던 문제를 해결하는 결정적인 계기를 제공한다.

광전 효과는 아인슈타인의 광량자 가설로 설명할 수 있다. 광전 효과란 금속 표면에 빛을 쪼이면 전자가 튀어나오는 현상이다. 빛을 파동으로 보면 자외선이건 적외선이건 전자들은 무조건 튀어나와야 한다. 금속에 전달되는 에너지가 진폭에 따르기 때문이다. 그런데 실험적으로 관찰해보면 강한 적외선을 쪼여도 전자가 튀어나오지 않는 반면 약한 자외선을 쪼여도 전자가 튀어나왔다.

아인슈타인은 빛이 연속적인 파동으로 공간에 퍼지는 것이 아니라 입자 즉 광자(photon)이며 마치 불연속적인 입자처럼 움직인다고 주장했다. 이때의 광자는 진동수에 비례하는 에너지 입자로서, 기존의 입자 개념과는 다른 새로운 개념이었다. 이렇게 빛을 광자로 보면 빛의 세기를 결정하는 건 진동수이므로 적외선과 자외선 실험의 결과를 설명할 수 있다.

이 부족하다고 판단돼 수상이 미뤄졌다. 디지털 카메라는 상대성이론 대신 노벨상을 받은 광전 효과를 토대로 만들어진 제품이다.

광전 효과는 빛 알갱이 즉 광자가 금속판을 때리면 전자가 튕겨 나가는 현상이다. 상대성이론만큼 세상에 알려진 것은 아니지만 광전 효과 역시 노벨상을 받기에 결코 부족하지 않은 업적이다. 빛이 입자(알갱이)냐 파동이냐의 문제는 오랫동안 물리학자들을 괴롭힌 문제였다. 20세기 초에는 빛이 파동이라는 이론이 지배적이었지만 아인슈타인은 광전 효과를 통해 빛이 입자라는 것을 증명했다. 현재 빛은 입자와 파동의 성질을 함께 갖고 있는 이중적인 존재로 알려져 있다.

디지털 카메라에 어떻게 광전 효과가 적용될까. 디지털 카메라 안에는 전하결합소자(CCD)라는 부품이 들어 있다. 이 부품은 렌즈를 통과한 빛을 전기 신호로 바꾸는 일종의 광(빛) 센서다. CCD는 네모난 판처럼 되어 있고, 그 위에 수많은 광 센서가 화소 수만큼 붙어 있다. 400만 화소라면 400만 개의 광 센서가 CCD에 붙어 있다. 각각의 광 센서 앞에는 컬러 필터가 붙어 있다. 빛의 삼원색인 빨강·녹색·파랑 필터다. 빨강 필터는 빨간 색 빛만 통과시키고, 이 빛이 광 센서에 전달된다. 이때 광 센서가 빛 알갱이를 전자로, 즉 빛을 전기 신호로 바꾼다. 이것이 광전 효과의 일종이다. CCD에서는 광 센서가 보낸 모든 전기 신호를 모아 사진 파일을 만든다.

CCD는 디지털 캠코더, 몰래 카메라, 감시 카메라 등 다양한 곳에 쓰인다. 지문이나 얼굴을 인식하는 장치 등 생체인식장치 대부분에도 CCD가 들어 있다. 영화 〈마이너리티 리포트〉를 보면 주인공 탐 크루즈가 지하철이나 거리를 지나갈 때, 곳곳에 있는 홍채인식장치가 탐 크루즈의 눈을 보고 인사를 하거나 범인임을 지목한다. 범인으로 몰린 탐 크루즈는 경찰의 추적을 피하기 위해 자신의 눈을 빼내고 다른 사람의 눈을 이식한다. 이후 탐 크루즈가 범죄예방국에 몰래 침입하기 위해 문 앞에 있는 홍채인식장치에 뽑아낸 자신의 눈을 갖다대는 장면이 나온다. 이 부분은 과학적으로 틀리다. 홍채인식장치는 살아 있는 눈만 인식하는 기술이 있기 때문이다.(이미 범인으로 몰린 탐 크루즈의 눈이 경찰에 아직도 반장으로 등록되어 있는 것이 더 문제일지 모른다.)

태양전지도 광전 효과를 이용한다. 햇빛이 태양전지판을 때리면 전자가 나와 전기가 흐르는 것이 태양전지다. 태양전지는 몇 년 전부터 석유를 대체할 재생가능 에너지로 국내에서도 쓰이고 있다. 2003년에 20여 가구, 2004년에 300여 가구가 태양광 발전기를 설치했다. 정부는 2011년까지 10만 가구에 태양광 발전기를 설치하고 상업 · 산업용으로 7만 개의 태양광 발전기를 보급할 계획이다. 전국이 거대한 태양 발전소가 되는 셈이다.

영화 〈마이너리티 리포트〉에 나온 홍채인식장치도 광전 효과를 활용한 것이다.

사막처럼 햇빛이 강하고 비가 적은 곳에서 대량으로 발전을 하는 방식도 구상되고 있다. 한국에너지기술연구원 송진수 박사는 "한국, 중국, 일본, 몽골 등 네 나라가 고비 사막에 대규모의 태양광 발전소를 설치하는 국제 프로젝트를 논의하고 있다"며 "수십조 원이 들지만 발전소 한 곳에서 현재 세계 태양광 발전 용량의 10배 이상을 얻을 수 있다"고 기대했다. 예상대로 되면 '사막에서 꽃핀 아인슈타인'이 등장한다.

광전 효과는 전혀 뜻밖의 곳에도 숨어 있다. 바로 음주측정기다. 음주측정기에는 특별한 종류의 가스가 들어 있다. 이 가스가 알코올과 만나면 푸른 가스가 된다. 푸른 가스는 빛을 비출 때 더 높은 에너지의 전자를 내보낸다. 이 신호를 감지해 운전자가 술을 마셨는지 아닌지를 판가름한다.(만일 연말연시에 음주운전 단속에 걸렸다면 한번쯤 아인슈타인을 원망해 보자.)

■■ CD도 아인슈타인의 작품

아인슈타인 2세는 수목원에서 돌아오는 차 안에서 CD를 틀었다. 그가 좋아하는 보아의 최신 노래가 흘러나왔다. 그는 차 안에서 음악을 즐겨 듣는다.

차 안에는 김광석, 이승철부터 동방신기와 신화까지 다양한 음악 CD가 있다. 보아의 음악을 들으면서 아인슈타인 2세는 다시 한번 외쳤다. "고마워, 아인슈타인."

아인슈타인이 보아의 숨겨진 아버지란 말인가. 다름이 아니라 CD에 담긴 음악을 재생해 주는 레이저가 바로 아인슈타인의 작품이다. 레이저는 할인점에서 제품에 붙어 있는 바코드를 읽을 때뿐만 아니라 DVD 플레이어 등 정보를 저장하고 읽어 들이는 곳에서 널리 쓰인다. 광통신과 홀로그래피도 레이저를 이용한다.

이밖에도 레이저의 쓰임새는 많다. 1969년 7월 20일 아폴로 11호가 달에 갔을 때 레이저 반사장치를 설치했는데, 이를 이용해 몇 센티미터 오차로 달까지의 거리(약 38만 4000km)를 정확하게 측정했다.

또 점 빼기, 라식 수술 등은 물론 코골이, 쌍꺼풀, 주름살 제거 수술도 레이저로 한다. 이 수술에 사용하는 레이저는 '빛으로 된 아주 작고 날카로운 칼'이다. 칼로 피부나 조직을 자르듯이 레이저로 원하는 부위를 자른다. 레이저로 쌍꺼풀 수술을 하면 칼로 하는 수술보다 부기가 빨리 빠진다. 또 사과 껍질을 벗기듯 눈가나 입가의 주름살을 레이저로 깎는 수술도 인기다. 레이저 수술은 미세한 조직을 자를 수 있다. 또한 지혈 효과가 뛰어나고 세균 감염의 위험이 낮아 회복이 빠르다.

레이저 수술이라고 다 같은 레이저를 쓰는 것은 아니다. 탄소가스를 원료로 만든 탄소가스 레이저는 피부를 자르거나 태울 때 많이 쓴다. 손발에 난 사마귀를 태워 없애는 것이 바로 이 레이저다. 30여 년 전부터 사용된 이 레이저는 주변 조직을 많이 태워 흉터가 많이 남는 것이 단점이다.

요즘에는 얇게 피부를 깎아 흉터가 남지 않는 울트라 펄스 레이저(Ultra Pulse laser)나 어비움 야그 레이저(Erbium:YAG laser) 등이 인기다. 이 레이저는 높은 에너지의 빛을 10억분의 1초 정도로 아주 짧게 쏘기 때문에 주위 조직을 태우지 않고 아주 미세하게 원하는 부위를 깎을 수 있다.

피부를 통과해 혈관만 파괴하는 레이저도 있다. 특수한 색소 레이저인데 적혈구에 들어 있는 헤모글로빈에만 반응한다. 정맥이 꽈리처럼 부푼 정맥류, 피가 고여 생긴 빨간 점 등을 치료할 때 이 레이저를 쓴다. 검은 멜라닌 색소만 파괴하는 루비 레이저는 문신을 제거하거나 점 · 주근깨를 없앨 때 쓴다.

레이저를 처음 만든 사람은 미국의 물리학자 찰스 타운스(Charles Townes, 1915~)와 러시아 물리학자 니콜라이 바소프(Nikolai Basov, 1922~2001), 알렉산드르 프로호로프(Aleksandr Prokhorov, 1916~2002)다. 이들이 만든 것은 당시 레이저 대신 '메이저'라고 불렸는데 이는 '마이크로파에 의해 만들어진 증폭파'란 뜻이다. 만일 이들이 빛을 이용했다면 레이저로 불렸을 것이다. 이들은 1964년 노벨물리학상을 받았다.

이들이 이용한 원리는 바로 아인슈타인에서 출발한다. 아인슈타인은 일반상대성이론을 발표한 이듬해인 1917년 「방사(Radiation)의 양자 역학 이론에 대하여」라는 논문을 발표했다. 광자가 흥분한 원자, 즉 높은 에너지의 원자를 자극하면 원자는 똑같은 광자를 하나 더 내놓는다는 이론으로 광자는 결국 두 배로 늘어난다. 이 이론은 1924년 실험으로 증명됐다. 이런 식으로 빛을 엄청나게 강하게 만들 수 있는데 이것이 레이저의 원리다.

1971년 노벨물리학상은 레이저를 이용한 홀로그래피의 발명에 돌아갔다. 홀로그래피도 아인슈타인의 업적에 기대고 있다. 생활 속에서 홀로그래피를 쉽게 볼 수 있는 곳이 바로 신용카드 앞면이다. 홀로그래피는 입체영상이므

위조가 어려워 신용카드에 많이 활용되는 입체영상 홀로그래피. 홀로그래피의 기초인 레이저는 아인슈타인의 방사 이론에서 출발하여 만들어졌다.

로 위조하기가 매우 어렵다. 비자는 새 그림, 마스타는 세계지도 그림이 홀로그래피로 새겨져 있다.

홀로그래피는 빛의 간섭 현상을 이용한 것이다. 일반 사진 필름에는 물체에서 반사된 빛이 새겨진다. 그러나 홀로그래피 마크에는 이 빛에 또 다른 빛을 쏘여 만든 물결 모양의 간섭무늬가 기록된다. 홀로그래피 마크에 다시 빛을 비추면 허공에 원래 물체의 입체 영상이 나타난다. 간섭무늬 형태로 필름에 저장된 물체의 입체 정보를 빛이 되살리는 것이다. 홀로그래피는 헝가리에서 망명한 영국 물리학자인 데니스 가버(Dennis Gabor, 1900~1979)가 1948년 처음 개발했다.

홀로그래피를 자주 볼 수 있는 곳은 과학관이나 박물관, 미술관, 전시회 같은 곳이다. 레이저를 이용해 허공에 화석이나 미술 작품 등 사물의 입체적인 모습을 재현해 준다. 자동차나 포장지에도 홀로그래피 마크가 붙어 있는데 보는 각도에 따라 색깔이 달라진다.

■■ $E=mc^2$을 이용한 원자력 발전

아인슈타인 2세는 집에 돌아와 컴퓨터를 켰다. 그가 마지막으로 "고마워, 아인슈타인"이라고 외칠 순간이다. 날마다 쓰는 전기 때문이다. 한국에서 쓰이는 전기의 40%가량은 원자력 발전소에서 나온다. 원자력 발전은 아인슈타인이 만든 공식 바로 $E=mc^2$을 이용한 것이다. 이 공식에 따르면 핵분열을 해서 원자가 잘게 쪼개지면 질량이 줄어들고 줄어든 질량이 엄청난 양의 에너지로 바뀐다.

$E=mc^2$이 처음 이용된 곳은 핵폭탄이었다. 2차 대전 당시 독일은 아인슈타인의 공식을 응용하면 엄청난 에너지를 가진 폭탄을 만들 수 있다고 봤다. 실제로 독일은 2차 대전 당시 점령하고 있던 노르웨이에 원자폭탄 제조에 꼭 필요한 중수 제조 공장을 세워 원자폭탄 개발을 추진하고 있었다.(이 공장은 이후 연합군 특공대가 파괴한다.)

아인슈타인은 2차 대전 도중 미국 루스벨트 대통령에게 편지를 썼다. 그는 핵분열을 이용해 원자폭탄을 만들 수 있으며 독일보다 미국이 먼저 원자폭탄을 만들어야 한다고 주장했다. 결국 전쟁은 미국이 원자폭탄을 먼저 개발해 일본에 떨어뜨리면서 끝났다. 광복은 한민족의 독립운동과 연합군의 일본 격퇴가 어울려 이뤄진 것이지만 광복절이 8월 15일로 정해진 것은 아인슈타인이 기초를 놓은 원자폭탄의 영향이라고 할 수 있다.

전쟁 이후 이 공식은 원자력 발전을 통해 평화적으로 이용된다. 아인슈타인도 나중에는 원자폭탄을 만들자고 주장했던 걸 후회하며 핵폭탄 반대 운동에 나섰다. 병원에서 암 환자를 치료하기 위해 방사선을 이용하는데 방사선도 원자력의 평화적인 이용 사례 가운데 하나다.

원자력을 평화적으로 이용하는 대표적인 사례는 역시 발전이다. 한국은 박정희 대통령 시절부터 원자력 발전소를 짓기 시작해 현재 20여 개의 원전을 갖고 있다. 앞서 말했듯이 한국에서 쓰이는 전기의 40% 가까이는 원전에서 나온다. 원전은 화력 발전소와 달리 비싼 석유나 석탄을 수입할 필요가 없고 지구온난화를 일으키는 이산화탄소를 만들지도 않는다. 그러나 몸에 해롭고 처리하기가 어려운 핵폐기물이 남으며 지진 등으로 방사능 물질이 누출되는 사고가 일어났을 때 부작용이 매우 크다는 단점도 갖고 있다.

아인슈타인은 그의 가난한 제자 실라드를 위해 냉장고를 함께 개발하고 특

원자력 발전소. 핵분열을 해서 원자가 잘게 쪼개지면 질량이 줄어들고 줄어든 질량이 엄청난 양의 에너지로 바뀐다는 $E=mc^2$이라는 공식이 원자력 발전의 기본 원리다.

허를 받은 적이 있다. 이 냉장고는 현재 쓰이지 않지만 그 원리는 미래에 다시 한번 이용될지도 모른다. 아인슈타인과 지랄드는 냉매가 새지 않도록 막아주는 전자기 펌프를 만들었다. 이 원리는 차세대 원자로로 불리는 액체금속로에서 냉각제가 새지 않도록 하는 데 이용될 수도 있다.

기존 원자로는 핵분열의 열을 식히기 위해 냉각제를 사용하는데 보통 물이 이용된다. 그러나 액체금속로는 물 대신 나트륨 등 액체금속을 이용한다. 액체금속은 샐 경우 불이 붙기 쉬워 사고 위험성이 크다. 아인슈타인이 발명한 냉장고가 먼 훗날에 이런 문제점을 해결하는 데 쓰일지도 모른다.

인류의 궁극적인 에너지인 핵융합 에너지도 아인슈타인의 공식을 이용한 것이다. 핵융합 발전은 수소 원자 4개를 융합해 헬륨 원자 1개를 만들면서 이때 사라진 질량으로 어마어마한 에너지를 얻는 것이다. 수소폭탄이 바로 핵융합을 이용한 핵폭탄이다.

핵융합 발전은 원자력 발전과 달리 해로운 방사능이 만들어지지 않고 연료도 무한한 데다 지금과는 비교할 수 없는 어마어마한 에너지가 나온다. 그러나 핵융합 발전을 안전하게 일으키려면 섭씨 1억 도의 높은 온도가 필요해 아직 상용화하지 못하고 있다. 이런 문제 때문에 상온 핵융합이 과학자들의 큰 관심사지만 아직 발전에 필요한 상온 핵융합은 어려운 것으로 알려져 있다. 영화 〈스파이더맨 2〉에는 한 과학자가 상온 핵융합에 성공한다.

태양이 바로 자연에 존재하는 핵융합 발전소다. 태양뿐 아니라 우주에 있는 모든 별은 바로 살아 있는 핵융합 발전소다. 금성이나 목성 등은 태양의 빛을 반사하는 것뿐이다. 모든 식물은 햇빛을 에너지로 바꿔 살아가고 동물은 이런 식물을 먹는다. 아인슈타인이 발견한 $E=mc^2$은 지구에 생명을 낳게 한 가장 근본적인 원인이다. 만일 핵융합 발전이 성공하면 아인슈타인의 영향력은 인류가 문명을 마치는 그날까지 계속될 것이다.

참고문헌

1부 상대성이론, 세상의 빛을 보다

아인슈타인, 그는 누구인가 | 정재승

- 『아인슈타인의 나의 세계관』, 알버트 아인슈타인 지음, 홍수원 · 구자현 옮김, 중심출판사, 2003.
- 『아인슈타인 파일』, 프레드 제롬 지음, 강경신 옮김, 이제이북스, 2003.
- 『아인슈타인』, 한길 로로로 시리즈, 요하네스 비케르트 지음, 안인희 옮김, 한길사, 2000.
- 『아인슈타인, 피카소: 현대를 만든 두 천재』, 아서 밀러 지음, 정영목 옮김, 작가정신, 2002.
- 『$E=mc^2$』, 데이비드 보더니스 지음, 김민희 옮김, 생각의 나무, 2001.
- 아인슈타인의 생애와 업적을 다룬 인터넷 사이트는 매우 유익한 정보를 제공해 준다. 이 글 또한 인터넷 자료에 많은 빚을 지고 있는데, 특히 아래 두 사이트는 매우 유용한 정보를 제공해 주었다. 미국 물리협회에서 운영하는 사이트에는 그의 어린 시절부터

말년에 이르기까지 모습이 담긴 사진도 제공하고 있다.

http://www.chemmate.com/history/h81.htm (아인슈타인의 생애)

http://www.aip.org/history/einstein/ (아인슈타인의 생애와 사진)

천재성의 비밀 | 홍성욱

- 『뉴턴과 아인슈타인, 우리가 몰랐던 천재들의 창조성』, 홍성욱 · 이상욱 외 지음, 창작과 비평사, 2004.
- *Thematic Origins of Scientific Thought: Kepler to Einstein*, Gerald Holton, Harvard University Press, 1973.
- *Albert Einstein's Special Theory of Relativity: Emergence(1905) and Early Interpretation (1905~1911)*, Arthur I. Miller, Addison-Wesley, 1981.

상대성이론이 바라본 세계 | 양형진

- 『과학으로 세상보기』, 양형진 지음, 굿모닝미디어, 2004.
  : 상대론의 개념을 단편적으로 다룬 글이 있다.
- 「아인슈타인의 삶과 과학」〔1.인간적 면모(1) 2.인간적 면모(2) 3.성적표 4.이력서 5.삶과 종교〕, 장회익, 《과학사상》, 1~5호 기획연재, 범양사, 1992~1993.
  : 아인슈타인의 삶의 모습을 보기에 좋은 자료다.
- *Relativity*, A. Einstein, R. W. Lawson 번역, Crown Publishers, New York, 1961 혹은 Prometheus Books, New York, 1995.
- *General Relativity*, Robert Geroch, The U. of Chicago Press, Chicago, 1978.
  : 고전적인 시공간과 상대론의 시공간 개념을 소개한다.

2부 상대성이론, 빛의 속도로 20세기 문화와 충돌하다

철학 | 이초식

- 『시간과 공간의 철학』, 한스 라이헨바흐 지음, 이정우 옮김, 서광사, 1986.
- 『과학철학입문』, 루돌프 카르납 지음, 윤용택 옮김, 서광사, 1993.
- 『논리경험주의: 그 시작과 발전과정』, 요르겐 요르겐센 지음, 한상기 옮김, 서광사, 1994.
- 『과학철학의 역사』, 존 로지 지음, 정병훈 · 최종덕 옮김, 동연출판사, 1993.
- 『과학사신론』, 김영식 · 임경순 공저, 다산출판사, 1999.
- 『고등학교 논리학』, 이초식 지음, 대한교과서주식회사, 2002.
- *Relativity– The special and general theory*, A. Einstein(R. W. Lawson 번역, 1920), Crown Publishers, New York, 1961.
- *The Blackwell Guide to the Philosophy of Science*, P. Machamer and M. Silberstein, Blackwell Publishers, 2002.

미술 | 전영백

- 『현대의 과학철학』, 앨런 차머스 지음, 신일철 · 신중섭 옮김, 서광사, 1985.
- 『과학혁명의 구조』, 토머스 새무얼 쿤 지음, 조형 옮김, 이화여자대학교 출판부, 1993.
- 『상대성이론의 세계』, 제임스 콜먼 지음, 다문독서연구회 편, 다문, 1990.
- *History of Modern Art*, H. H. Arnason, Prentice Hall, 2003 (5th edition).
- *Modern Art*, Sam Hunter, John Jacobus, Daniel Wheeler, Prentice Hall, 2002 (3rd edition).
- *Concepts of Modern Art: From Fauvism to Portmodernism*, Nikos Stangos (Ed), Thames & Hudson, 1994 (3rd edition).
- *Modernism* (Movements in Modern Art), Charles Harrison, Cambridge University

Press, 1997.

- *After Modern Art, 1945–2000* (Oxford History of Art), David Hopkins, Oxford University Press, 2000.

사진 | 정근원

- 『사진 예술의 역사』, 장 뤽 다발 지음, 박주석 옮김, 미진사, 1999.
- 『100년 만에 다시 찾는 아인슈타인』, 임경순 엮음, 사이언스북스, 2004.
- 『홀로그램 우주』, 마이클 텔보트 지음, 이균형 옮김, 정신세계사, 1999.
- 『물은 답을 알고 있다』, 에모토 마사루 지음, 양억관 옮김, 나무심는사람, 2001.
- 『영상미학』, 허버트 제틀 지음, 법문사, 1996.
- 『감각과 영혼의 만남』, 켄 윌버 지음, 조효남 옮김, ㈜범양사 출판부, 2000.
- 『제2미디어 시대』, 마크 포스터 엮음, 이미옥 · 김준지 옮김, 민음사, 1995.
- 『현대물리학과 동양사상』, 프리초프 카프라 지음, 이성범 · 김용정 옮김, ㈜범양사 출판부, 1989.
- 「상대성이론은 '상대적인' 이론이 아니다!」, 최성우 지음, 21세기 프론티어 온라인, 2005.
- *L' image*, communication fonctionnelle, A. A. Moles, casterman, Paris, 1981.
- *Oeuvres 1*, Paul Valery, Gallimard, Paris, 1957.

SF문학 | 박상준

- 『아인슈타인 – 철학적 견해와 상대성이론』, D. P. 그리바노프 지음, 이영기 옮김, 일빛, 2001.
- 『미국문학사상의 배경』, 로드 W. 호턴 외 지음, 박거용 옮김, 문화과학사, 1996.
- 『핵전쟁, 우리의 미래는 사라지는가』, 알베르트 아인슈타인 외 지음, 모주희 옮김, 아이디오, 2003.

- 『두 문화』, C. P. 스노우 지음, 오영환 옮김, 사이언스북스, 2001.
- 『멋진 신세계』(SF해설서), 박상준 엮음, 현대정보문화사, 1992.
- 『SF의 이해』(문예학총서15), 로버트 스콜즈 외 지음, 김정수 외 옮김, 평민사, 1993.

음악 | 윤민영

- 『청소년을 위한 서양음악사: 바로크에서 20세기까지』, 이동활 지음, 두리미디어, 2004.
- 『서양음악사』, 이병두 지음, 國民音樂硏究會, 1973.
- 『화성학 연구』, 구두회 지음, 세광음악출판사, 1994.
- A History of Western Music, Donald Jay Grout, W. W. Norton & Company, Inc., 1980.

건축 | 함성호

- 『아인슈타인』, 데니스 브라이언 지음, 송영조 옮김, 북폴리오, 2004.
- 『공간의 역사』, 마거릿 버트하임 지음, 박인찬 옮김, 생각의 나무, 2002.
- 『空間의 歷史』, 김운용 · 김용국 지음, 現代科學新書, 1982.
- 『西洋建築史精論』, 박학재 지음, 世進社, 1981.

애니메이션 | 한창완

- 『저패니메이션과 디즈니메이션의 영상전략』, 한창완 지음, 도서출판 한울, 2001.
- *Einstein's Brainchild-Relativity Made Relatively Easy*, Barry Parker, Prometheus Books, 2000. ;『상대적으로 쉬운 상대성이론』, 이충환 옮김, (주)양문, 2002.
- *Sight, Sound, Motion-Applied Media Aesthetics*, Herbert Zettl, Wadsworth Publishing Company, Thomson Learning TM, 2001 (3rd Edition). ;『영상제작의 미학적 원리와 방법』, 박덕춘 · 정우근 옮김, 커뮤니케이션북스, 2002.

- *The Animation Book*, Kit Laybourne, Crown Publishers, Inc., 1998. ; 『애니메이션 북』, 나호원 옮김, 민음사, 2003.
- *Picturing Time: The Work of Etienne-Jules Marey(1830-1904)*, Marta Brawn, The University of Chicago, 1992.
- *Art in Motion: Animation Aesthetics*, Maureen Furniss, John Libbey & Company Ltd., 1998. ; 『움직임의 미학: 애니메이션의 이론 · 역사 · 논쟁』, 한창완 · 조대현 · 김영돈 · 곽선영 옮김, 도서출판 한울, 2001.
- *Understanding Animation*, Paul Wells, Routledge, 1998. ; 『애니마톨로지@애니메이션 이론의 이해와 적용』, 한창완 · 김세훈 옮김, 도서출판 한울, 2001.
- *Experimental Animation-Origins of A New Art*, Robert Russett and Cecile Starr, Litton Educational Publishing, Da Capo Press, Inc., 1976.
- *Animation From Script to Screen*, Shamus Culhane, 1998. ; 『애니메이션 제작』(방송영상산업진흥원 총서17), 송경희 옮김, 커뮤니케이션북스, 2002.

광고 | 고장원

- 『수퍼영웅의 과학』, 로이스 그레시 · 로벗 와인버그 지음, 이한음 옮김, 한승, 2004.
- 『아인슈타인의 세계 1』, NHK 지음, 현문식 옮김, 고려원미디어, 1993.
- 『아인슈타인의 세계 5』, NHK 지음, 현문식 옮김, 고려원미디어, 1993.
- 「왜 우리는 SF에 빠져드는가?; SF보다 더 SF 같은 현실」, 고장원, 〔Human+〕(GE Medical System Korea 사외보), 2003. 12. 30., 18~21쪽.
- 「아인슈타인의 우주여행; 상대성이론이 해명하는 시간과 공간의 불가사의한 세계」, 《뉴턴 월간 과학》, 1999년 9월호.
- 「아인슈타인 상대성이론 발레로 안무」, 조채희, 연합뉴스, 2005. 1. 11.
- EINSTEIN PCS WIRELESS PHONE SERVICE, Mark Dolliver, AD Week, Sep. 27, 2004.

(http://www.adweek.com/aw/creative/portfolio_display.jsp?vnu_content_id =1000642388)

- Clio Awards; The 42nd Annual Awards Competition, Rockport Publishers, USA, 2002.
- Communication Arts; Advertising Annual 42, vol. 43, 2001. 12.
- The New York Festivals; the world's best work Annual 6, International Advertising Awards, USA, 1998.
- http://www.blinkenlights.de/index.en.html
- http://en.wikipedia.org/wiki/Albert_Einstein
- http://www.aip.org/history/einstein/ae33.htm
- http://www.motherjones.com/news/outfront/1997/01/jeffery.html

저자 소개
(원고 게재순)

김제완

서울대학교 물리학과를 졸업하고 미국 컬럼비아 대학교에서 물리학 박사학위를 받았다. 서울대학교 물리학과 교수로 있으면서 40여 년 동안 입자물리학을 연구하였고 현재 서울대학교 물리학과 명예교수이자 한국과학문화진흥회 회장으로 있다. 쓴 책으로 『빛은 있어야 한다-물리학의 세계를 찾아서』『겨우 존재하는 것들』 등이 있다. 2005년 세계 물리의 해 한국 행사조직위원회 위원장으로서 활발한 과학 대중화 사업을 벌이고 있다.

정재승

한국과학기술원 물리학과를 졸업하고 같은 대학원에서 물리학 박사학위를 받았다. 미국 예일의대 신경정신과 연구원과 고려대학교 물리학과 연구교수를 거쳐, 현재 한국과학기술원 바이오시스템학과 및 미국 컬럼비아 의대 정신과 조교수로 있다. 뇌의 사고과정을 물리학적인 관점에서 연구하고 정신질환을 모델링하는 연구를 하고 있으며, 쓴 책으로 『물리학자는 영화에서 과학을 본다』『과학콘서트』 등이 있다.

홍성욱

서울대학교 물리학과를 졸업하고 같은 대학원에서 과학사로 석사와 박사학위를 받았다. 캐나다 토론토 대학교 과학기술사철학과 교수와 MIT 디브너연구소 연구원을 지내고, 현재 서울대학교 생명과학부 교수로 있다. 『잡종, 새로운 문화읽기』 『생산력과 문화로서의 과학기술』 『남성의 과학을 넘어서』 『2001 싸이버스페이스 오디세이』 『Wireless』 『하이브리드 세상읽기』 『과학은 얼마나』 등의 다양한 책을 저술했다.

우정원

서울대학교 물리학과를 졸업하고 한국과학기술원에서 물리학 석사학위를 미국 펜실베이니아 대학교에서 물리학 박사학위를 받았다. 현재 이화여자대학교 물리학과 교수로 재직하고 있다.

양형진

서울대학교 물리학과를 졸업하고 미국 인디아나 대학교에서 물리학 박사학위를 받았다. 미국 매릴랜드 대학교 철학과 교환교수를 거쳐 현재 고려대학교 물리학과 교수 및 정보보호대학원 겸임교수로 재직하고 있다. 양자암호 및 양자정보이론을 연구하고 있으며, 쓴 책으로 『산하대지가 참빛이다』 『과학으로 세상보기』 등이 있다.

이초식

서울대학교 철학과를 졸업하고 오스트리아 잘츠부르크 대학교에서 철학 박사학위를 받았다. 서울교육대학교와 건국대학교 교수를 역임하고 현재 고려대학교 철학과 명예교수로 있다. 『인공지능의 철학』 『귀납논리와 과학철학』 『한국의 과학문화』 등을 저술했으며, 한국과학기술학회 명예회장이자 한국철학교육아카데미 원장으로 일하고 있다.

전영백

연세대학교 사회학과를 졸업하고 홍익대학교에서 미술사학 석사, 영국 리즈 대학교에서 미술사학 석사와 박사학위를 받았다. 현재 홍익대학교 미술대학 예술학과 교수로 재직하며, 《Journal of Visual Culture》 편집위원으로 있다. 『고갱이 타히티로 간 숨은 이유』 『일상문화 속의 현대미술』 『후기구조주의와 후기모더니즘』 등을 번역하였다.

정근원

서강대학교 신문방송학과를 졸업하고 같은 대학원에서 신문방송학 석사를, 프랑스 스트라스부르그 대학교에서 환경과 커뮤니케이션학 박사학위를 받았다. 현재 조선대학교 산업미술대학 교수로 재직하고 있으며, 서울 및 북경 '젊은미래영상제'를 주관하고 대전 EXPO의 자문위원으로 활동하는 등 영상 관련 사회 활동이나 방송 · 집필 활동에 힘쓰고 있다.

박상준

한양대학교 지구해양학과를 졸업하였다. 과학소설 기획번역가이자 과학 칼럼니스트로 활동하고 있다. SF 해설서 『멋진 신세계』를 엮은 것을 비롯해 『토탈 호러』 『화씨451』 등을 편역하였으며, 『로빈슨 크루소 따라잡기』를 박경수와 함께 저술하였다.

윤민영

서울대학교 물리학과를 졸업하고 같은 대학원에서 물리학 박사학위를 받았다. 프랑스 국립 핵연구소와 일본 도쿄 대학교 원자핵연구소 연구원을 지내고 미국 브룩헤븐 국립연구소를 거쳐, 현재 서울대학교 기초과학공동기기원 책임연구원으로 있다.

함성호

강원대학교 건축학과를 졸업하였다. 1990년 계간 《문학과 사회》 여름호에 〈비와 바람 속에서〉를 발표하면서 시단에 나왔으며, 1991년 건축전문지 《공간》에 건축평론이 당선되어 건축평론가로서도 활동하고 있다. 현재 건축설계사무소 EON을 운영하고 있다. '21세기 전망' 동인이며, 시집 『56억 7천만 년의 고독』 『성 타즈마할』 『너무 아름다운 병』을 비롯하여 『허무의 기록』 『만화당 인생』 『건축의 스트레스』 등을 저술하였다.

이상용

중앙대학교에서 영화학으로 석사학위를 받았다. 제2회 《씨네21》 신인평론가상을 수상했으며 《필름2.0》의 스태프 평론가로서 활동하고 있다. 『씨네21 감독사전』 『한국단편영화의 쟁점들』 등을 공동으로 저술하였다.

한창완

서강대학교 신문방송학과를 졸업하고 같은 대학원 박사과정을 수료했으며, 현재 세종대학교 만화애니메이션학과 교수로 재직하고 있다. 국제애니메이션필름협회 한국지부(ASIFA Korea) 사무국장과 서울국제만화애니메이션페스티벌(SICAF) 수석 큐레이터 및 코디네이터 등을 역임했으며, 현재 서울애니메이션센터 실무위원 및 부천만화정보센터 이사를 맡고 있다. 문화관광부(한국문화콘텐츠 진흥원) 및 산업자원부(한국디자인진흥원) 등에 정책자문을 하고 있으며, 만화애니메이션 산업에 관심 있는 기업들에게 프로젝트 자문을 하는 등 컨설턴트로서도 활발하게 활동하고 있다. 『한국만화산업연구』 『애니메이션 경제학』 『저패니메이션과 디즈니메이션의 영상전략』 『애니메이션 용어사전』 등을 저술하였다.

고장원

성균관대학교 신문방송학과를 졸업하고 같은 대학원에서 박사과정을 밟고 있다. 1991년부터 대홍기획과 제일기획에서 광고 제작 프로듀서로 일하였으며, 2002년부터 디지털 쌍방향 방송 컨텐츠 서비스 기획자로 변신하여 현재 SK C&C의 컨텐츠 개발 사업팀에서 근무 중이다. SF와 관련해서는 남다른 애정과 식견을 지닌 덕분에 2004년 동아사이언스 과학신춘문예 심사위원을 맡았으며, 저서로는 『디지털 방송 광고 마케팅의 이해』와 『SF로 광고도 만드나요』 등이 있다.

김상연

포항공과대학교 생명과학과를 졸업하였다. 서울경제신문과 동아일보 기자를 거쳐 현재 동아사이언스 과학동아 기자로 있다.

찾아보기

ㅂ

상대성이론, 그 후 100년

1판 1쇄 펴냄 2005년 5월 19일
1판 7쇄 펴냄 2015년 12월 15일

기획 정재승
지은이 김제완 외 14인

편집주간 김현숙
편집 변효현, 김주희
디자인 이현정, 전미혜
영업 백국현, 도진호
관리 김옥연

펴낸곳 궁리출판
펴낸이 이갑수

등록 1999. 3. 29. 제300-2004-162호
주소 10881 경기도 파주시 회동길 325-12
전화 031-955-9818(28, 38) **팩스** 031-955-9848
E-mail kungree@kungree.com
홈페이지 www.kungree.com
트위터 @kungreepress

ISBN 978-89-5820-032-1 03400

값 10,000원